Le Corbusier

勒·柯布西耶　1938～1946年

勒·柯布西耶全集

第 4 卷 · 1938～1946 年

Le Corbusier Complete Works

Volume 4 · 1938～1946

[瑞士] W·博奥席耶　编著

牛燕芳　程　超　译

中国建筑工业出版社

著作权合同登记图字：01-2004-4352 号

图书在版编目（CIP）数据

勒·柯布西耶全集. 第 4 卷，1938～1946 年/（瑞士）W·博奥席耶编著；
牛燕芳，程超译. —北京：中国建筑工业出版社，2005（2024.4 重印）
ISBN 978-7-112-07251-4

Ⅰ. 勒… Ⅱ.①博…②牛…③程… Ⅲ. 建筑设计-理论 Ⅳ.TU201

中国版本图书馆 CIP 数据核字（2005）第 015245 号

本书经 Birkhäuser Verlag AG 出版社授权翻译出版

策　　划：张惠珍
责任编辑：孙　炼
责任设计：刘向阳
责任校对：孙　爽　关　健

勒·柯布西耶全集
第 4 卷·1938～1946 年
Le Corbusier Complete Works
Volume 4·1938～1946
［瑞士］W·博奥席耶　编著
牛燕芳　程　超　译
＊
中国建筑工业出版社出版、发行（北京西郊百万庄）
各地新华书店、建筑书店经销
北京云浩印刷有限责任公司印刷
＊
开本：889×1194 毫米　横 1/16　印张：12½　字数：500 千字
2005 年 7 月第一版　2024 年 4 月第七次印刷
定价：**48.00** 元（全套 8 卷　总定价：396.00 元）
ISBN 978-7-112-07251-4
　　　（13205）

目　录

序　言

时隔9年，我们在此出版《勒·柯布西耶全集》的第4卷（1938～1946年）。

全集的第3卷（1934～1938年）出版于1938年。第1卷（1910～1929年）和第2卷（1929～1934年），分别于1929年和1934年出版。

这第4卷较前几卷有所变化，它包括两个部分：[1]

第一部分：1938～1940年　勒·柯布西耶和皮埃尔·让纳雷

第二部分：1940～1946年　勒·柯布西耶

柯布与他的堂弟皮埃尔的合作始于1922年。

1940年，随着巴黎的沦陷，塞维大街的事务所暂被弃置，直至城市再次解放。皮埃尔迁居格勒诺布尔（Grenoble）。柯布，自战争初起，栖身于法国未被占领的地区，1942年才回到巴黎。开始以勤勉的工作酝酿对战后问题的解答。他同几位朋友创立了ASCORAL（以建筑革新为目的的建造者同盟）。

沦陷期间日日的艰辛严重地威胁着柯布的健康。事实上，他不得不接受一次重大的手术，但他从未间断他的工作。他继续绘画，继续写作，继续为更加社会化的建筑而抗争。

巴黎重获解放的当天，塞维大街35号，图板上的浮土即被拭去。一如既往地，又可以看到年轻人热情地投入工作，为他们导师那炽热的精神，为这个时代的责任所鼓舞。

W·博奥席耶

---

[1] 本书中文版不作此划分。——编注

第二版引言

上周六，在洛林矿床的腹地，在法国的钢铁中心布里埃，重建与城市规划部部长就居住问题组织了一次专门的"学习日"，会议已接近尾声，在市长、冶金工厂主、企业联合会和工人代表面前，我说道：

"过去的40年，对于我所提出的所有建议，我听到的回答只有'NON'（不）！今天，无论在工作中，在会议的报告中，还是在宴会的演讲中，听到的都是众口一词的'OUI'（是）！"（主要涉及马赛的居住单位）

自1920年以来，我一直把住宅当作圣殿，家庭的圣殿，人类的圣殿；有时，它甚至可以构成神的居所。我断定，人们将把他们最纯粹的才华——他们的精神和他们的心灵——献给这"人类的圣殿"。

想到住宅，就想到富人的小屋，但更广泛地，是多如牛毛、不堪入目的穷人的陋室。我探索方法，希望有一天，通过这些方法，让穷苦的人们和所有诚实的人们都能在美好的住宅中生活。为此，我构想了"光辉城市"。

但，需要借助一些手段，以使这艰巨任务的实现变得实在：呼吁工业企业；应用现代技术。

现在，方法与方案都已成熟。第一个实物证据在马赛拔地而起……民众的赞同，愿望与形式的结合，这一切都表明"时机已经成熟"。

冶金工业——大工业——已经做出了友好的表示。部长克劳迪斯·佩蒂（Claudius Petit）先生的出席，他的讲话，他对大工业的呼吁，使这期待并酝酿了半个世纪的联合得以正式确立。

还需要找到一种具体的尺度，一种具有数学的精确性，并符合人体尺度的尺度；一种能够将待生产的住宅构件的尺寸统一起来的尺度。我们已经做到了！今天，这件标准的工具已经握在我们手中。在整个世界范围内，人们的住宅将成为重要且普遍的生产对象，将成为"能结果的消费品"，它将凝聚所有的关注与爱——艺术家，立法者，教育家，技术人员和工业家。

勒·柯布西耶

1950年1月30日，巴黎

Le Corbusier

瓦扬·库迪里耶[1]纪念碑，1937~1938 年

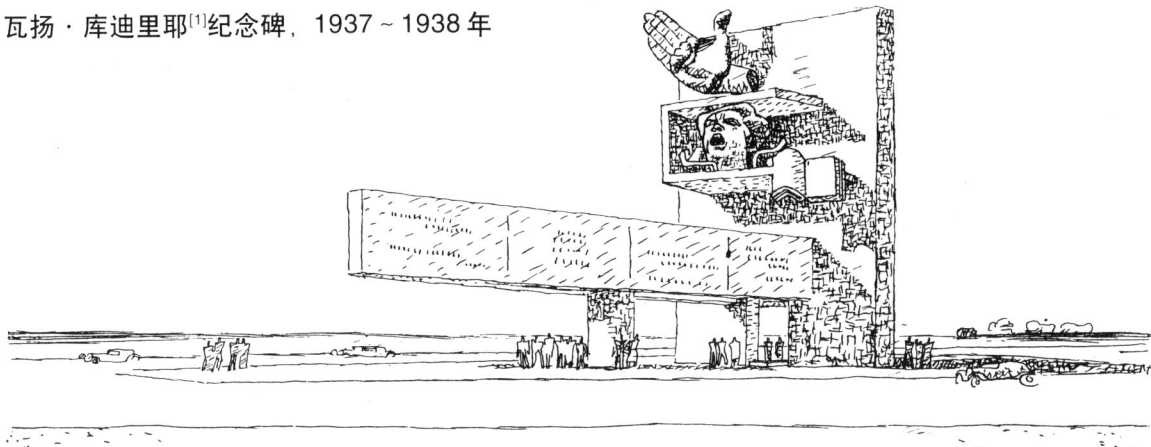

瓦扬·库迪里耶纪念碑

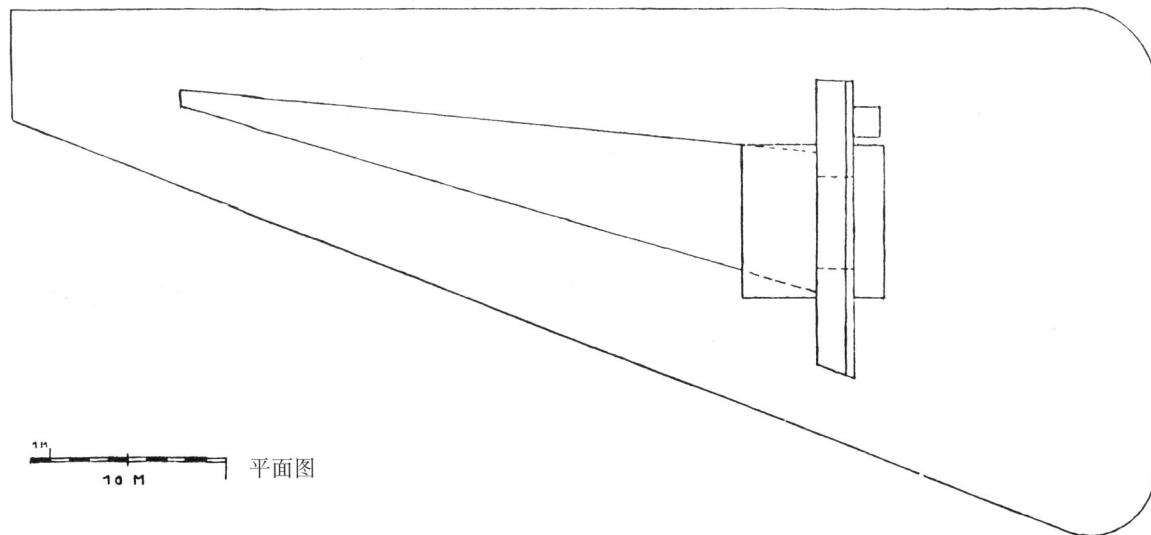

平面图

这座纪念碑本该面向巴黎，屹立在 Villejuif，正位于两条道路的岔口，其中一条来自意大利，通往 Nide、枫丹白露和巴黎。它是法国最主要的道路之一，夜晚，成千上万的车辆由此回到巴黎。

法国将其革命的传统具体化为创造与革新的精神，以此为契机，这种传统再次得到体现：向瓦扬·库迪里耶致敬。这是个能够沁入人心、促人深醒的主题。这深醒将引发一场震惊当前机器文明社会的巨变。

该方案未能在1937年组织的概念竞赛中入选。寄到纽约的图片受到的只是批评……然而，1945 年：纽约现代艺术博物馆以即将树立的战争纪念碑为题，在全美国组织了一场竞赛，其中引用这个方案作为应在美国土地上竖起的纪念碑之最美的原型，以追念刚刚经历的重大事件。

[1] 瓦扬·库迪里耶（Vaillant Couturier，1892~1937 年），巴黎新闻记者，法国政治家，共产党议员。1928年起，担任《人道报》的主编。（《人道报》，1904 年创刊，相继成为社会党和共产党的喉舌报）——译注

贾奥尔住宅，塞纳河畔的讷伊，1937 年

　　这是一栋立在乡间的临时周末住宅。结构约简为杉木框架。家庭服务位于首层的底层架空柱之间，由此限定出 3 个开敞的庇护空间。二层包括两个区域：父母区，子女区（4 个男孩）。

　　结构骨架独立于平面。构成立面的壁板遵循一个标准的模数。

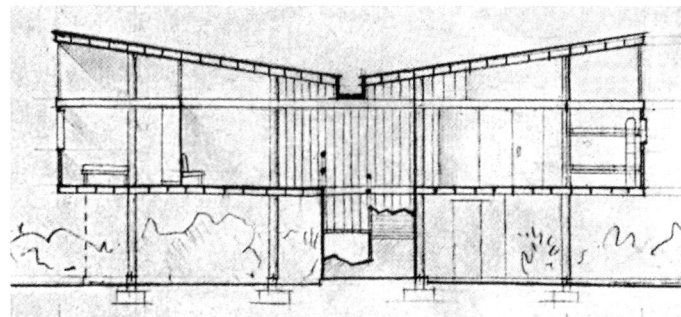

剖面图

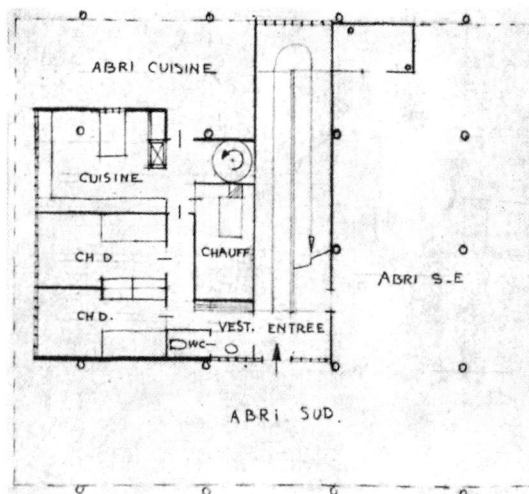

首层平面图

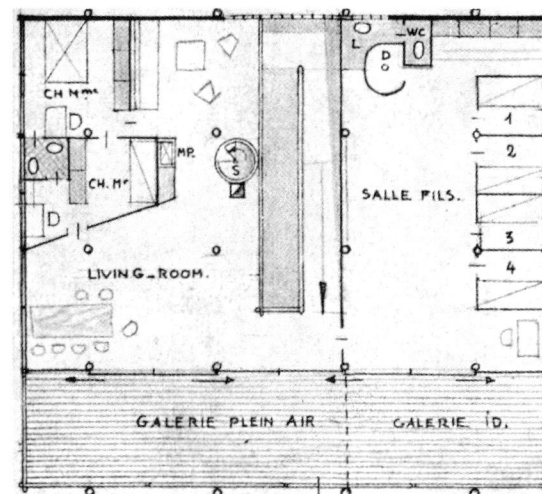

楼层平面图

1938~1939年 伦敦"理想家园"展（Daily Mail）

初稿方案草图（1938年10月），展览大厅纵剖面图

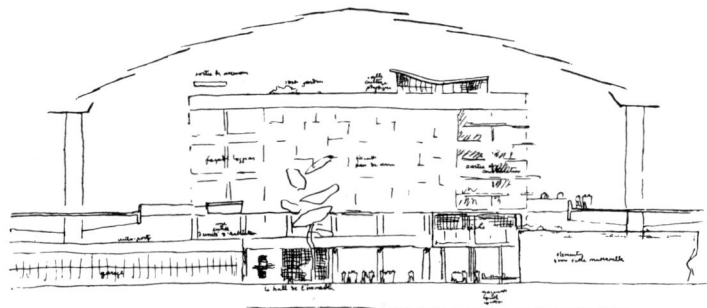

横剖面图

伦敦"理想家园"展，1938~1939年

每年在伦敦汽车沙龙的巨型宫殿中，都会举办以"理想家园"为题的展览，这是个无所不容的大型博览会，涉及与住宅及其设施相关联的一切。

可以看到，主展厅安排了我们题献给"光辉城市"的展览，在它周围，巨大展馆的各层，大小小的展台整齐排布，展示与住宅的建造及设施相关的各类产品。主展厅中，真实地建造了一栋配备有公共服务且扩展了居住外延的公寓，柯布以这个完整的元素来阐释 底层架空柱，公共服务，多样化的剖面带来的一系列不同类型的公寓，传统的街道概念的转变，体育锻炼场地和屋顶花园。

这个建筑的片断展示了以凹阳台式"遮阳"装备的立面（玻璃墙面），裸露的骨架揭示了全部建造的原则。

它提供了展示的机会：公寓的入口大厅、汽车港、电梯、内部街道、住宅的多样化剖面（单层或跃层）以及屋顶的花园。总之，这是一次机会，在公众面前，在"理想家园"的参观者面前呈现一个现时代居住单位的全部机制。

公寓片断的前方有一个模型，一个按照"光辉城市"的方法规划的伦敦街区。再往前，草坪和树木伸展开来。最后，在展厅的尽端，是这次展览的宣传元素，表达展示的主题——"阳光，空间，绿色"。这是一个由废铁与混凝纸浆制作的巨大构成，指涉阳光、广阔的空间和草木的青绿，还有一只眼和一只耳。所有这一切都是为了唤起参观者的好奇，为了让他们铭记这根本的决定性原则，而这些原则能够成为新建筑和新城市规划的引导。

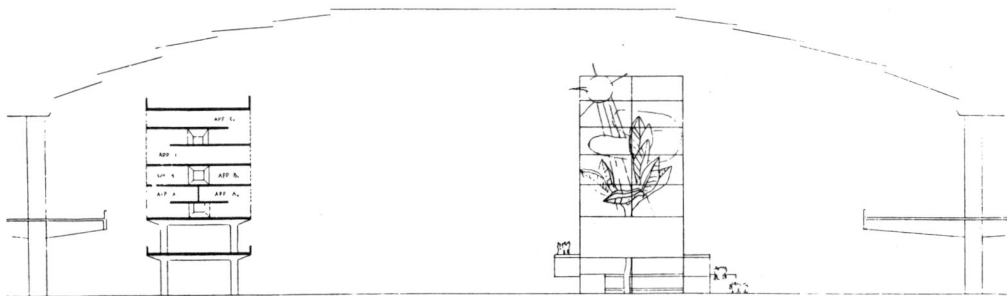

实施方案（1939年1月）。外围的轮廓线代表现有的展览大厅

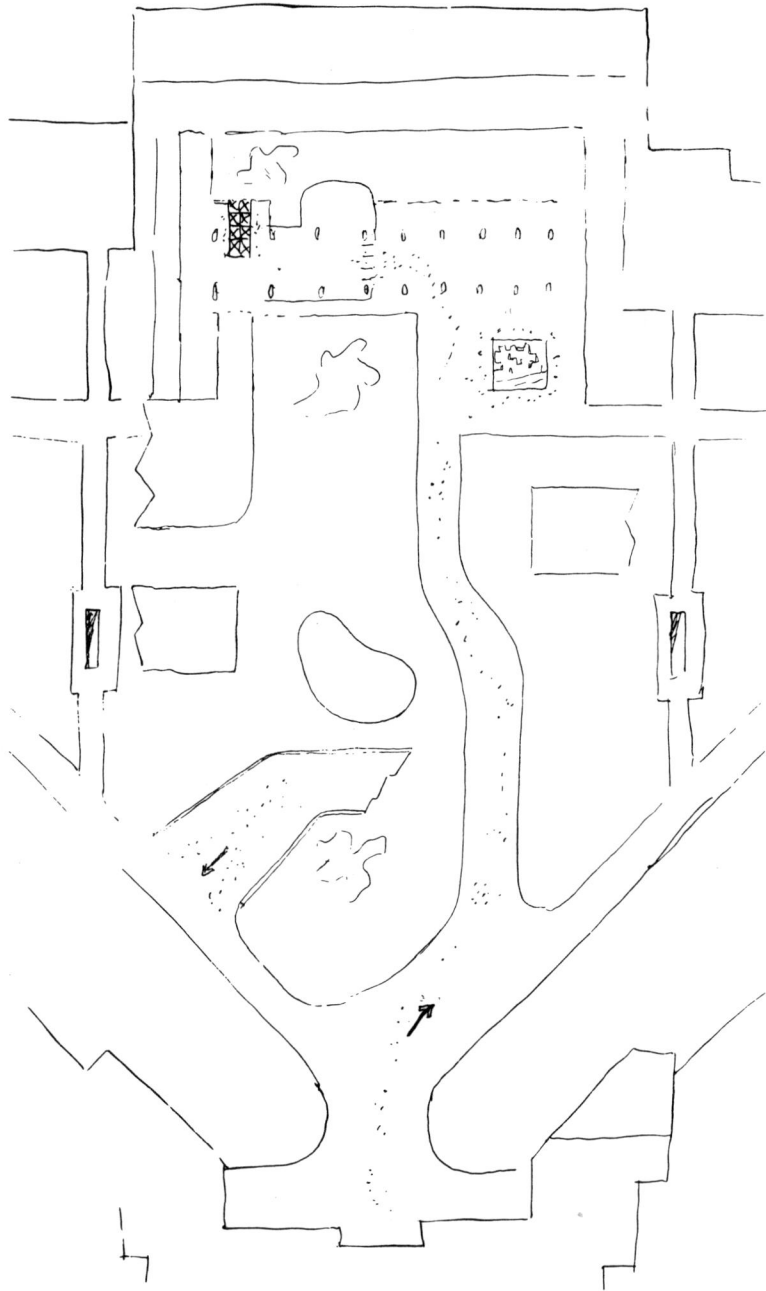

首层平面图

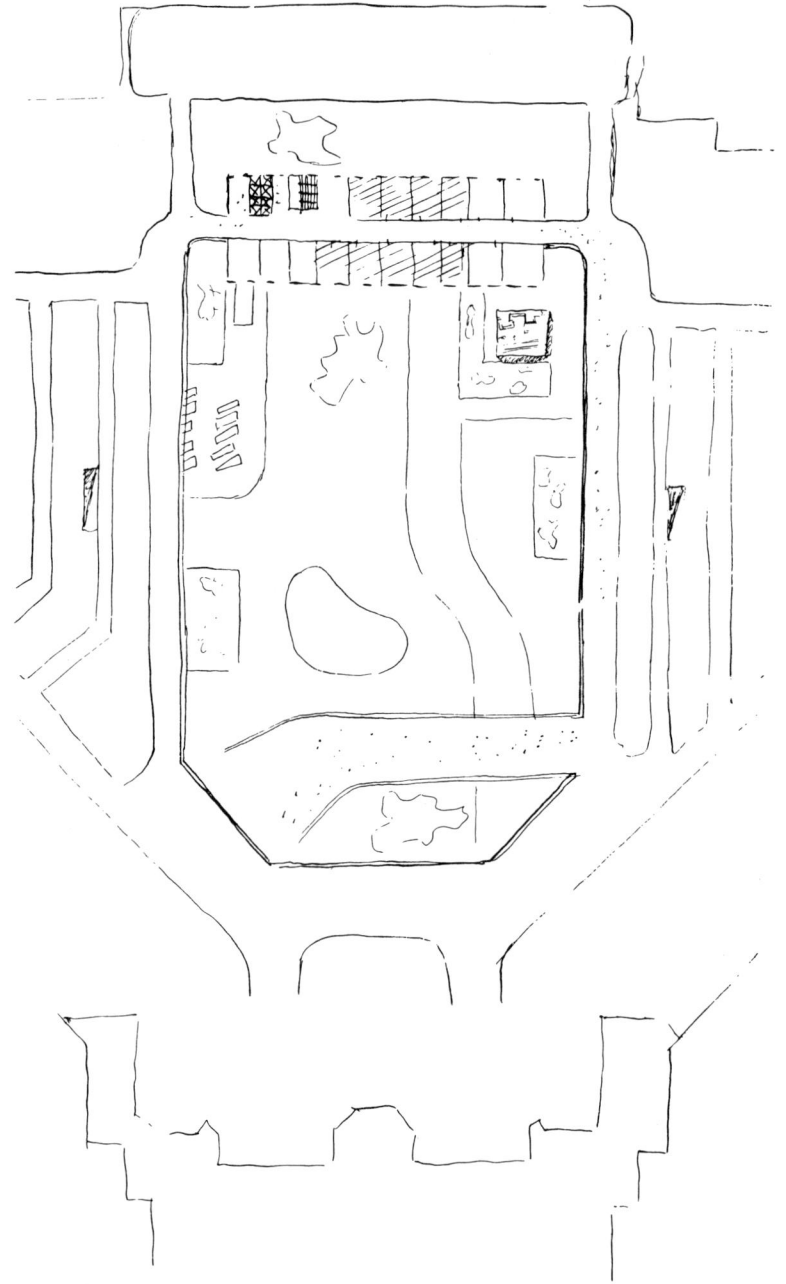

展廊层平面图

初稿方案的两层平面图（1938年10月）

无限生长的博物馆方案，北非菲利普维尔，1939 年

现时代提出了建筑生长（扩建）的问题，迄今为止，这一问题尚未找到真正的解答。

10 年的研究，于此得到一个值得重视的成果——标准化，所有建筑元素的标准化：

柱，

梁，

楼板，

日间采光，

夜间照明。

整体遵循黄金分割，确保便利、和谐、无限的组合。

这座博物馆的基本原则：建筑建在底层架空柱上，从地面层由整个建筑的正中进入，那里是主展厅，一个真正的荣誉厅，用于展示杰出的作品。

始于中心的方螺旋，允许在流线中出现滞留点，这有利于集中参观者的注意力。博物馆流线的组织通过半高的隔墙划分出来的呈"卍"字形布局的展区来实现；在低矮的顶棚下，参观者沿着他的参观流线行进，他或者将到达花园的出口，或相反地，最终通往位于中心的主展厅。

如果这个方螺旋不至于成为一个迷宫，这个博物馆将不停地生长。

宽约 7m、高约 4.50m 的标准元素，确保了伴随方螺旋生长的隔墙无懈可击的均匀采光。

沿隔墙方向的间断，将促进各展区之间的交流，开放视野，提供多种多样的布局。于此，标准，带来经济性，也带来组合的丰富性，以恰切地回应一个博物馆精良的组织。

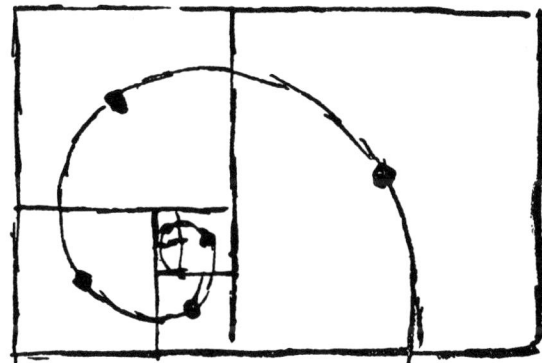

博物馆建在底层架空柱上，
从地面层经由整个建筑的正中进入，那里是主展厅

博物馆屋面的底视图，表明日间
采光和夜间照明的均匀分布

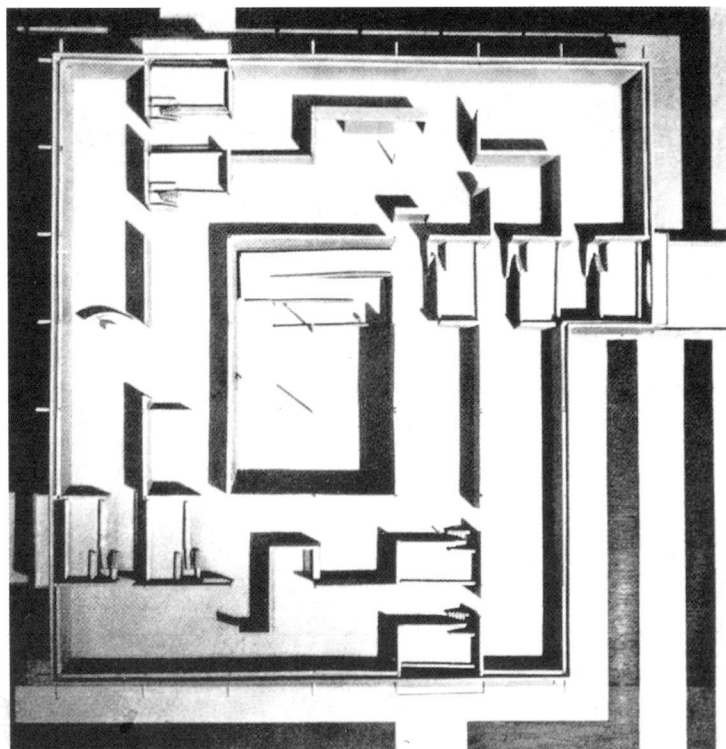

挂镜线长1000m的博物馆的内部。其边长约为50m。依照"卍"字的四翼定向布局。隔墙可以移动，展厅的布局可以有无穷的变化

博物馆顶棚的底视图，表明日间采光及夜间照明合理而严格的布置

挂镜线止于1000m 的博物馆的外观及其朝向花园的入口

博物馆临时性的立面，它们将成为内部的隔墙；
可以看到立面上挑出的标准梁的端部，新的结构将与之衔接

博物馆入口。博物馆的基本原则：建筑立体位于底层架空柱上，
从地面层由整个建筑的正中进入，那里是主展厅

从花园看博物馆入口的广场和大门

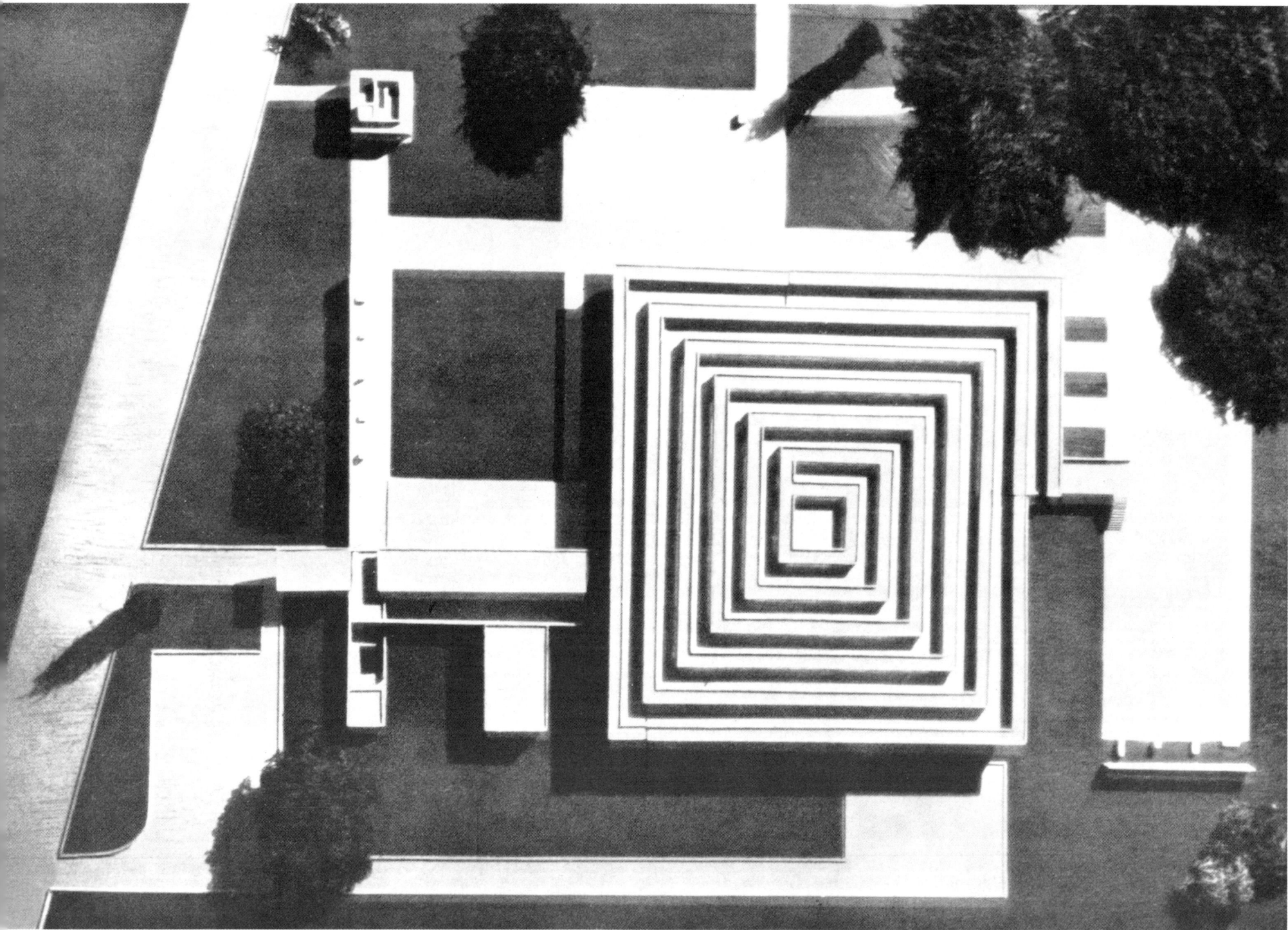

挂镜线长达 3000m 时的同一博物馆鸟瞰

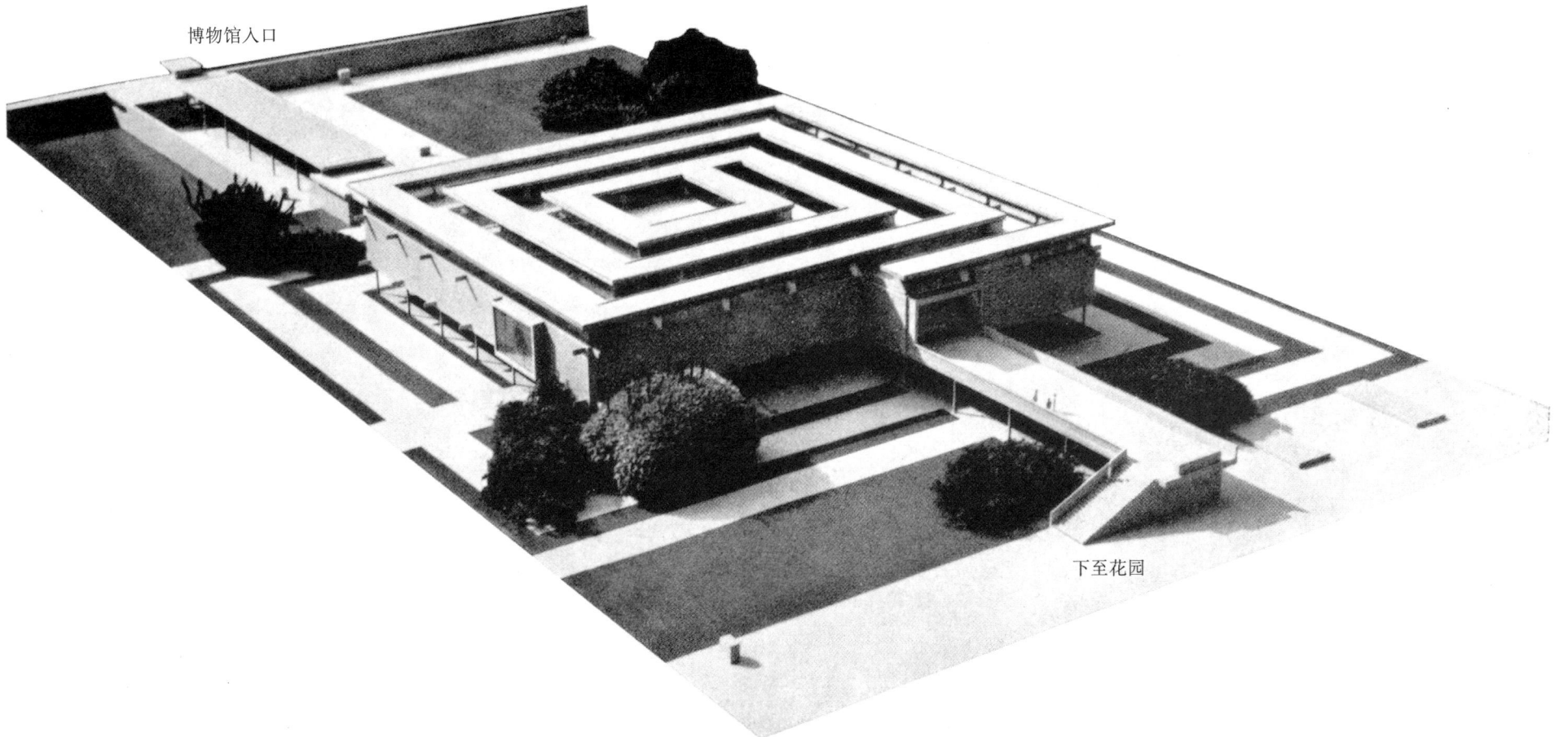

挂镜线仅长 1000m 的博物馆，位于其两端的附属部分
构成了一座拥有 3000m 长挂镜线的博物馆扩建的起止
点

博物馆入口

下至花园

博物馆全貌（屋顶被移去）。博物馆的入口和通往花园
的出口已完全建成，为将来挂镜线长 3000m 的博物馆
作好了准备

罗斯科夫生物研究所，1939 年

隶属于科研部门的海洋生物试验楼已在海边落成，正如这张小小的总平面图所示。新试验楼位于平面右侧的一小块土地上。

试验楼包括水族馆、工作室和专家住宅；它们与一栋要求保留的古老的布列塔尼住宅（位于总平面图左上方的建筑）相连；建筑的第三部分将包括入口、梯形报告厅和俱乐部。

房间的照度条件提出了一个重要的技术问题。专家的工作要求避免直射的阳光。但让所有的房间都朝北可办不到。于是，在此"遮阳"的概念再次得到应用。其中包含不同的形式：蜂房小室，垂直薄板以及与传统类似的凹阳台。

新的立面审美出现了。

时值 1939 年：

现代建筑的形式得以从玻璃墙面这一战利品中获益并达到自我的认识。罗斯科夫研究所给出了特征鲜明的解答。

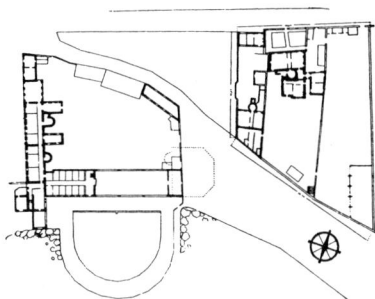

当前的总平面图

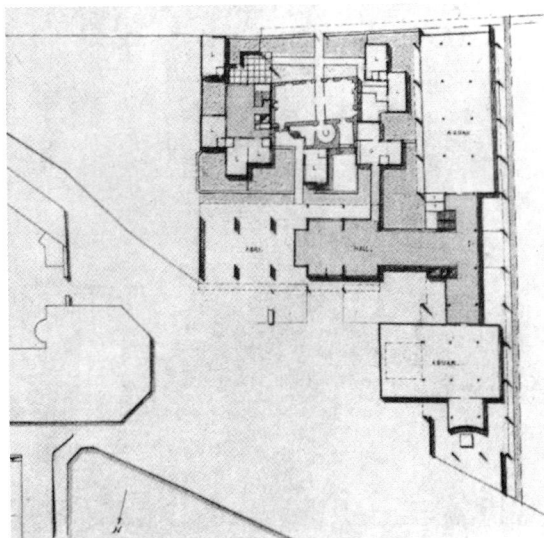

方案 I——首层平面图

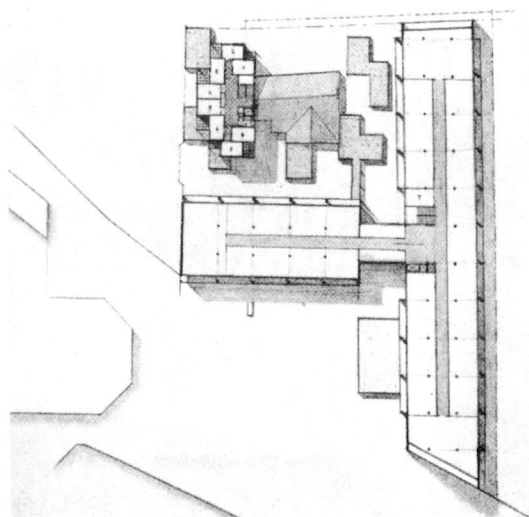

标准层平面图

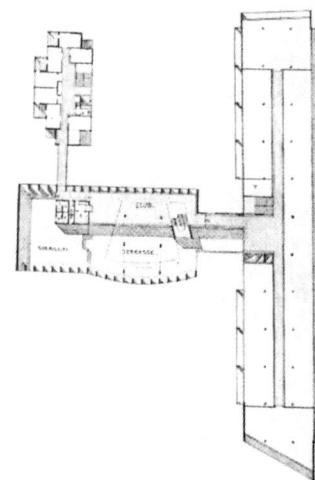

俱乐部层平面图

自大海望（方案 II）

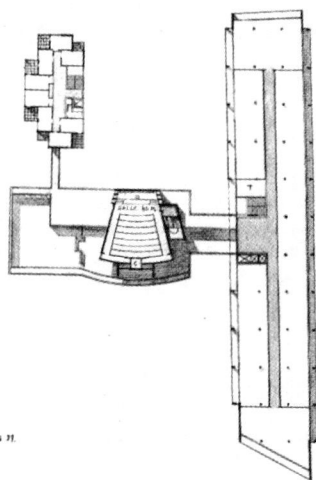

报告厅层平面图

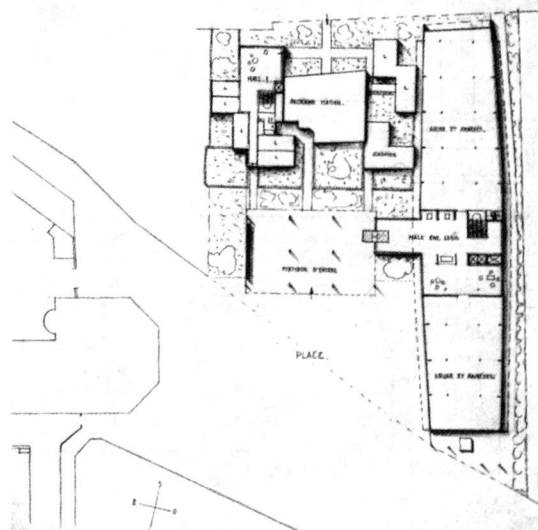

方案 II——首层平面图

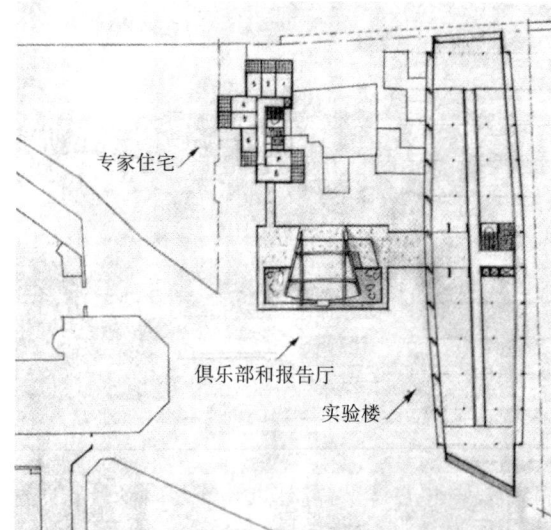

标准层平面图

政府广场，塞纳河畔的布洛涅区，1939 年

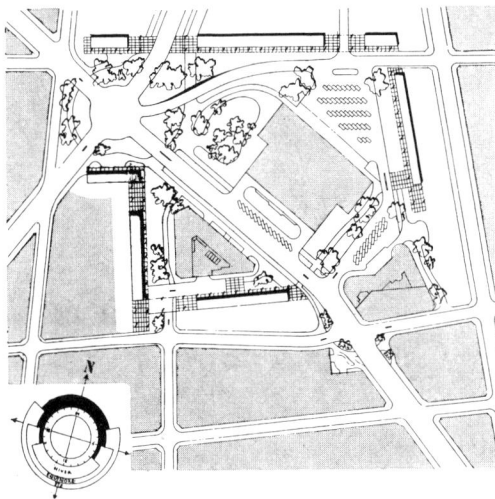

总平面图（架空的底层）

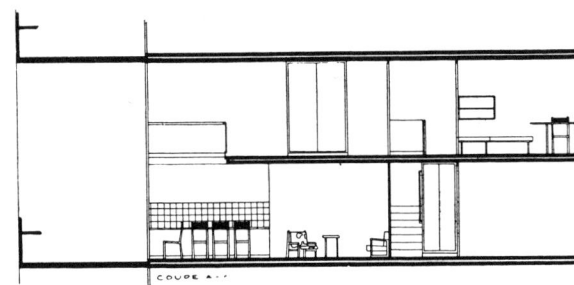

公寓剖面图

一套标准的公寓

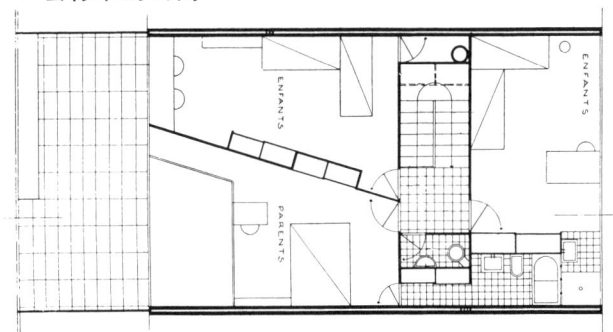

楼层平面图

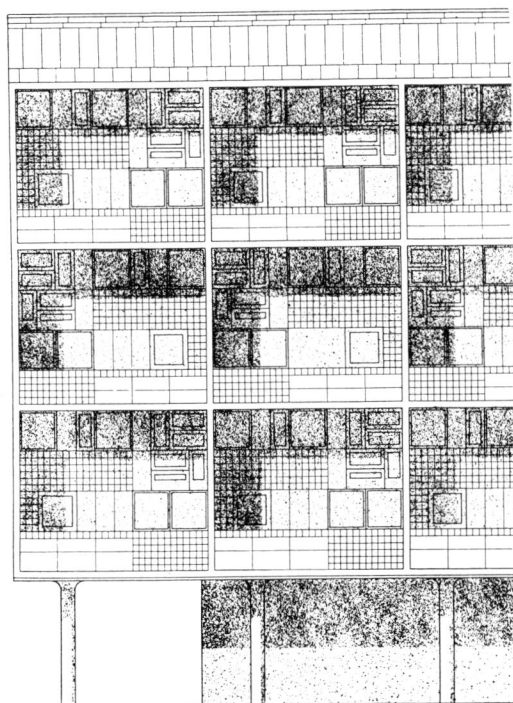

阳台一侧的南立面图

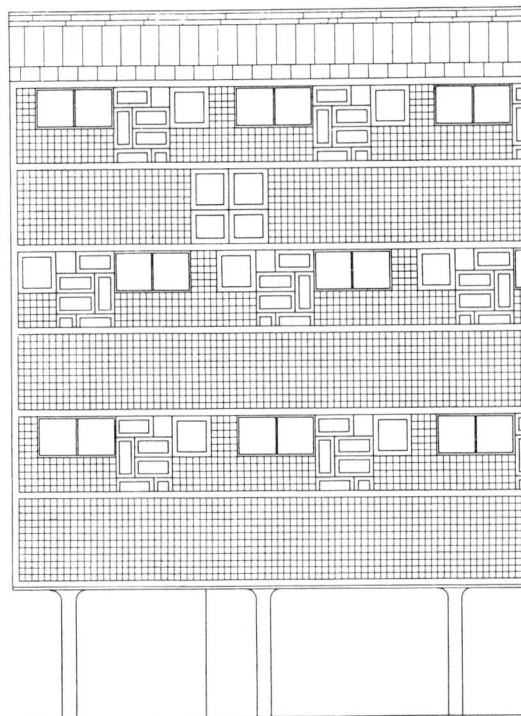

走廊一侧的北立面图

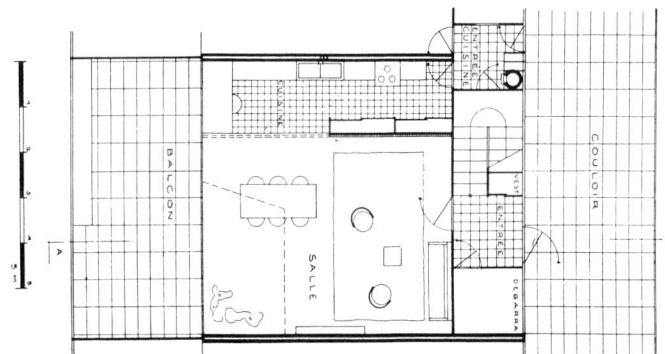

入口层平面图

问题由一个与巴黎接壤的工业区区长提出。那里已拥有一座托尼·加尼尔（Tony Garnier）设计的出色的区政府，以及许多堪称现代的公共建筑。

设计意图是要建造一个人车分行的广场，为现有建筑群（区政府、医院和邮局）确定一个背景，以避免私人无节制的开发所造成的混乱。

为此，我们构想了一个由出租公寓构成的围合，公寓剖面在西向和南向的立面以凹阳台的形式提供"遮阳"，这构成了居住空间真正的延伸。

这项研究同样关注玻璃墙面的表达，于此，玻璃墙面可以归纳为几种标准的元素：浇铸构件、玻璃砖以及嵌入玻璃砖墙面中的推拉窗。

从公寓的阳台上望政府广场（区政府位于中央，这是托尼·加尼尔的作品）

克拉克·阿朗戴尔住宅，1939年

这栋小住宅被命名为M.A.S.（装配式住宅）。它成为（1940年）针对兰尼美赞（Lannemezan）区展开的住宅研究的出发点。

注意车库、门厅以及通往各个楼层的坡道之间的联系。

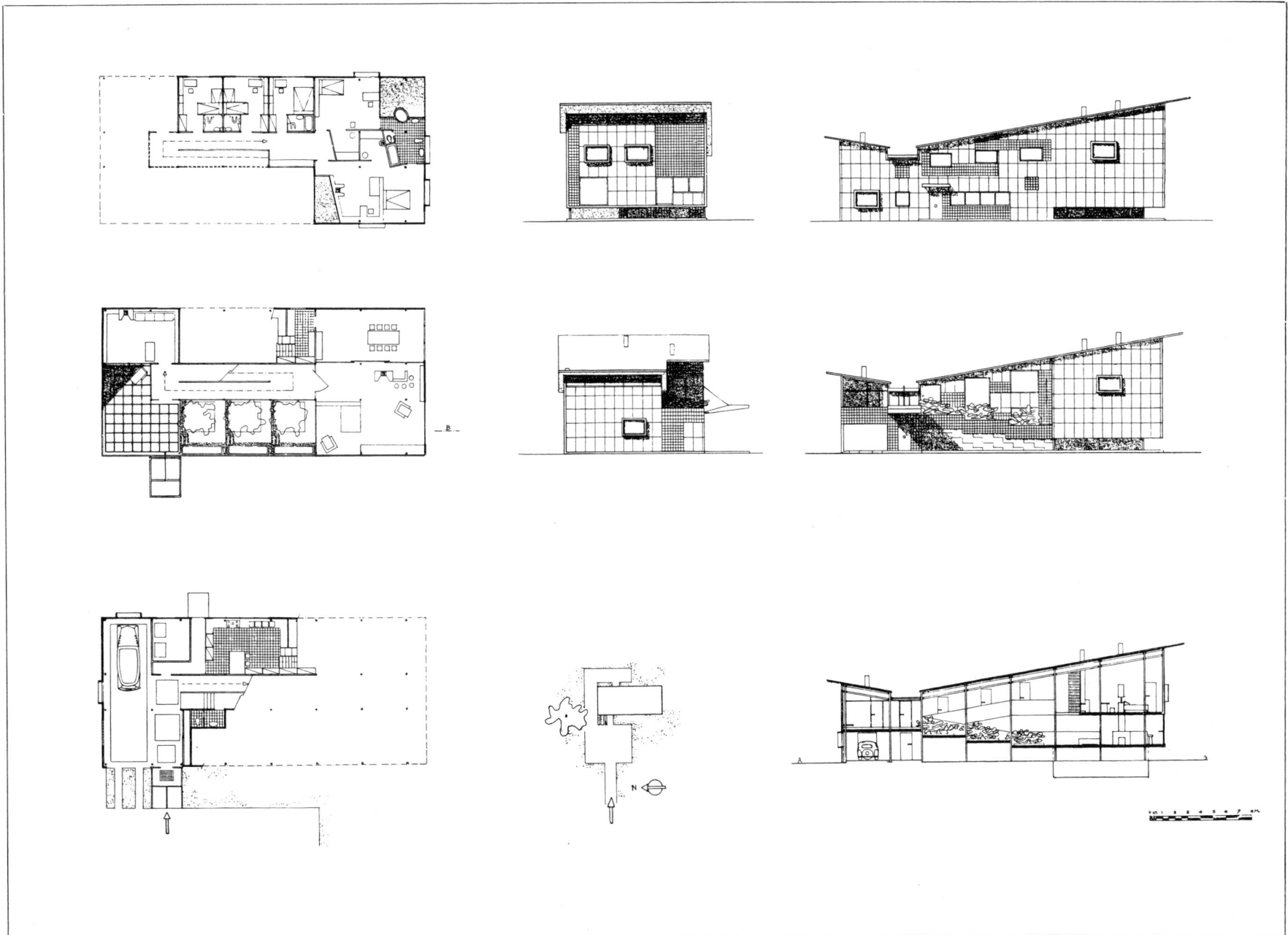

Vars 山谷的冬夏体育活动中心，1939 年

棘手的技术问题：要求根据给出的体育活动的种类来开发场地。空中索道、跳滑雪道、溜冰场、停车场，当然，还有旅馆。

旅馆面向3种类型的顾客，并为客人提供餐饮服务。又一次，问题以有效组织起来的独栋木屋的形式涉及到私人居住问题的解答，而且还获得了一个建造螺旋立体车库的机会，它位于旅馆的一端，构成汽车行程的终点。

旅馆定位的初稿方案

A 旅馆所在的山丘
B 商务中心和溜冰场
C 独栋木屋
D 空中索道
E 跳滑雪道

西面总体视图

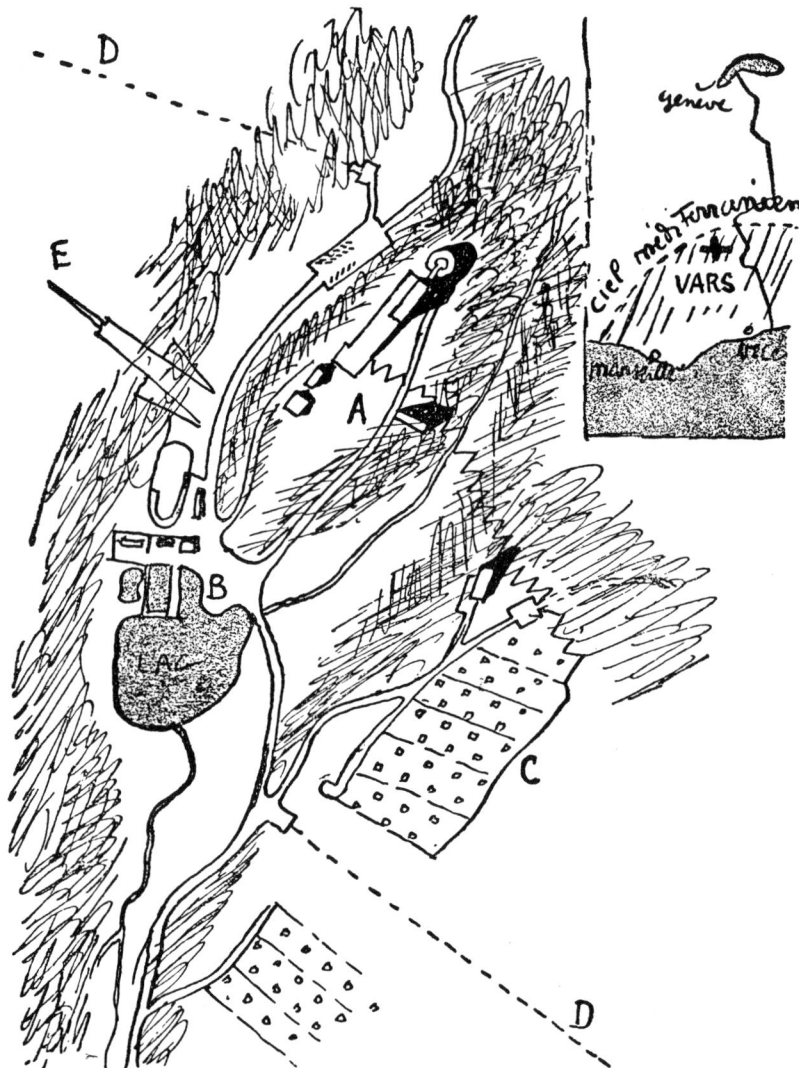

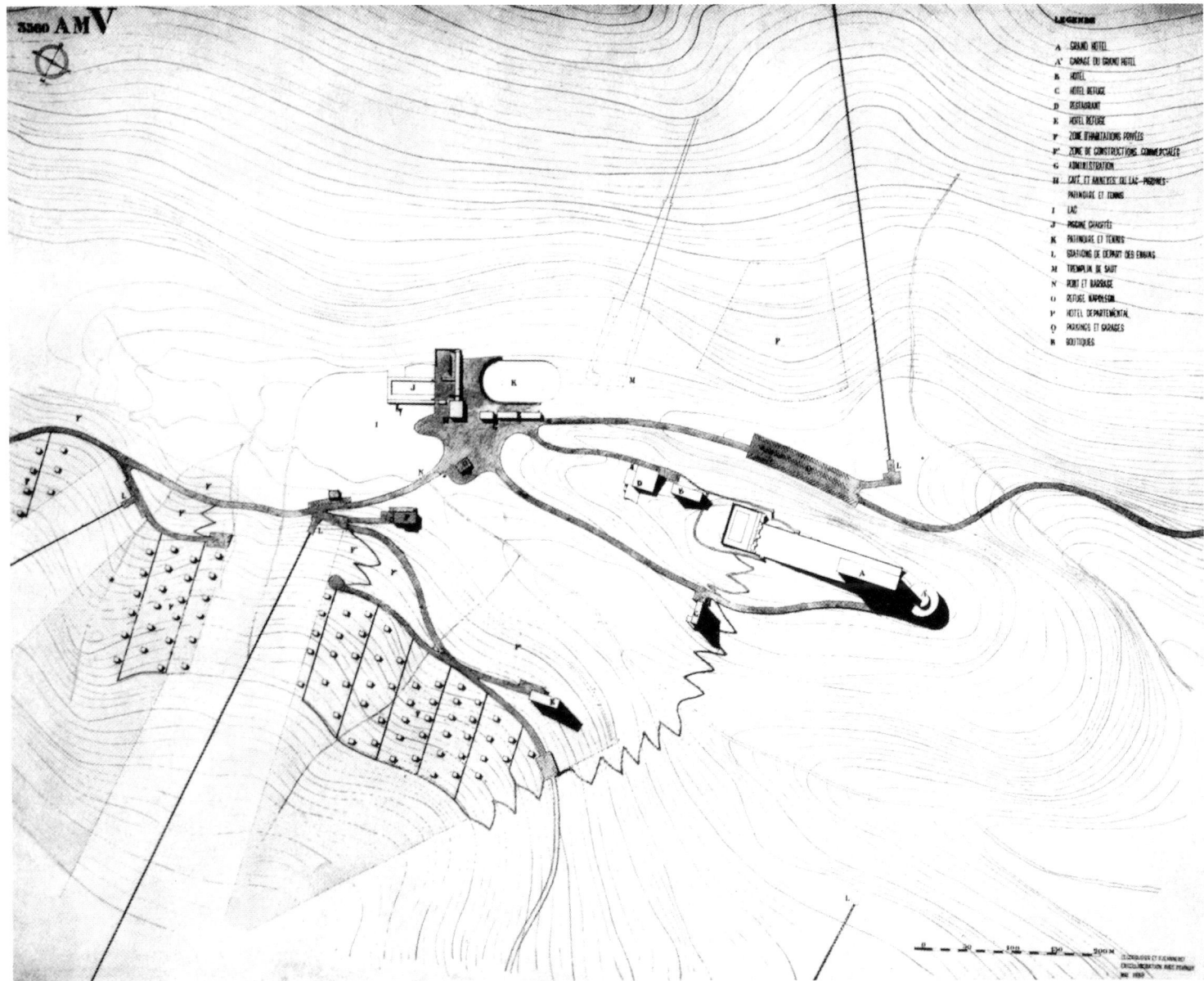

总平面图

合成照片（南向）。在初稿方案中可以见到商务中心、夏季的游泳池和冬季的溜冰场。旅馆位于山丘上；其右侧为独栋木屋预留地

S.P.A.兰尼美赞工头住宅，1940 年

这是为实现工头住宅的原型所做的详尽研究。

我们把1929年卢舍尔住宅的研究深入下去（见《勒·柯布西耶全集（第1卷·1910～1929年）》P186），使其适应当地的材料及劳工条件（砖石砌体、混凝土屋面及楼板、玻璃或木板墙面）。

房子向着太阳和最美的景致敞开，背对强风。出于对坡地的考虑，住宅主体位于底层架空柱上，朝向山谷，并在住宅下方留出一定的室外生活空间。

对服务部分作出精确的划分：一侧是厨房、鸡舍和菜园；另一侧是客人入口。从构造的角度看，各个要素都得到了清晰的界定：砖石工程、细木作、承重部分和开敞部分。

工头住宅

起居室

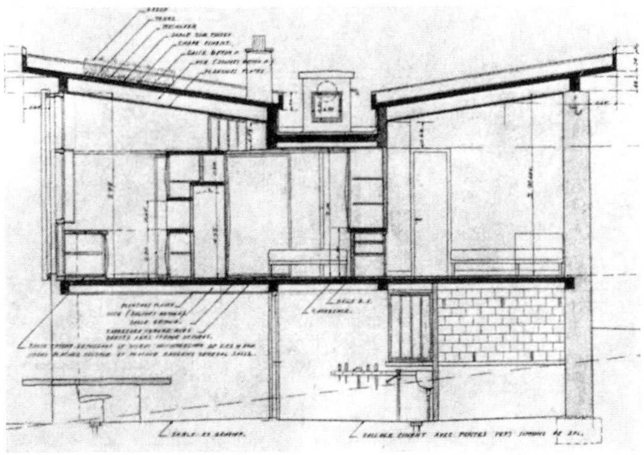

A-B 剖面图

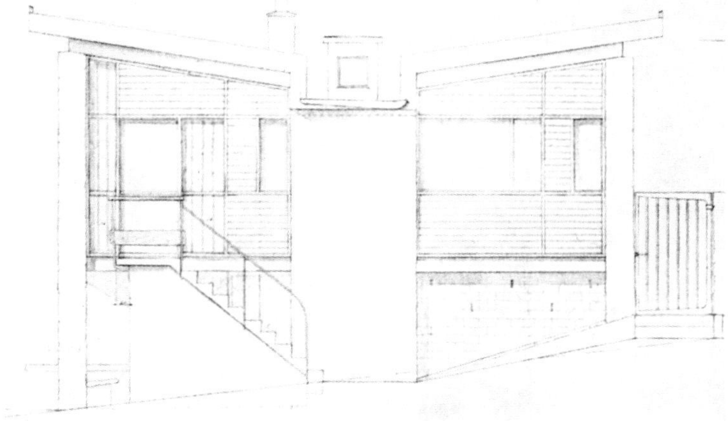

东立面图

工头住宅的实施方案

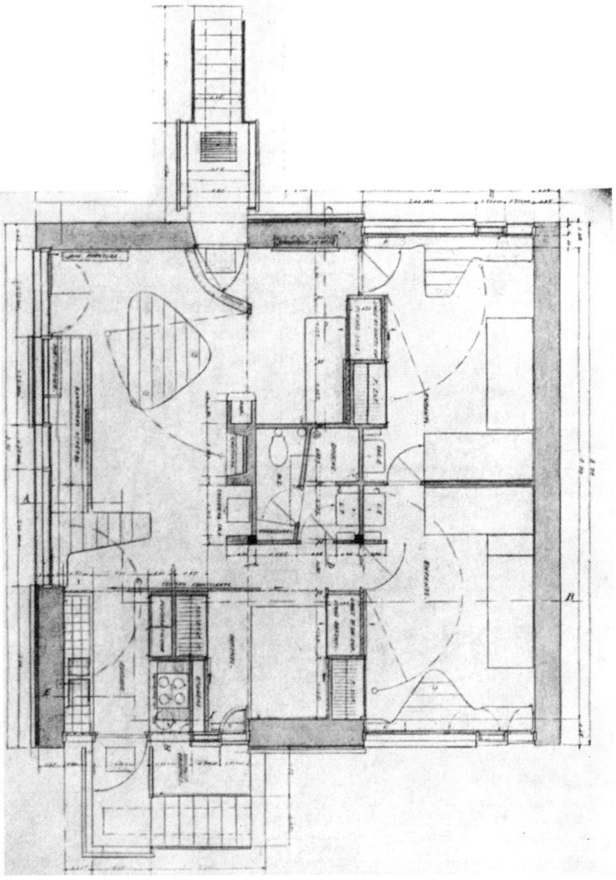

二层平面图

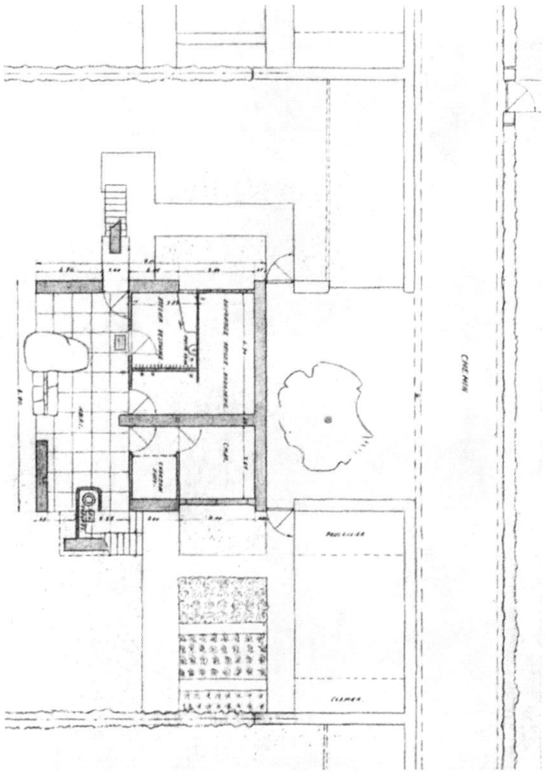

首层平面图与花园

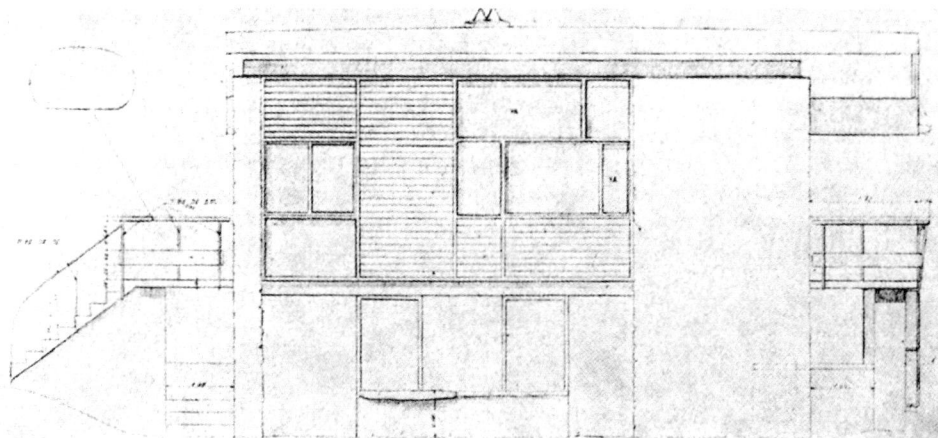

南立面图

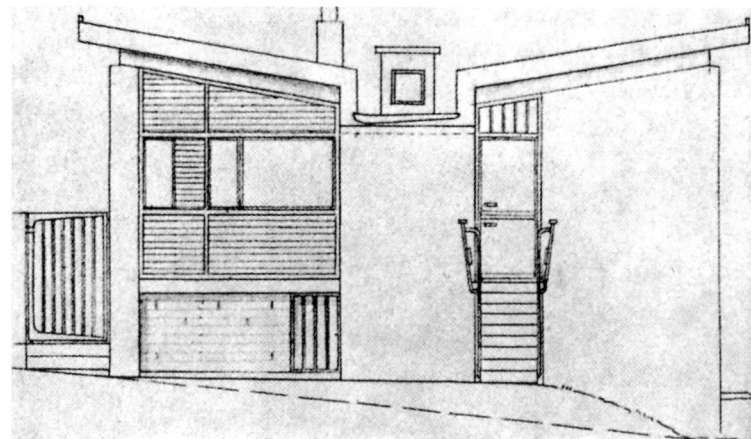

西立面图

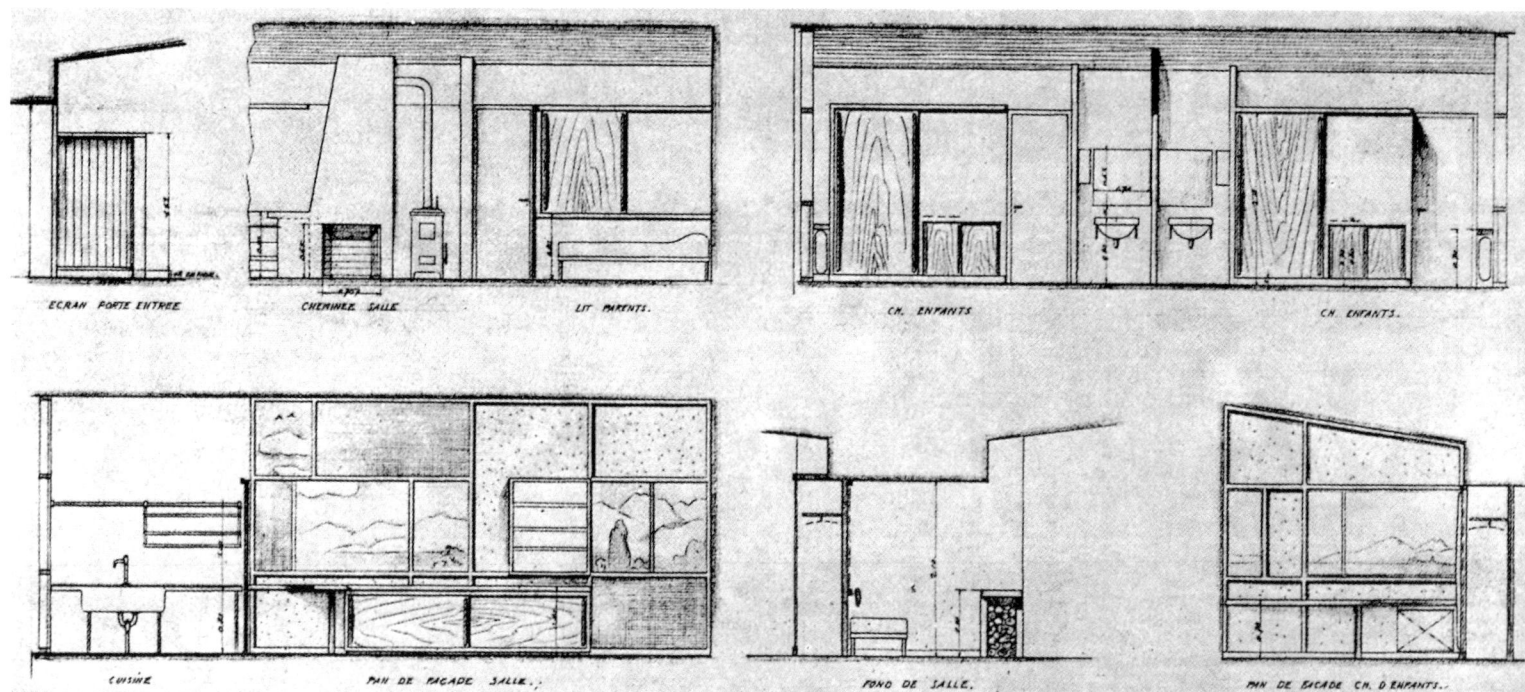

工头住宅的室内立面图

S.P.A.兰尼美赞工程师住宅，1940 年

所用的材料和技术与工头住宅完全相同。

平面按照楼梯交错布置，楼梯的休息平台提供了不同的房间标高，从而使住宅的各项功能得到清晰的划分。

住宅中流线的终点是一个避风的半开敞露台，朝向壮丽的山谷。

从书房望客厅和露台

工程师住宅

立面图

各层平面图

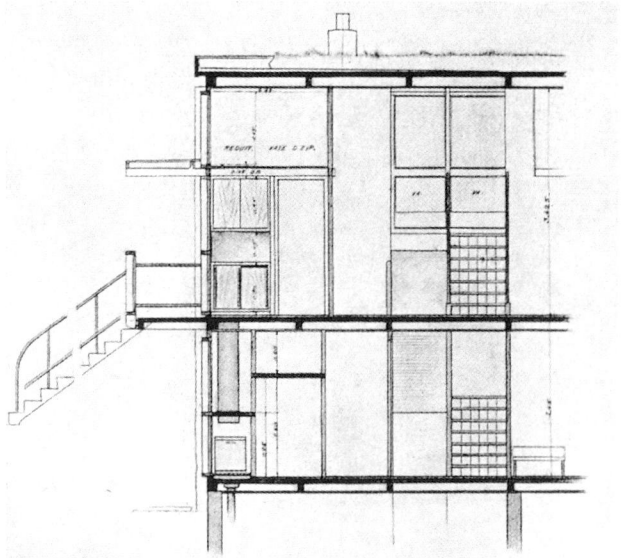

COUPE C.D. ECH. 0.05 P.M.　　C-D 剖面图

COUPE A.B. ECH. 0.05 P.M.　　A-B 剖面图

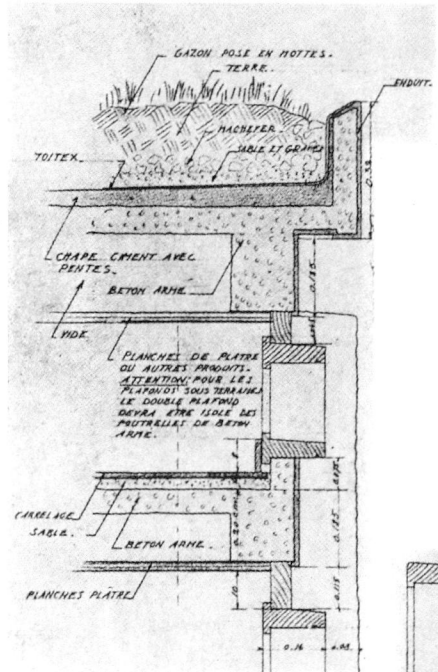

屋面和楼板的
细部做法

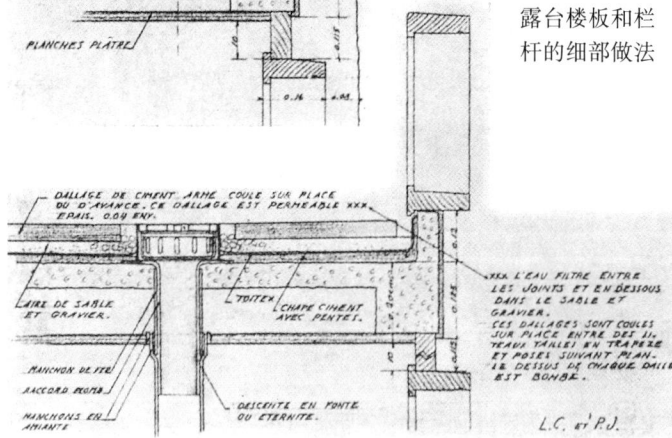

露台楼板和栏
杆的细部做法

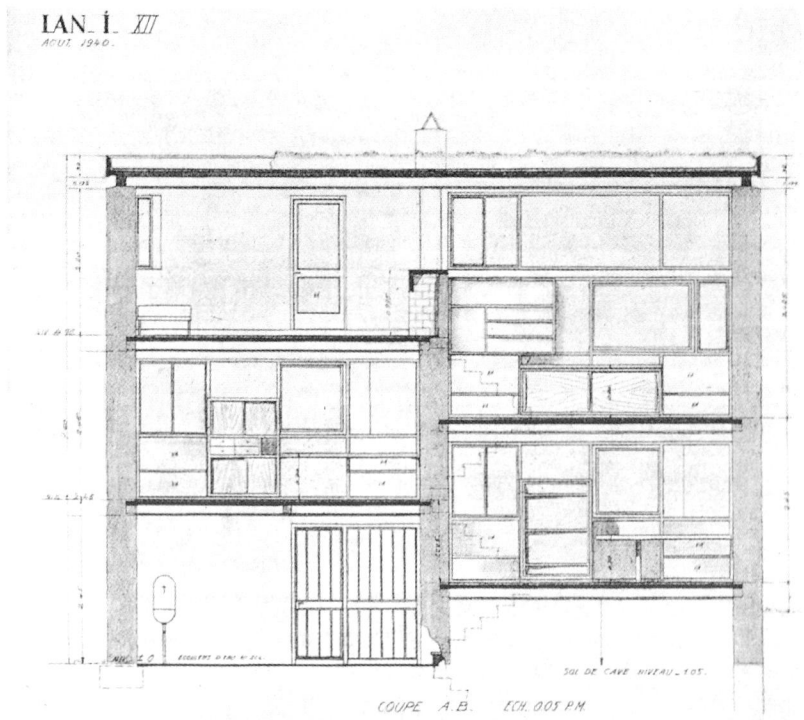

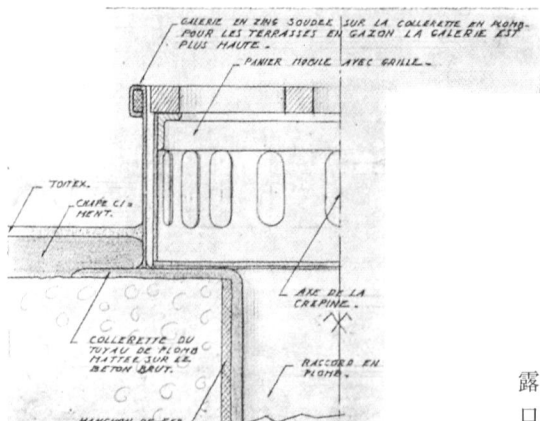

露台雨水排放
口的细部做法

M.A.S. 装配式住宅，1939～1940 年

于此，持续数年的系列研究得出一个值得重视的结果：建筑构件彻底的标准化。

钢柱，

钢梁，

顶棚构件，

立面板材构件。

楼梯标准化，门、窗、厨房、卫生设备（淋浴、洗脸池或者坐浴缸）统统标准化。

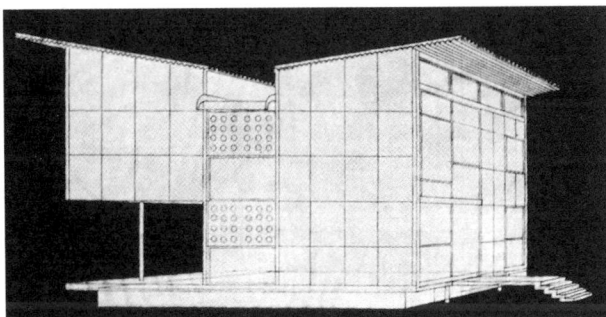

预制装配式住宅

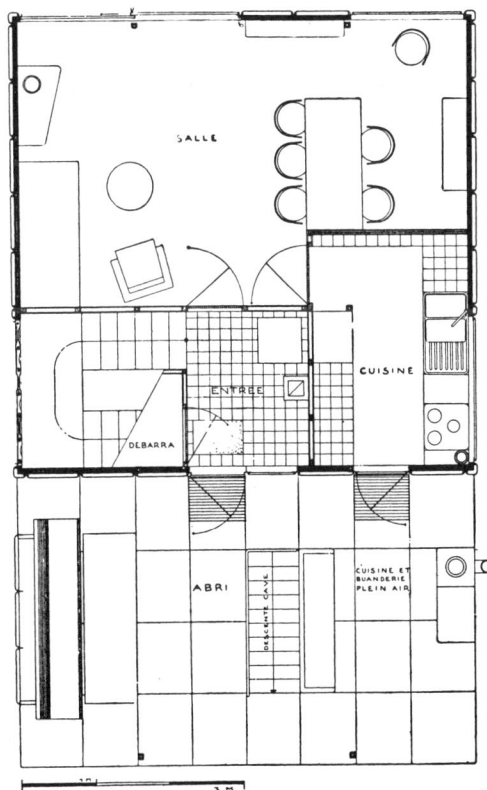

首层平面图

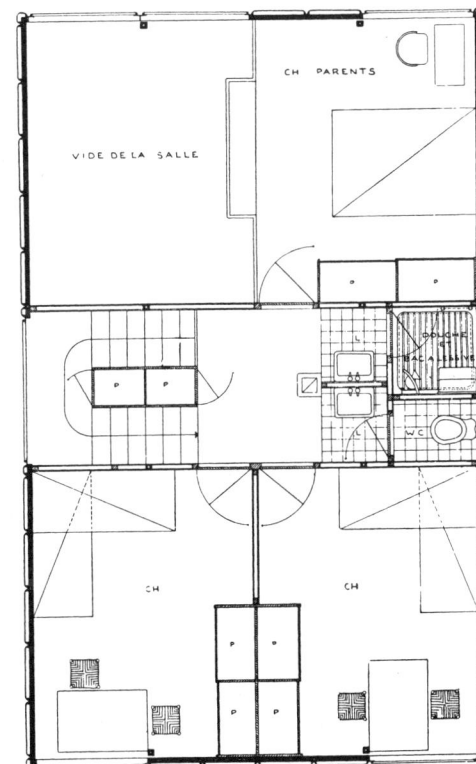

二层平面图

起居室

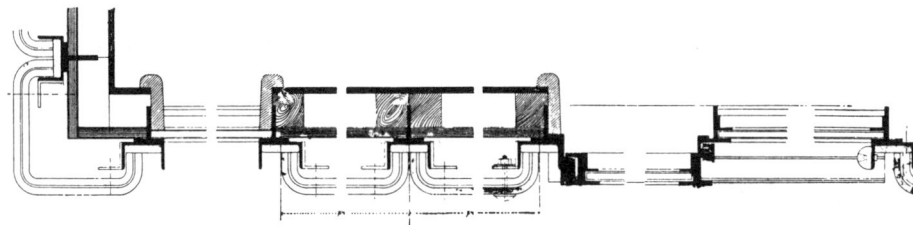

外墙和推拉窗的横剖面图

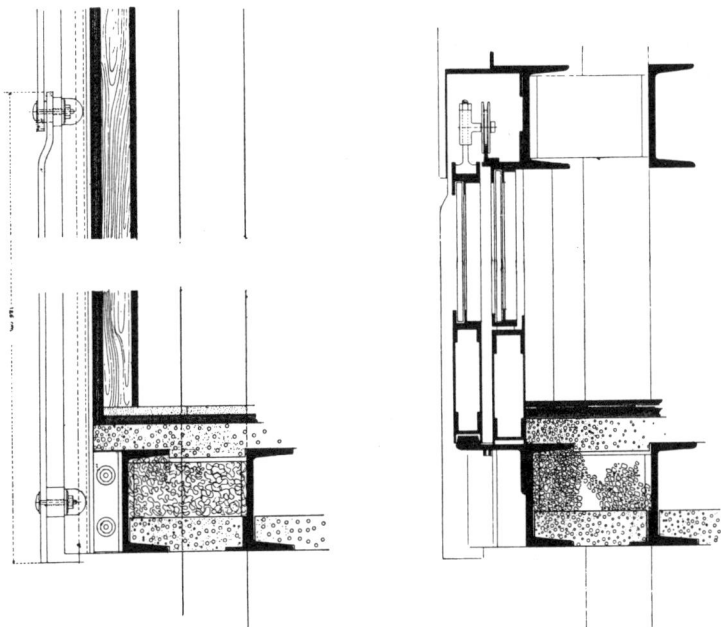

外墙垂直剖面图　　　　　推拉门纵剖面图　　　　　**全装配式住宅细部**

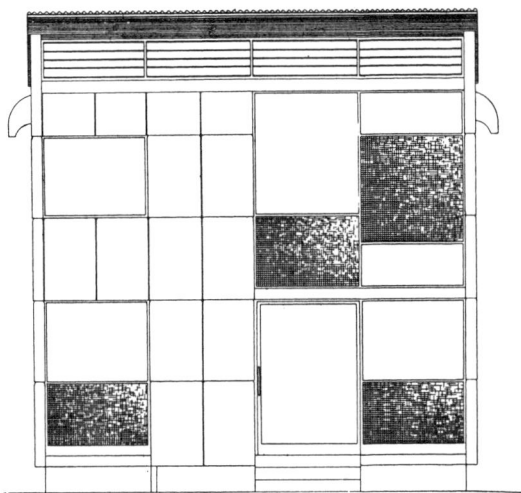

客厅入口一侧立面图

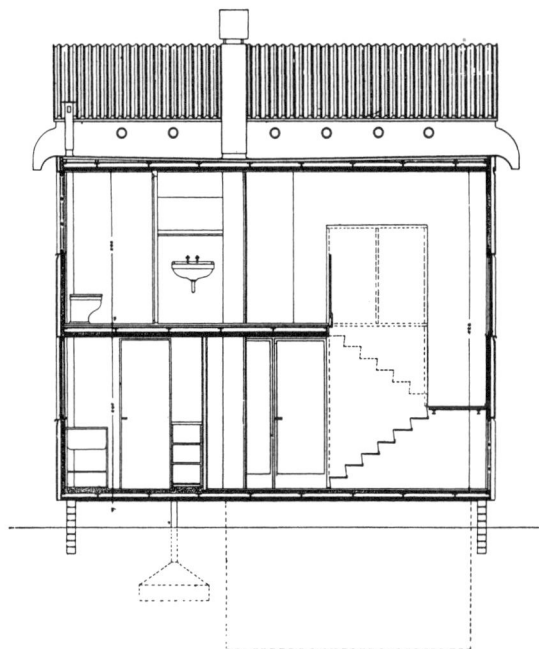

住宅的纵剖面图（楼梯）

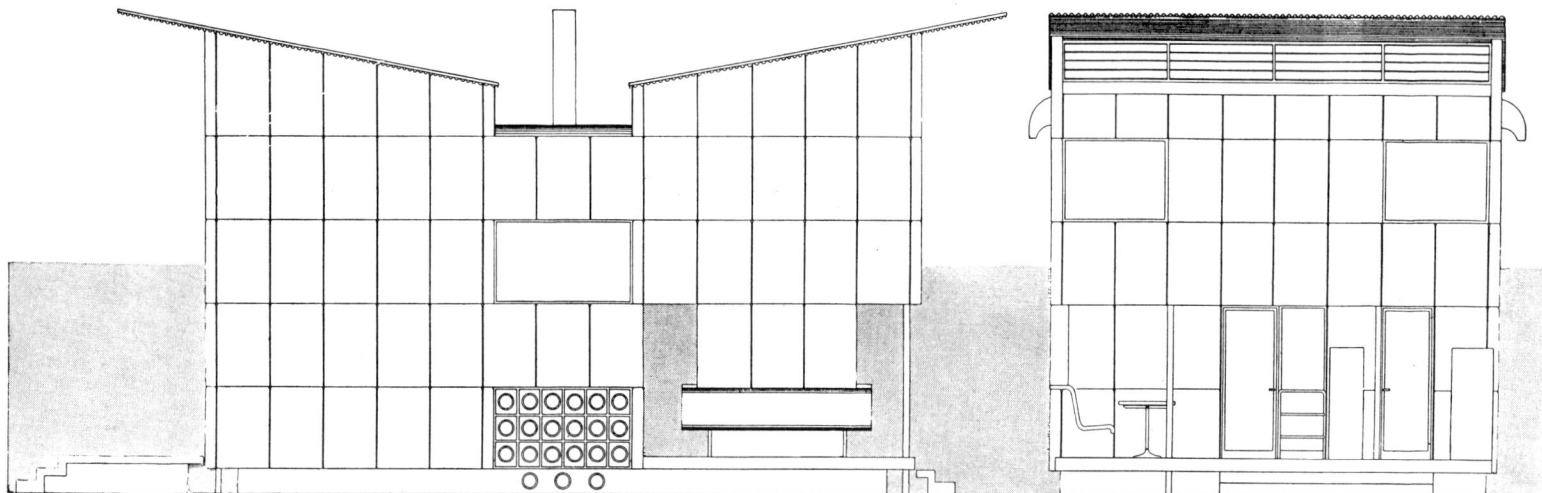

厨房一侧的立面图

首层带部分室外空间（有遮蔽）的立面图

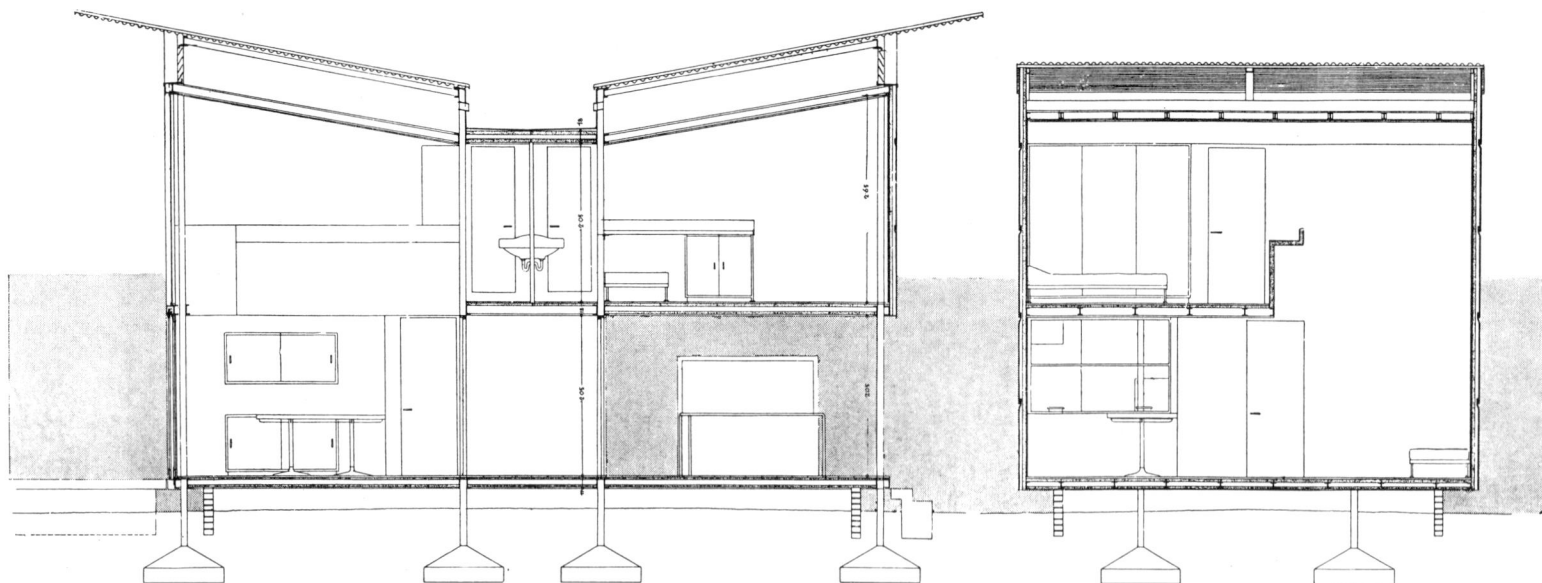

纵剖面图

起居室剖面图

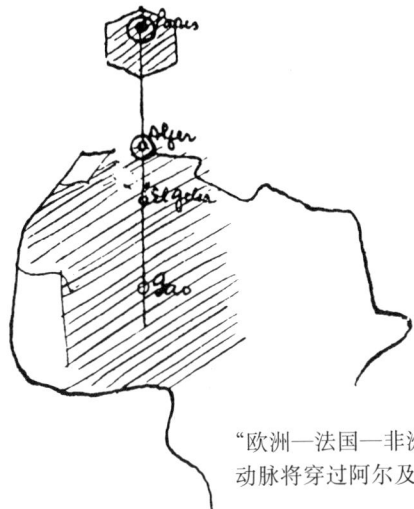

"欧洲—法国—非洲"这条主动脉将穿过阿尔及尔吗?

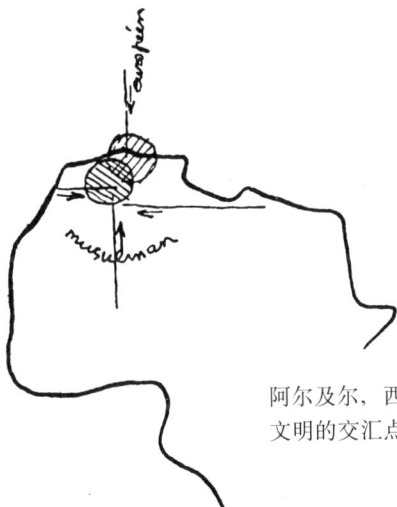

阿尔及尔,西方文明与本土文明的交汇点

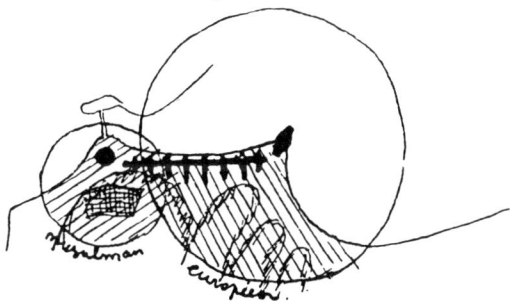

右侧是商业城,位于欧洲城的端头。左侧的黑点标出位于卡斯巴(网格填充部分)脚下的未来的本土文化中心。这两个中心(本土和欧洲)之间,将崛起阿尔及尔的公民中心(建于海堤上,取代目前因年久失修而破败的建筑)

阿尔及尔指导性规划,1942 年

关于阿尔及尔地区的整治,柯布的研究从未间断。1942 年,一份"指导性规划"成为对先前研究的总结。

这份指导性规划得到了明确的定义。它不是一份城市规划方案,而是一个总体的部署,它使当局得以认清其所面临的问题,从而能够采取有效的措施。

以下是对这一指导性规划的定义:

"这是一个图示的部署……

……未来不可预知。"

这个指导性规划的概念尚未实践,尚未得到公众的认识。1942 年,阿尔及尔规划以 3 张比例为 1:20000 的图纸的形式,提出这一概念的原则。

a) 所有阶段都完成时的总平面,预计 1980 年前后;

b) 第二阶段,1955 年前后;

c) 第一阶段,1942 年。

还有一个补充部分,比例(1:12600):

阿尔及尔 C1:用地

阿尔及尔 C2:交通

阿尔及尔 C3:(破败的区域)急迫等级

阿尔及尔 B1:分区

这种方式无法精确表现局部或偶发的细节,却能提供总体的概貌。城市的未来取决于我们对它的预见——积极的,或是消极的。

注:

可以看到 1942 年的阿尔及尔指导性规划对先前数年的研究进行了重大的调整。事实上,马林(Marine)区,迄今为止惟一纳入当局议事日程的区域,将不再包含商业城。商业城将迁往位于 Laferrière 大道旁的棱堡 15,那里是欧洲城的端头。

而马林区将成为伊斯兰文化机构的中心。如此,阿尔及尔古老的卡斯巴[1]以及清真寺作为未来的文化中心将恢复其完整性;清理"下卡斯巴",只留下花园中的宫殿,即卡斯巴本身。这宏伟壮丽的阿拉伯建筑群将重现生机。

指导性规划表明如何在这个敏感的地点安置商业城。位于欧洲城和伊斯兰城之间的公民中心今后将得到扩展。这就是指导性规划的力量。

---

[1] 卡斯巴(Casbah,或 Kasbah):非洲北部或中东城市的旧城区,参见《勒·柯布西耶全集(第 2 卷·1929~1934)》。——译注

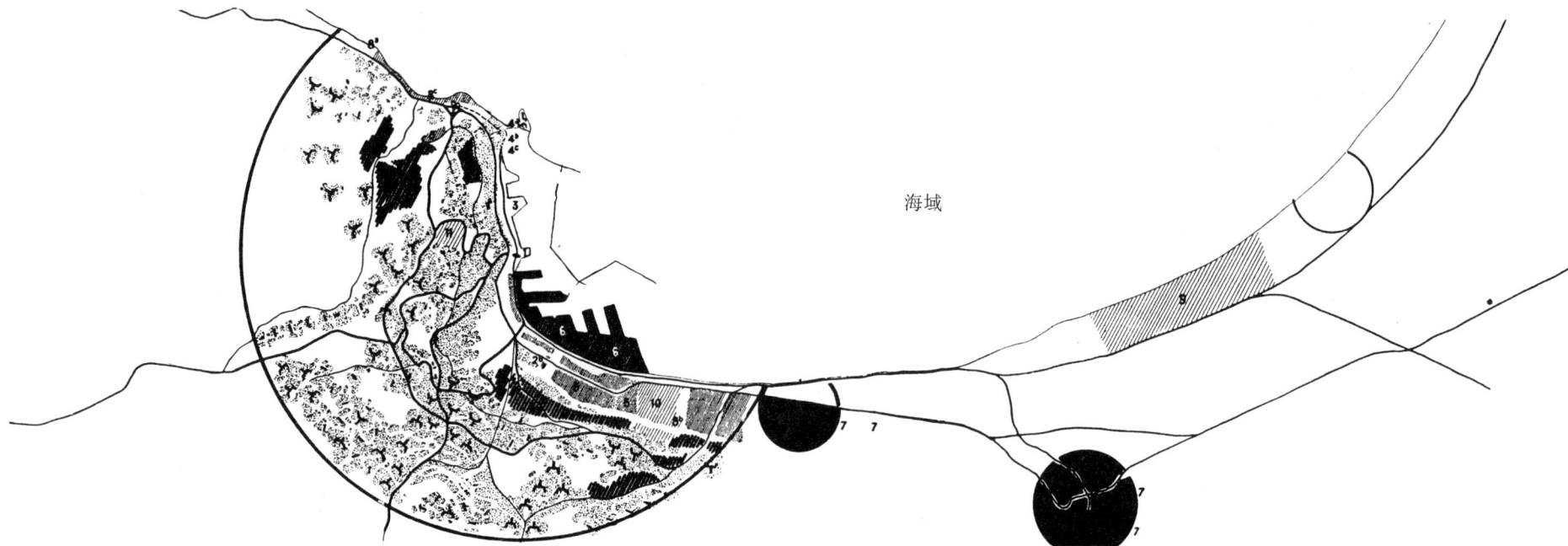

海域

指导性规划　　1　商业城　　　　　　　　　　4　海军司令部和马林区，4c 对面为卡　　6　货运港　　　　　　9　周末度假区
　　　　　　　　2　公民中心　　　　　　　　　斯巴（即由最密的斜线标出）　　　　7　工业中心　　　　10～11　花园，位于青枝绿叶之间的 Y
　　　　　　　　3　综合交通港（轮船，汽车，火车）　5　小型工业和手工业　　　　　　　　8　休闲活动区　　　　　字形居住单位（设有公共服务）

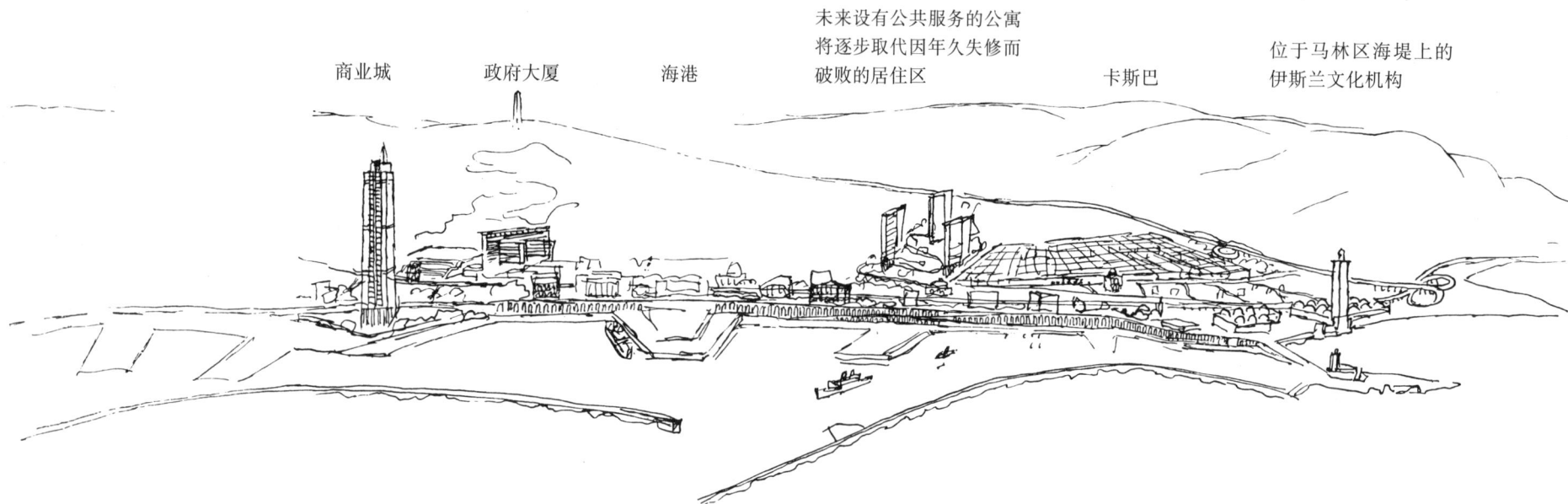

商业城　　　　政府大厦　　　　海港　　　未来设有公共服务的公寓　　　　　　　　　　　　　　位于马林区海堤上的
　　　　　　　　　　　　　　　　　将逐步取代因年久失修而　　　　　　卡斯巴　　　　伊斯兰文化机构
　　　　　　　　　　　　　　　　　破败的居住区

le milieu nord-africain

les. horizons
la mer
la végétations

1　高地上的居住区
2　一条公路交通环线，巧妙地将这些高地"串联"起来
3　位于峭壁脚下的小型工业区
4　商业城（摩天楼）
5　港口停泊中心
6　临海的公民中心
7　本土文化机构
8　海军司令部半岛
9　卡斯巴
10　城市扩展边界
12　重型工业远离城区
13　位于阿尔及尔停泊场附近的周末度假城
14　位于马蒂弗（Matifou）海角的影视城

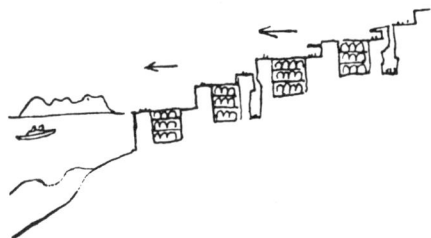

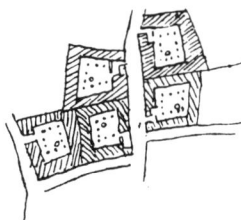

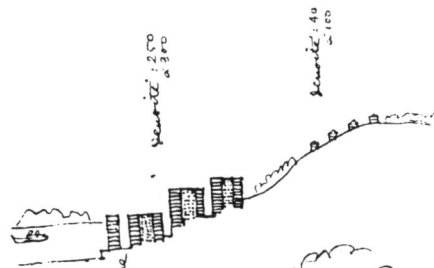

le dedans　　le dehors

la Casbah, chef d'œuvre
d'architecture et d'urbanism
=vie intime et béatitude
devant les larges horizons

阿拉伯城市

la rue-corridor

欧洲人带来的城市

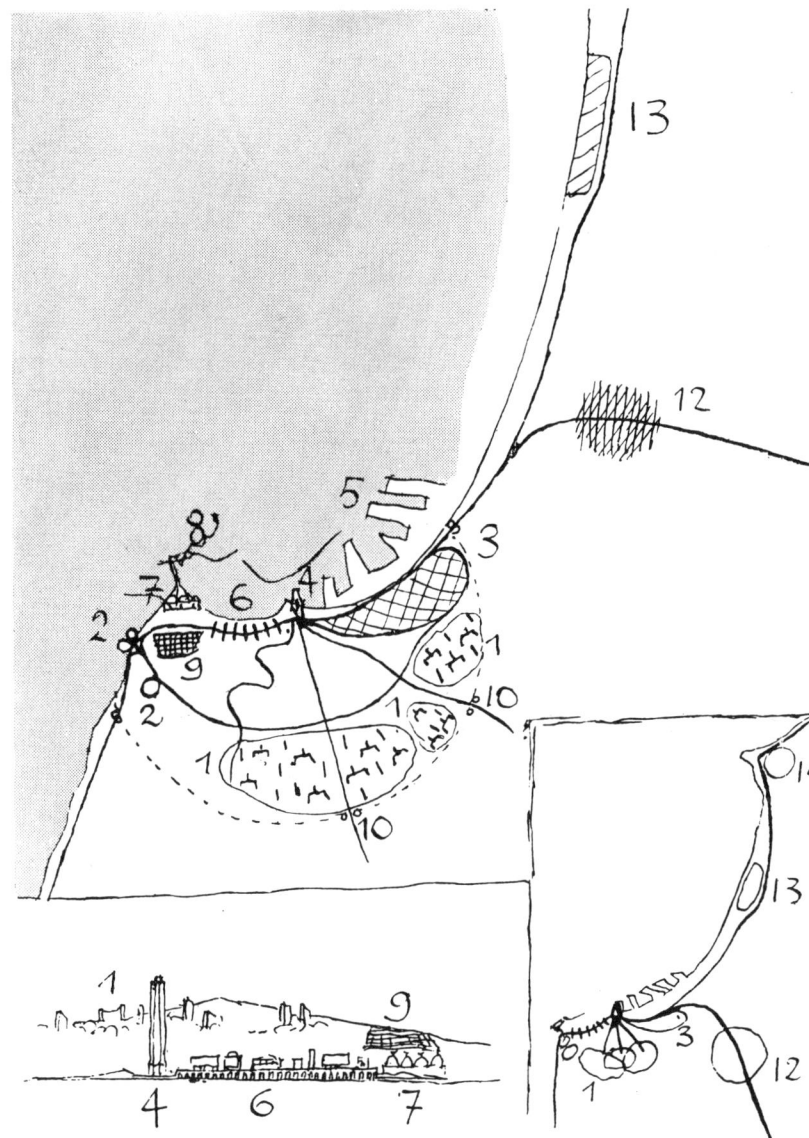

Pl. 1

商业城，卡斯巴清真寺，散布在青枝
绿叶之间的居住单位

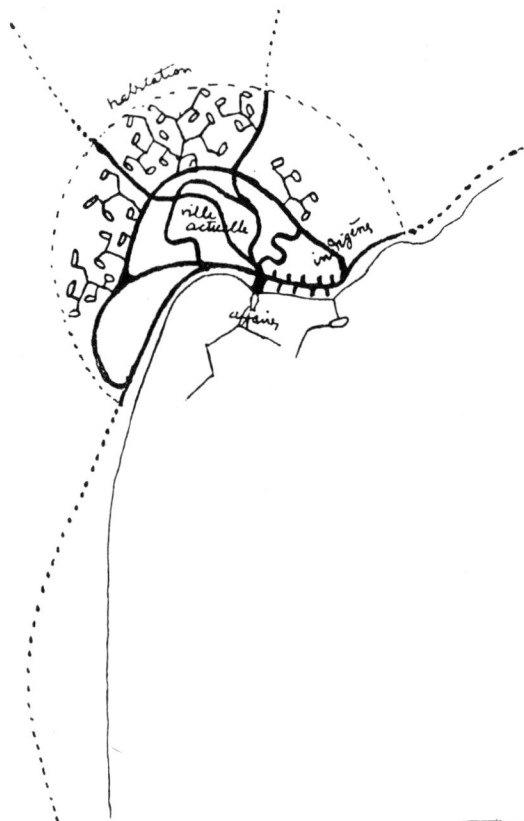

阿尔及尔的新公路网

建筑（由左至右）:
商业城
卡斯巴
新的伊斯兰文化中心
海军司令部

阿尔及尔马林区，1938~1942年

这项于 1938~1939 年间进行的研究，是1930~1938 年工作的继续，基址仍旧是这块土地。这项城市规划的努力得到了市政当局的考虑。

这个城市规划的提案在接下来1942年拟定的指导性规划中有所调整。该方案在许多方面都值得关注。它为用于商务办公的摩天楼带来

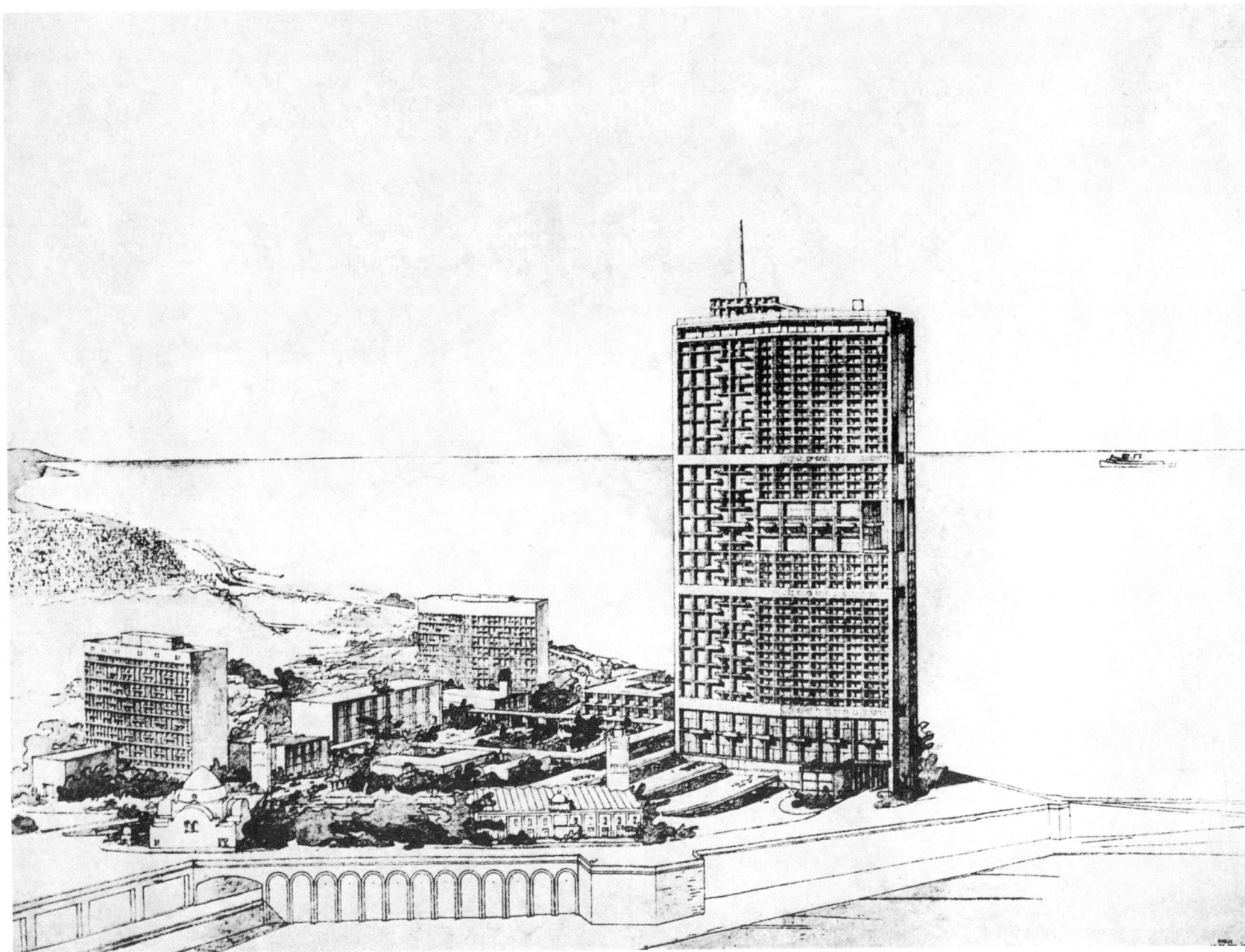

阿尔及尔马林区景观

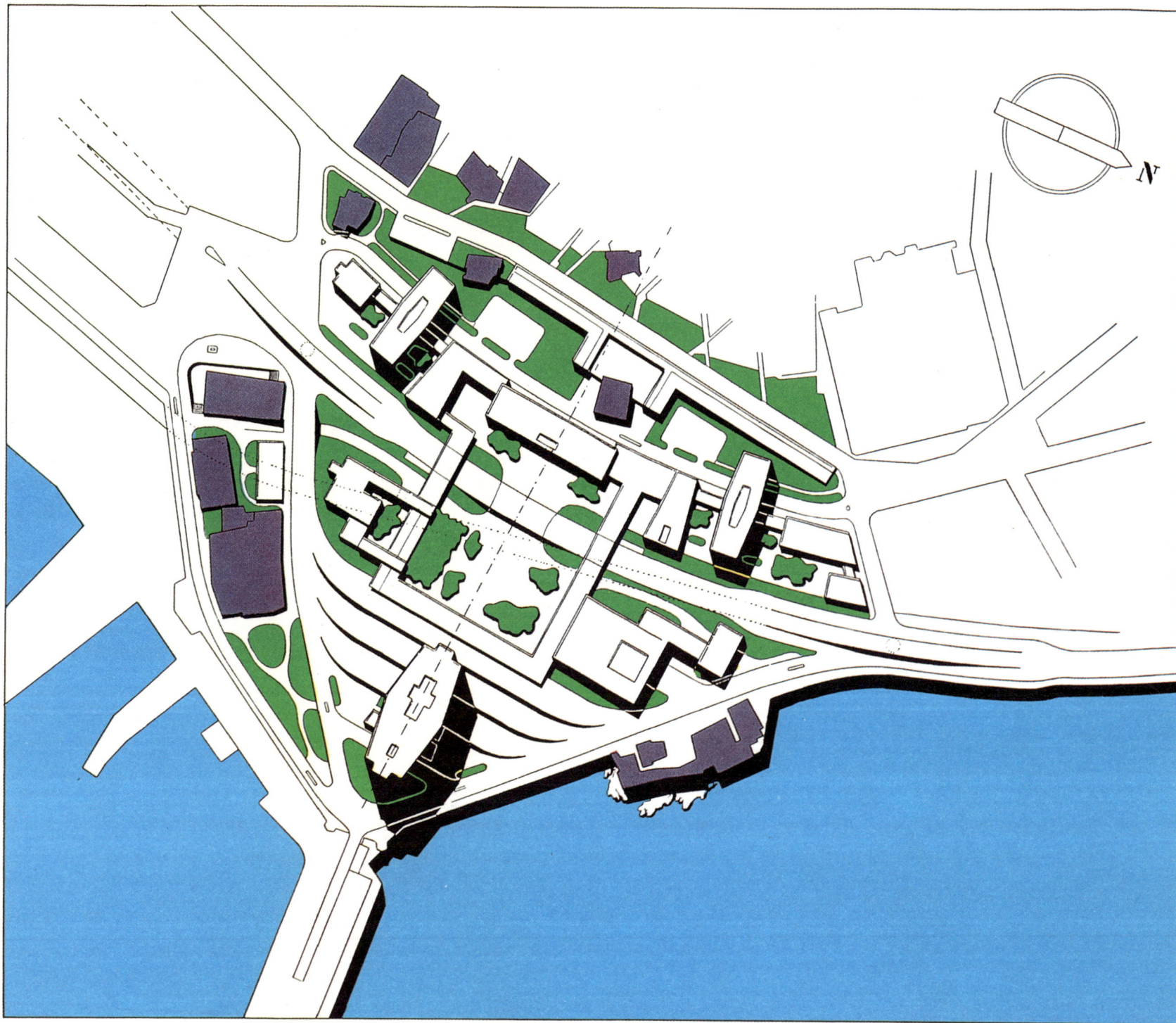

马林区总平面图（紫色区的建筑需保留）

了一个建设性的解决方案和一种新的审美。摩天楼不再是一种偶发的形式（如在美国所见），而是一种真正的生物学，它精确地包含了明确的器官：

独立骨架；全玻璃墙面；"遮阳"（用以在炎热时期或时段减弱太阳的影响，相反地，在冬季，通过它可以引入充足的阳光）；完善的竖向交通体系；摩天楼脚下人行及车行流线的布置；停车场。

档案室分为3层（以3条水平长带的形式出现在立面）。

特例：一个酒店位于摩天楼顶部。为此，在船形基地的端部设置了一个专门的入口。

"遮阳"作为一种重要的元素被应用于此，其单位尺度相当于一个凹阳台。传统的建筑元素被重新引入现代建筑。其有韵律的表达占据了立面的2/5。

更大的"遮阳"出现在大厅窗前。应当指出，解决方案的这一部分尚未找到令人满意的造型表达。

马林区鸟瞰轴测图

汽车：图示为专供汽车交通使用的表面

位于阿尔及尔城市景观中的马林区商业城

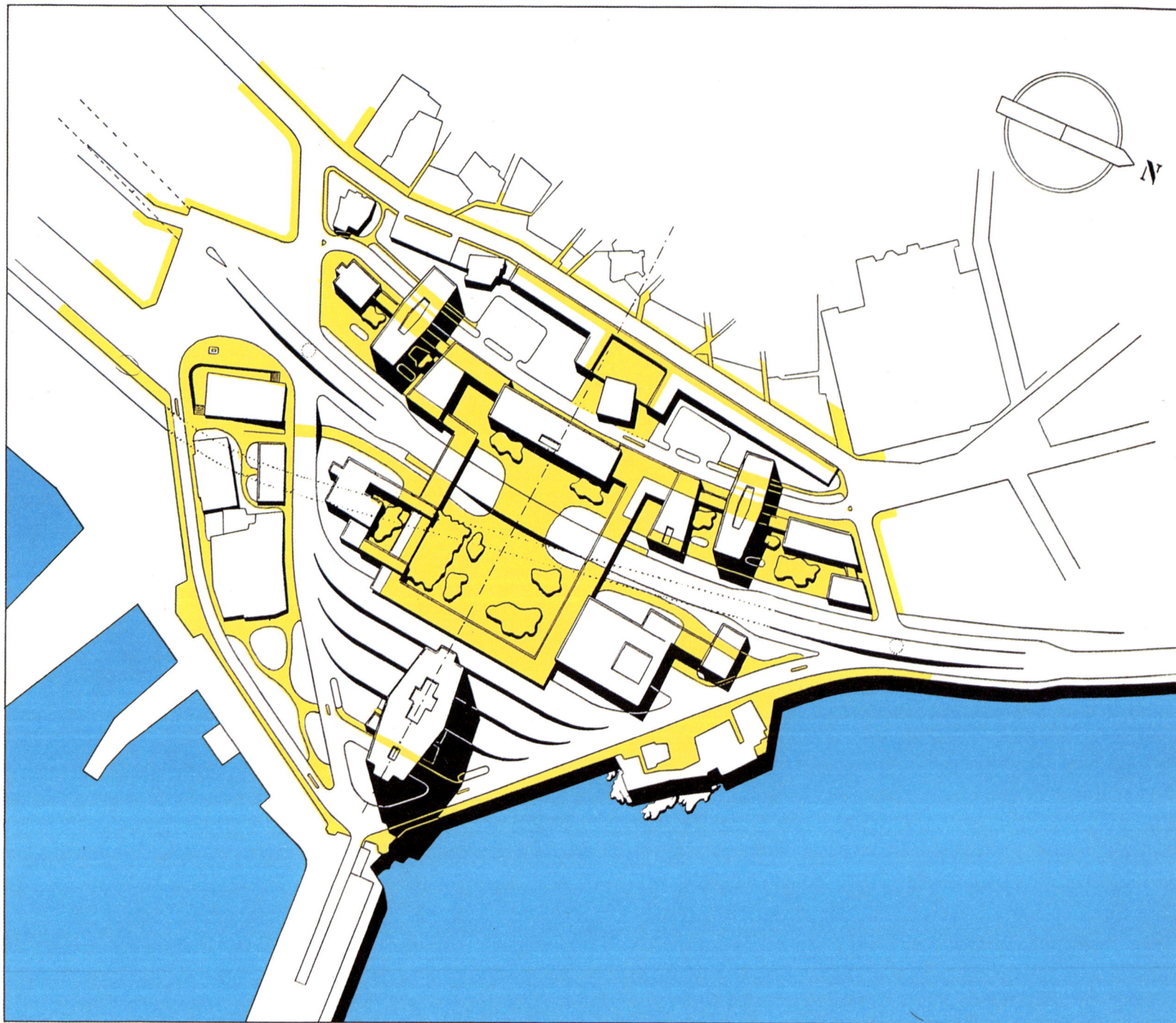

行人：图示为专供人行交通使用的表面

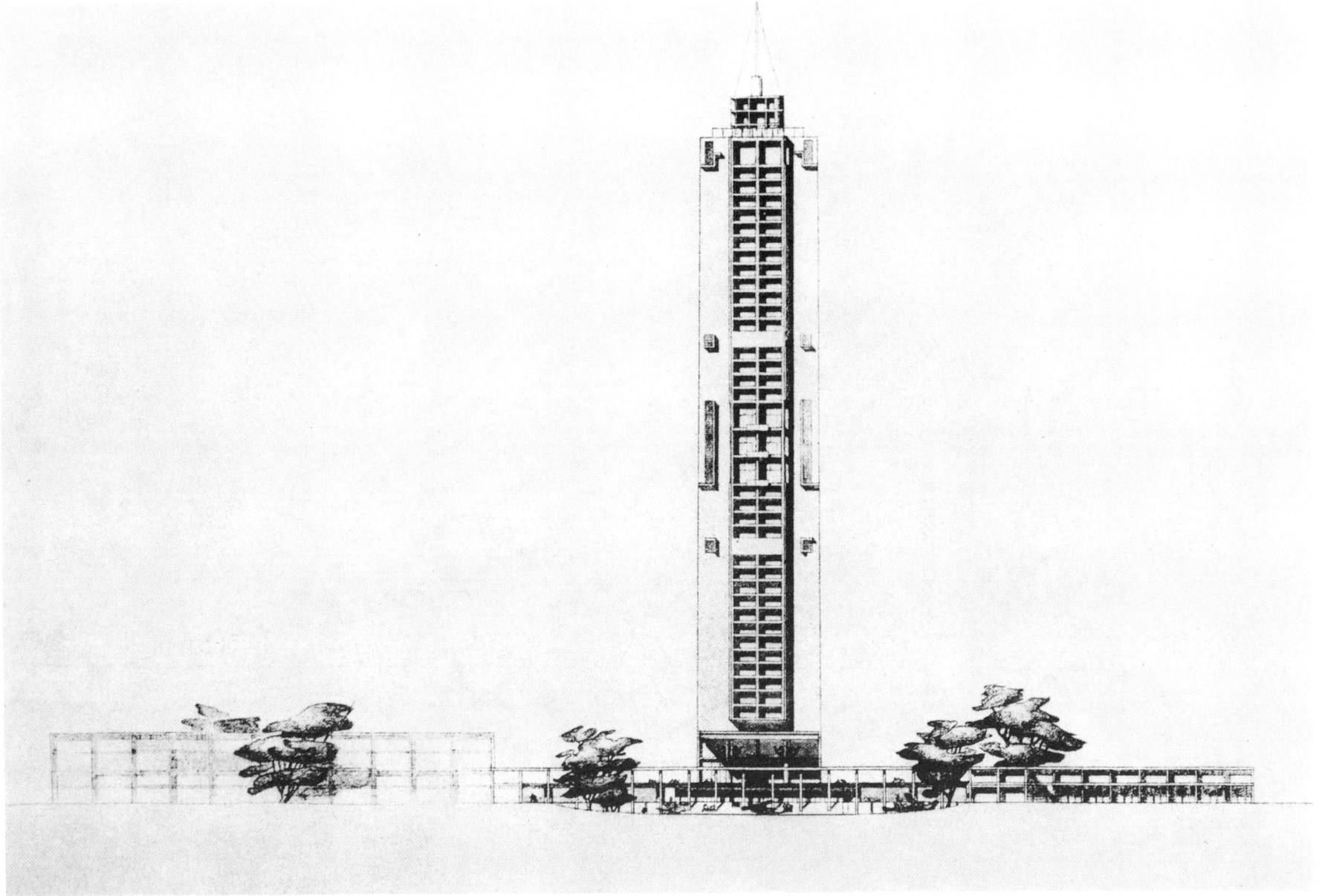

商业城立面图（入口一侧）。
行人，位于地面；汽车，位于高架高速路上

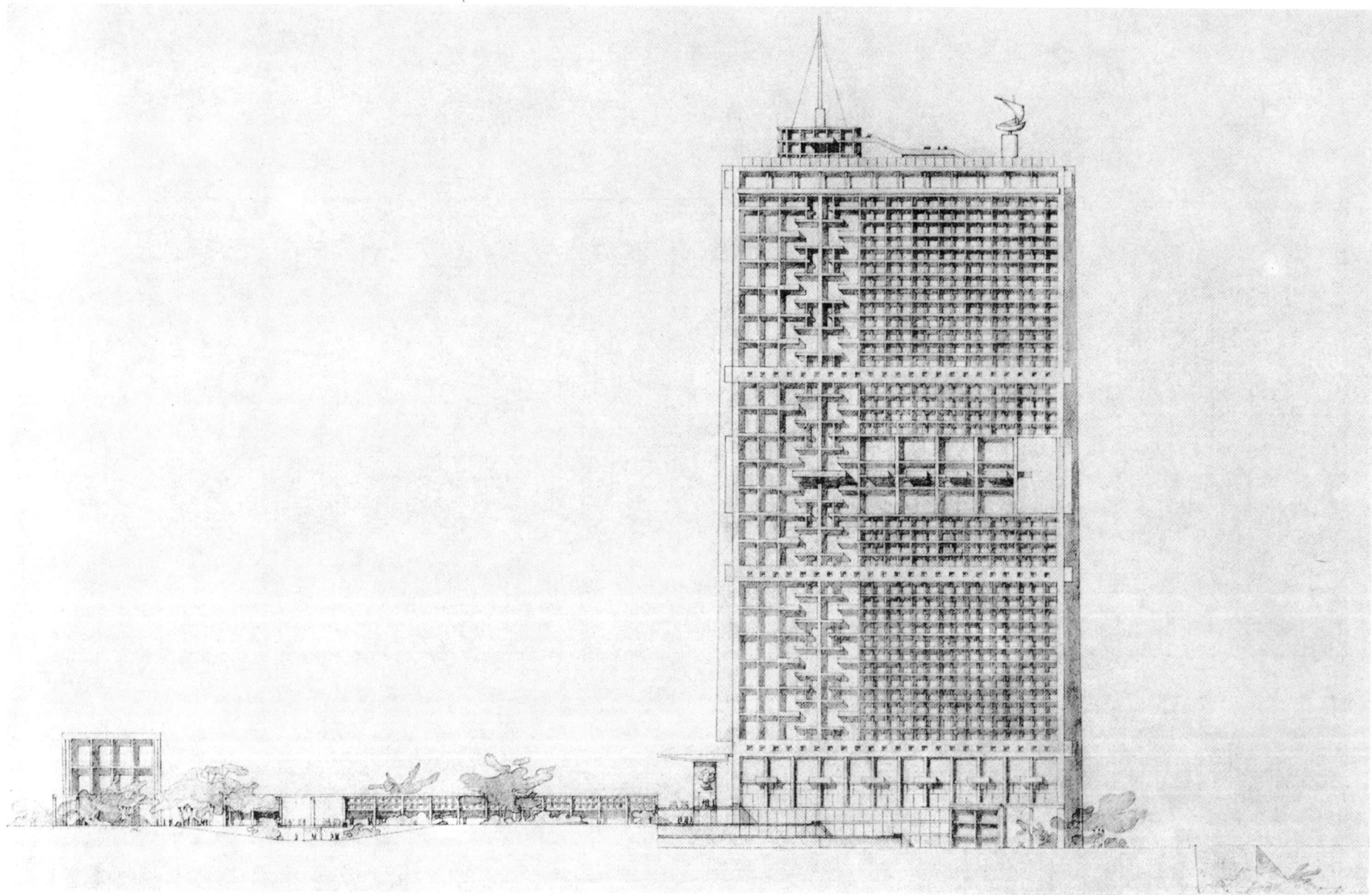

通往阿尔及尔高地的　　　　　人行广场　　　　　　高速公路停车场　　　　　　　酒店入口
高速公路主干道

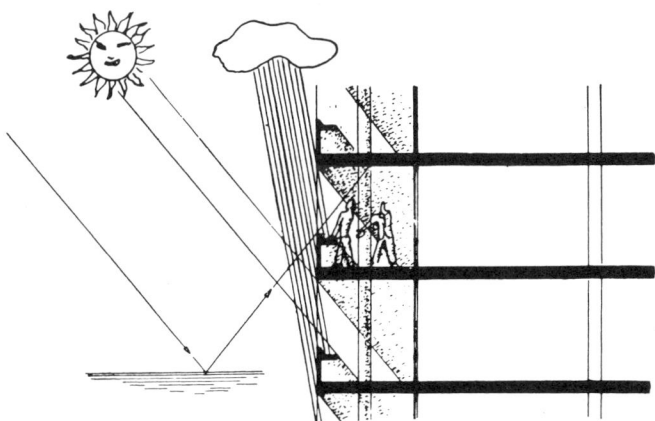

行政办公室内部：
在左侧可以见到"遮阳"的效果。建筑内部循环着调节过的空气。无论是太阳还是大海那眩目的反光，都不会影响工作。"遮阳"的形式和尺度取决于日照图解，这图解本身将随着基地所处的纬度以及立面朝向的变化而变化

抬高的首层（与高架高速路入口位于同一标高）。
入口大厅以及供行人进入的坡道

为阿尔及尔的城市化拟定的 3 个方案:

1　行政规划
2　区域规划
3　柯布和皮埃尔的规划

出租面积

110 000 m²	190 000 m²	208 000 m²
	办公　95 500	办公　116 100
	居住　42 000	居住　51 000
	商店　31 500	商店　14 500
	集会　21 000	集会　12 700
		旅馆　7 500
		餐饮　6 200

停车库及停车场的面积

22 000 m²

绿化面积

2 200 m²　　　30 000 m²　　　35 000 m²

行政规划　　　　　区域规划　　　　　柯布和皮埃尔的规划

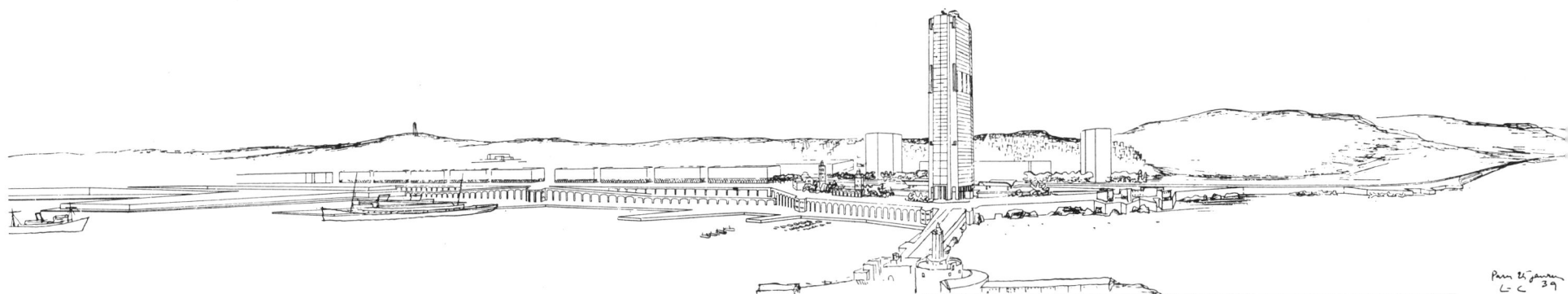

自海面望马林区

　　行人广场特意下挖，形成下沉的凹地，提供
了更为一目了然的表面。而且，这样一来，在高
速公路主干道的下方形成了一个人行的通道。

　　在这张图中可以看到针对非洲的太阳所提
出的多样化的解决方案。两侧对称的建筑，其遮
阳以高度2.20m和4.50m的阳台的形式出现。中
央的建筑，在100%的玻璃墙面前设置了一个巨
大的柱廊。右侧，大法院的审判厅位于蜂房形
"遮阳"之后。

　　左右两侧是宽大的人行廊道，形成避雨遮
阳的庇护。

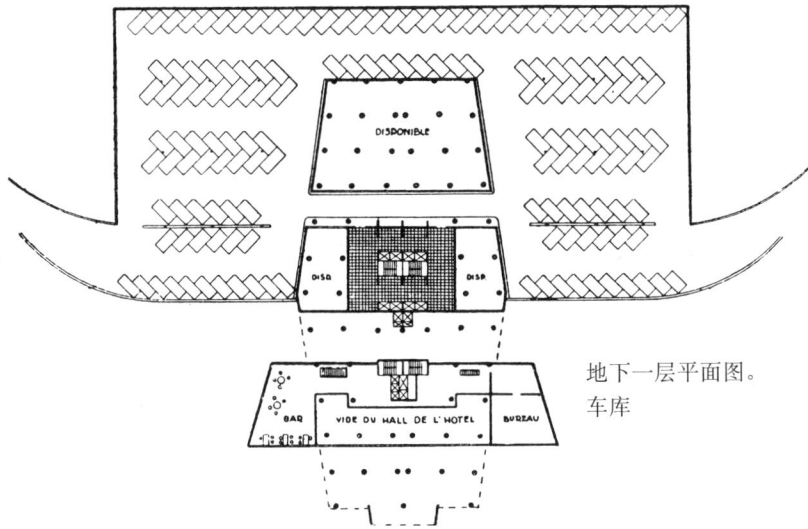

地下一层平面图。
车库

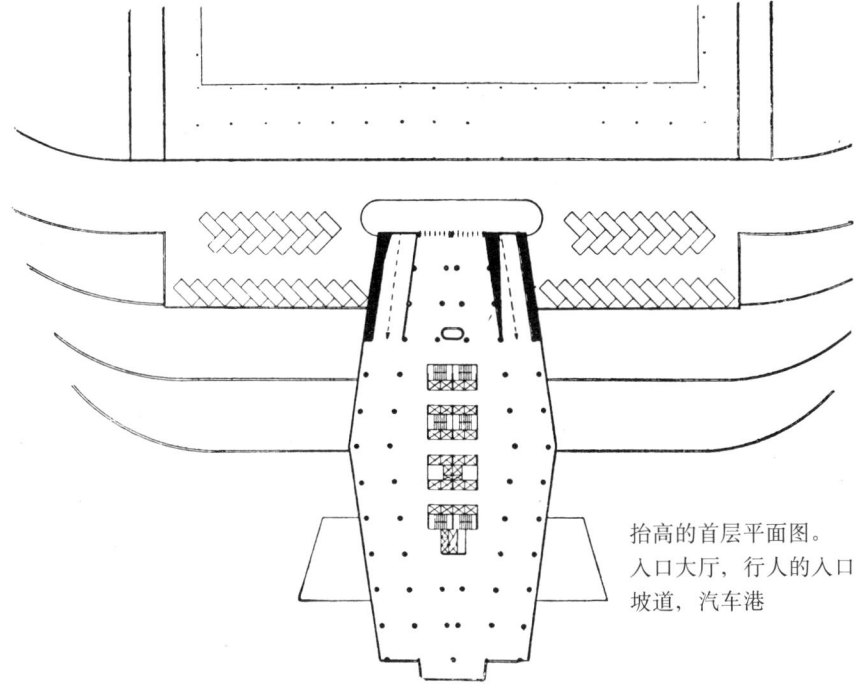

抬高的首层平面图。
入口大厅，行人的入口
坡道，汽车港

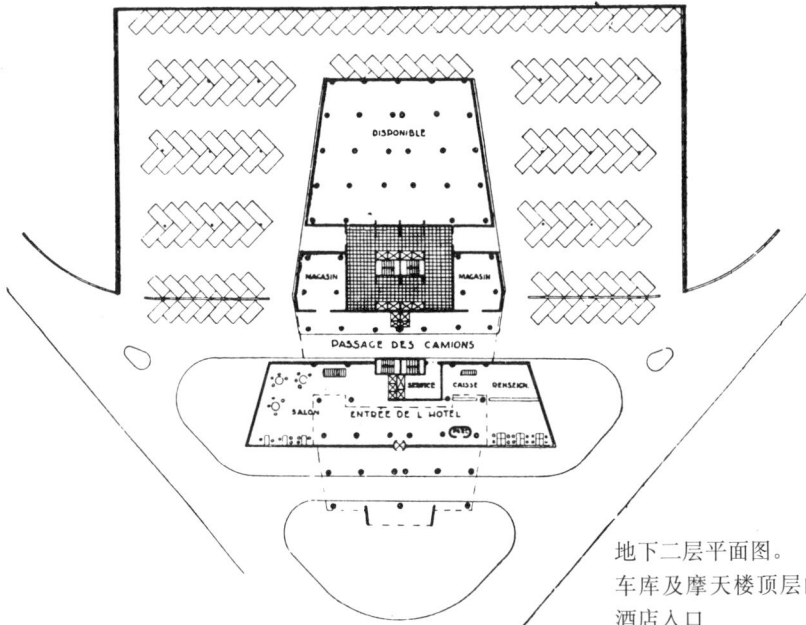

地下二层平面图。
车库及摩天楼顶层的
酒店入口

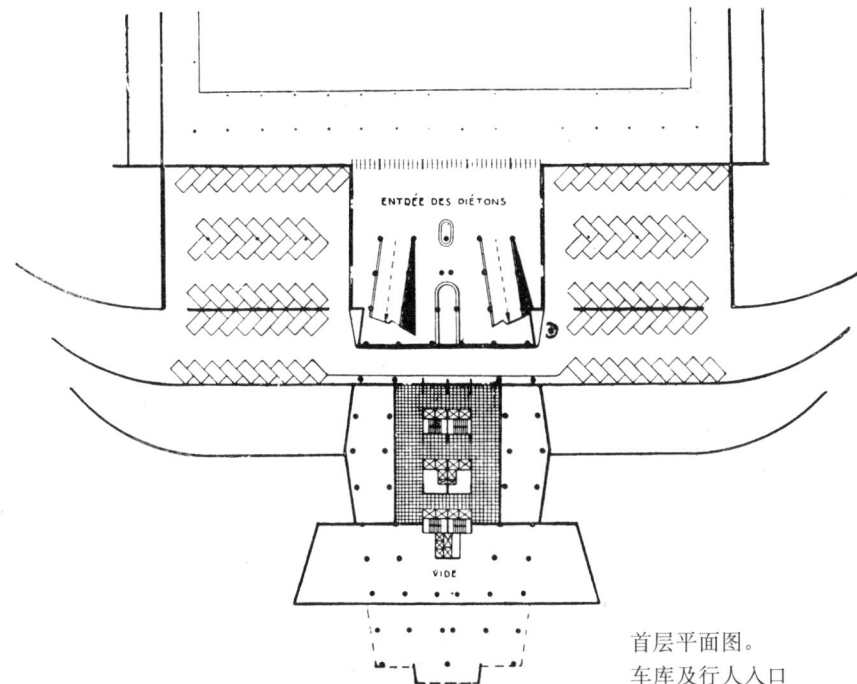

首层平面图。
车库及行人入口

典型楼层平面图：开敞的行政管理办公空间

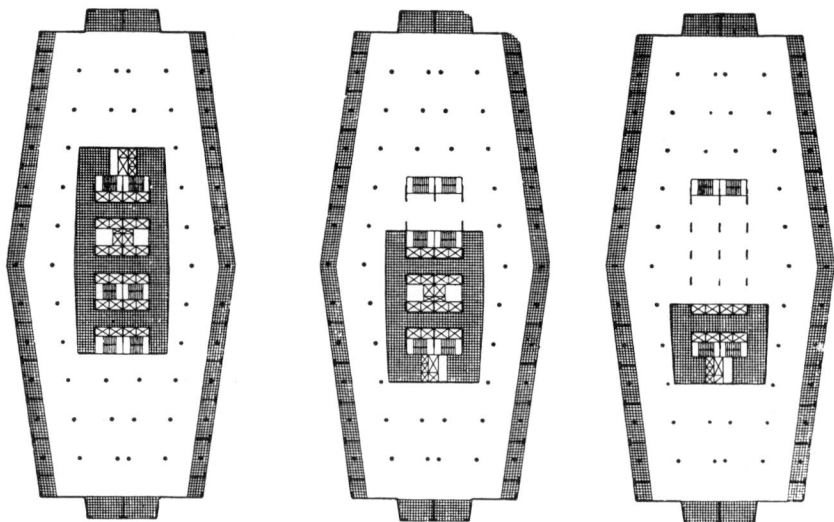

交通及过道的总面积：26922m²
建筑办公部分的总面积：82384m²

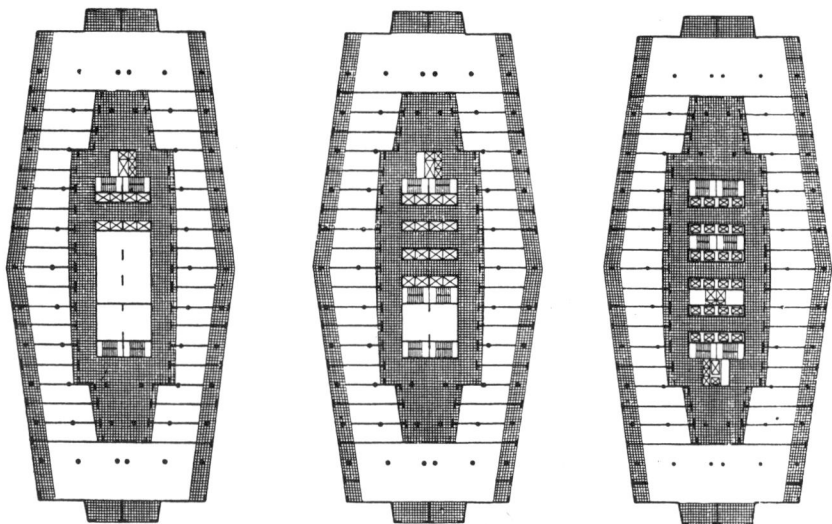

典型楼层平面图：单间办公室（装备"遮阳"）

商业城纵剖面图：
a）　左侧，行人入口标高20m，汽车入口标高24m；
b）　右侧，酒店入口标高14m；酒店占据顶部的4层，设有餐厅和大厅

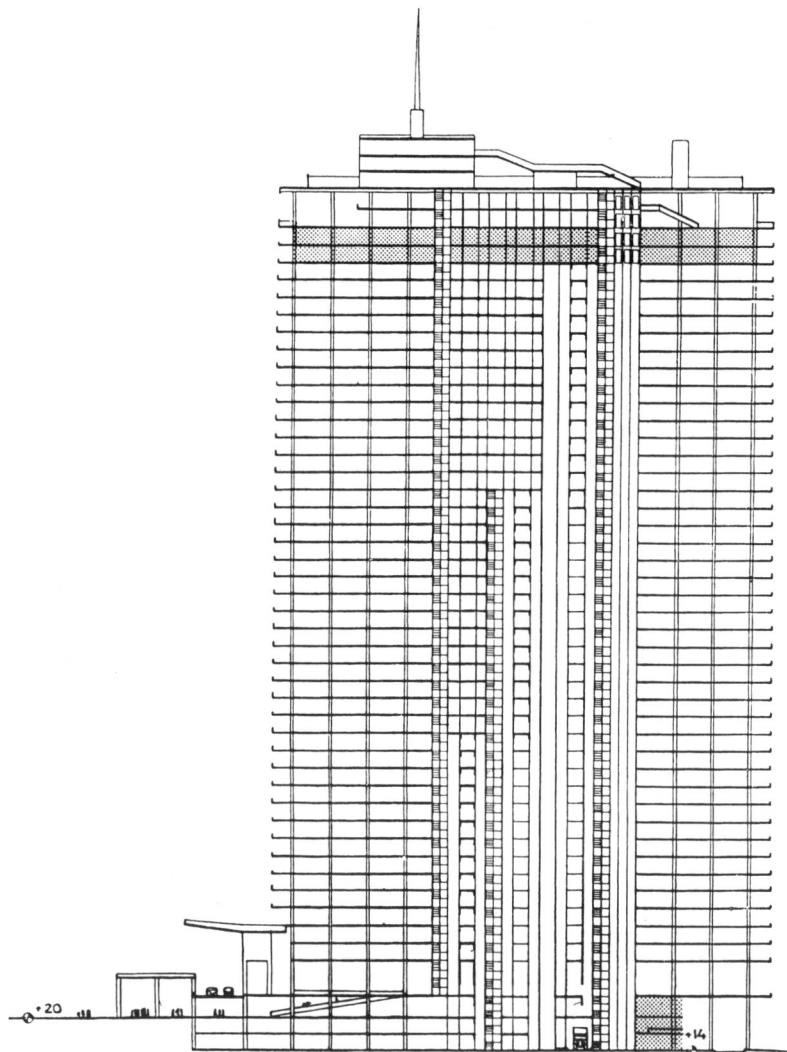

"耀眼的统一。学院已将建筑扼杀，我们的事业将何去何从？对自然事件的思考将带来丰富的教益：气质的统一，轮廓的纯粹。所有次级元素多样渐变，浑然一体地分布。系统无限精减，趋向最终的极点。结果：整体。"

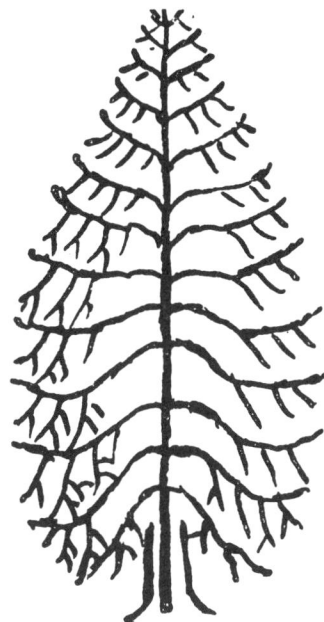

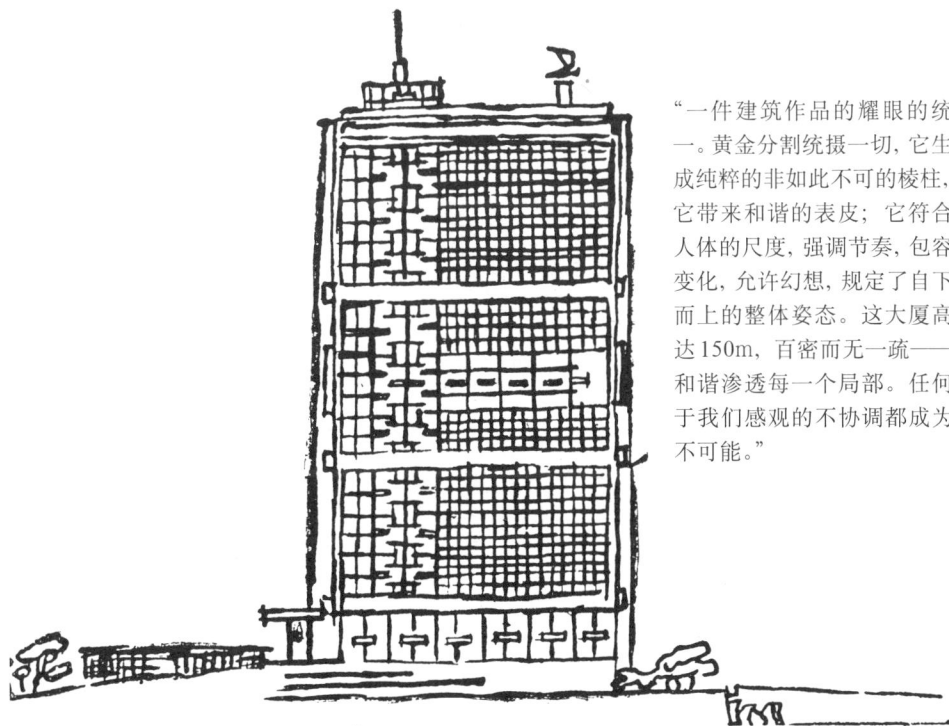

"一件建筑作品的耀眼的统一。黄金分割统摄一切，它生成纯粹的非如此不可的棱柱，它带来和谐的表皮；它符合人体的尺度，强调节奏，包容变化，允许幻想，规定了自下而上的整体姿态。这大厦高达150m，百密而无一疏——和谐渗透每一个局部。任何于我们感观的不协调都成为不可能。"

大厦夜景

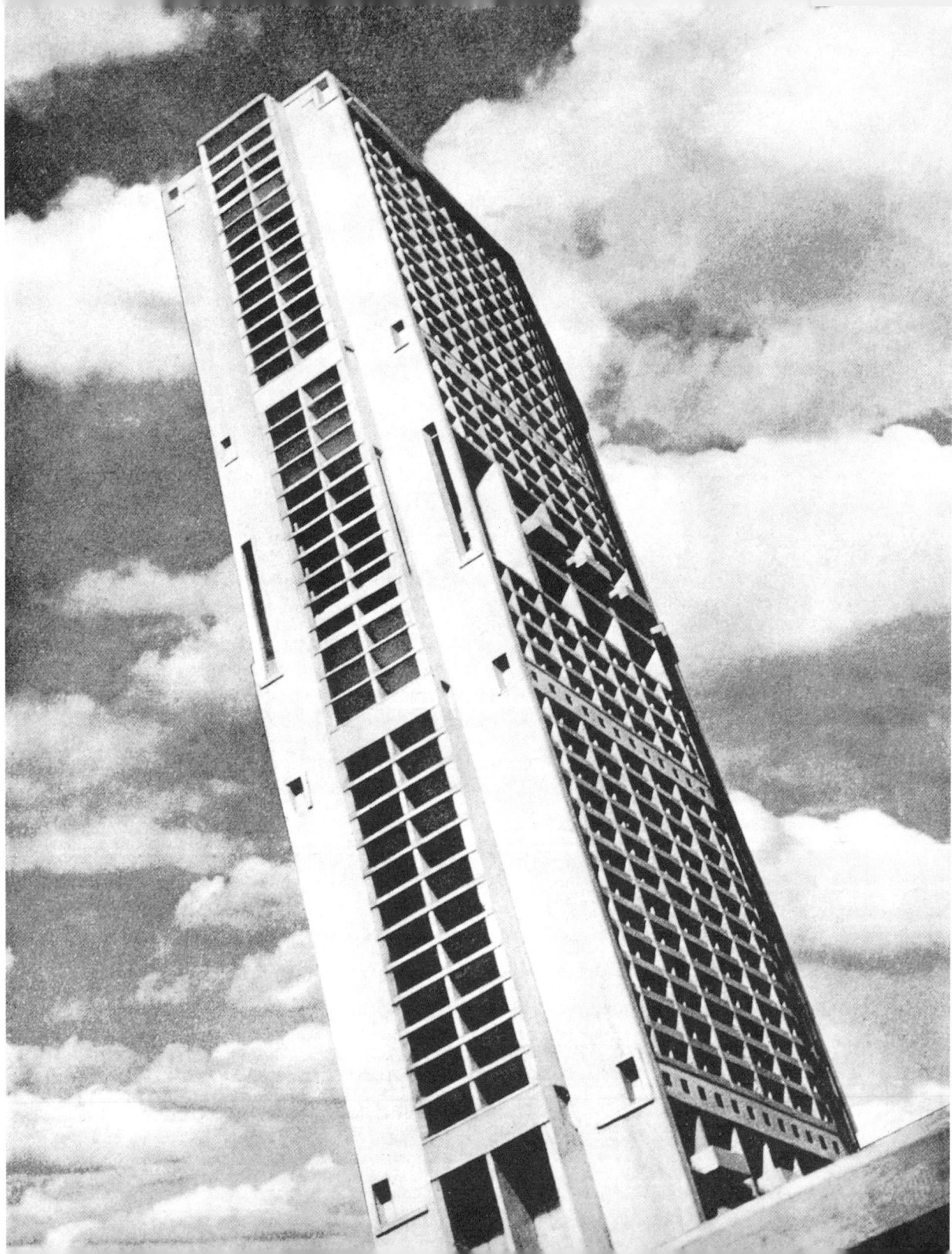

于此，柯布所构想的"遮阳"成为一种凹阳台。为了在夏季带来阴凉，在冬季充分允许阳光进入，它的进深与形式都经过计算。1933年，柯布产生了这一想法：在窗前设置水平或垂直的、固定或可调节的混凝土薄板。它们经过精确的计算，以便自某一日起可以带来阴凉，这一具体日期要根据当地所处的纬度来确定。同样的概念由柯布的学生在巴西的几栋建筑中再度应用

《走 向 综 合》
—— 一个关于建造领域的学说，20年探索的结果

在一篇如此简短的文章中展开这样的主题，不得不简明扼要。读者可能会觉得像是在读一份电报，一张反映建造领域及人类行动中相继发生的革命性事件之结果的一览表。建筑和城市规划，自由与相应的束缚，个体与集体的二项式。

A．业已完成的建筑革命。

B．4种路的革命。

C．综合：3种人类机构。

A．业已完成的建筑革命

传统的房屋建造——木、石、砖；地下的穴和窖（1）；承重墙层层相叠（2）；这条原则贯彻始终，于是就有了沿街排列的6层楼房（3）；街道上尽是负面的影响（喧嚣，拥挤，危险，瘴气，尘土）（4），所以，部分立面朝向内院——无望之井（5）。结果：朝向四面的街道（朝向街道、狭长通道或封闭的内院），建起成团成堆的住宅群（6）。城市变成一片笼罩在喧嚣与无聊之中的，石头与沥青的荒漠。自然的环境被废止，被遗忘。城市向四处伸张着触角，乡村被掏空。人类，他们的身体、心灵与精神受到威胁，受到粗暴的对待。

19、20世纪：钢、玻璃和钢筋混凝土的介入。一场建筑的革命：房子的支撑不再是靠墙，而是靠柱（其截面积之和还不到其所承托的楼板面积的1/1000）；基础仅限于每根柱的下方，

地面总体未被触动（7）。第一层楼板位于地面之上3~5m处，这样，房子下面，柱子（底层架空柱）之间，变得畅通无阻；交通将从建筑下方穿过，摆脱了它迄今已忍受千年之久的壅堵（8）；——土地全部地（10），几乎是100%地，奉献给行人（9）。通过高度不同的道路（沟堑或高架）（11）（12）将汽车与行人分离。第一层楼板之上是第二层及以上诸层（13）；然后；屋面（14），平的和凹的，组织内排水；通过设置一个屋顶花园（15）来避免屋面的膨胀与收缩；这个花园既可用来保温，又可用来隔热。

房子不再由墙，而是由柱来支撑。所以，立面可以采用玻璃（只要愿意，可以100%全用玻璃）。

业已完成的建筑革命：向高处发展的建造技术，钢、钢筋混凝土和玻璃。建造的高度（16）；赢得了四周广阔的自由土地（17）。从而CIAM的《雅典宪章》能够宣告：城市规划的素材是阳光（18）、广阔的空间（19）、草木的青绿（20）、钢和钢筋混凝土——存在于秩序和等级中的一切。

重新获得自然的环境！

取代这白种人听任其蚕食的苦难（6），一种新的建造领域的生物学出现了，它由内而外地生长：Y字型（21）；排肋型（22）；盾型（23）以及进退式（24）大厦。四周是阳光、空气和草

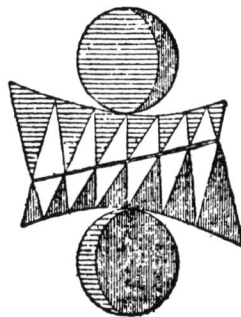

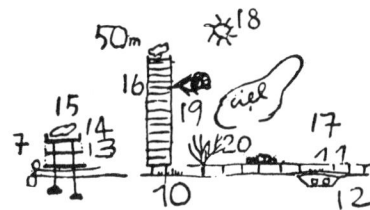

木的青绿。建造领域业已完成的革命，为现代的城市规划推开了所有的门。

B．4种路的革命

a）公路。公路被铁路超越，汽车为它带来新的生命——新的阶段；路，革命性地穿透乡村，打破农民生活的平衡（服饰、习俗等）；路，信息的渠道，信息，借助机器的速度，为"乡下人"的生活翻开新的一页。公路及乡间道路的改良：坚固而平坦，适应引擎和轮胎。田间作业简化了，时间缩短了。趋势：田间作业（经年，累月，日复一日——长期的抵押：24小时，四季，365天）和工业生产（只按天计，没有抵押，一天24小时的生活）之间，前所未有的明确划分；土地上和工厂里，人们潜在的认识的统一。

b）铁路。火车头带来的"铁路文明"，现已是夕阳西下。机器文明最初的一百年：煤黑色的工业城市，仓促，草率，无视人类的法则。

强暴，剥削，请愿，反抗，革命。铁路经过先前的公路交汇点（每隔100km设站），城市在那里形成。由于劳动力、住宅以及给养供应的需求，工业牢牢地抓住这些同心辐射的点，周围是一圈一圈连续交替的工厂和工人住宅：城市内核的腐败，继而市郊，继而郊区，继而远郊。"公共交通"的疯狂。一群有产阶级针对劳工大众提供的自卫策略：花园城。对自由的幻想，成了日

日的奴役，成了整个社会的浪费。全世界范围内"效用"的巨大浪费：公路、管道、交通、时间，等等。膨胀，工业城的灾难吸干了乡村的养分。

c）水路。由于缺乏维护，缺乏"每日的料理"（物资和设备），在法国水路已经废弃不用。但可以考虑重新加以有效的利用。

d）空路。它的命运，它的未来，在二战以前还不确定。战争，想像力的神奇杠杆，一切发明创造的催化剂，立即见效的试验台。1945年4月3～8日：首届法国国家航空工业年会。我主持地面设施分会（特别针对着陆、信标设置、远距离通信等技术对建筑和城市规划的影响展开讨论）；一个星期的时间，我学到了不少东西！技术人员在他们的岗位上，在他们的实验室里，在他们的天空下，他们毫无保留，冲破一切限制，发明出大大小小不可思议的事物。

这里（1945年航空工业年会），是一场关于技术发明过程的光彩夺目的展示：计算尺，测量工具的进步；实验室，有效的交流；连最精微的细节也一丝不苟，毫厘不差——一切都发挥作用！从最小的援助到最大的支持，从操作工到学者，从巧合到预见，从直觉到反省。于是，飞机诞生了。它无视延续千年之久的陆路上缓慢行进的规则及其站点的划分，那种站点划分只适合人与马的速度（4 km/h），适合火车与汽车的速度（100 km/h）；飞机，横掠千年来

沿着深弘线开辟的之字型道路，摆脱了所有的束缚，以500km/h的速度径直飞跃。它去向何处？问得好！它们满载着货物，是驶向水上飞行基地的"空中货轮"；它们满载着乘客，是飞往航空港的"空中客轮"。航标看守者和远程指挥员借助出色的精密仪器，随心所欲地掌控整个天空：每隔15分钟就有一架飞机从机场起飞。精密的机械学和物理学。乘客不再乘火车，也不再乘轮船；他们是有效率、有身份、有潜力的乘客。货物将离开铁轨和海洋，货物将从天而降；同样，它们具有一种特质：它们是举足轻重的货物。即使你不问它们来自何方，你也一定会问它们去向何处。这节奏紧张、一跃千里的空中旅行的目的地在哪里？回答：空路决不会重蹈公路的覆辙（每个周末和带薪假日都被汽车塞得满满当当），它要把人们从世代相传的老爷车接力赛的麻木中唤醒。

空路——人类为自己插上了一双翅膀。这不是微不足道的故事，这是了不起的史实，其推论既壮阔也危险。要警惕，要明察，要理解，要当机立断！1945年航空工业年会正式要求当局制定计划，一夜之间，乡镇、城市、城区，统统投入这场冒险。

C．综合：3种人类机构

a）农垦单位。一个小城镇或一个小村庄

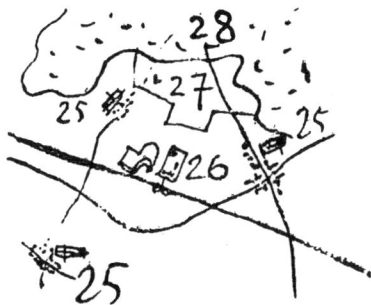

(25)；在拿破仑时期或者共和国时期的皇家大道之外，在几个农村公社的中央，安置农民合作中心（26）（包括收获的筒仓、机械作坊、农民俱乐部和青年俱乐部，一句话，这是用于从技术和精神上恢复土地生气的工具）；基于更广泛的分布，还需要设立乡村学校（新型的初等教育），负责培养农民和技工。（27）牧场和牲畜棚；（28）树林。通过明智的组合构成与农垦单位尺度相当的机构，符合份额的规定（机器文明）。

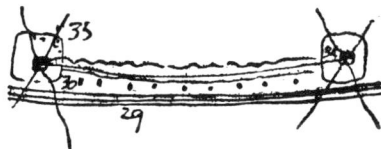

b）线形工业城。水路、公路、铁路，3种路（29），3条原料和货物的运输渠道；工业生产机构（30），工厂，大大小小的工厂（加工工具）；（31）居住融入自然和乡村；（32）"水平花园城"（独户住宅）；（33）"垂直花园城"，设有"公共服务"：住宅脚下的运动场、私家种植园、清洁卫生、生活必需品的供给，如果需要，还有备餐服务、健康服务、体育服务等，外部设有"居住的延伸"，即：幼儿园、小学、青少年活动中心、流动图书馆等；城区位于现存道路的交汇点（34）；保留周边区域（35）用于安排工业城的各种教育设施：技术学校、大专院校、科研实验室、图书馆、剧场等，还有各种娱乐设施和体育竞技场所。

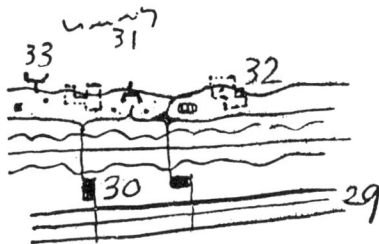

线形工业城将摆脱城市膨胀的噩梦。（如果雷诺[1]汽车公司迁址，会迁往哪里？是否存在一个学说可以为它的迁移选定目的地？）机器的

[1] 雷诺（Renault Louis, 1877 ~ 1944年，巴黎），法国工业家，机械工程师。1898年开始汽车的生产。1945年他的工厂收归国有。——译注

城市，精良，有序，璀璨，乐观。生活在"绿色工厂"中的快乐。

c）同心辐射型城市，服务于商业、贸易、政府、思想和艺术。（37）主要航运河道；（38）铁路；（39）航空港（可能需要）；（40）居住（水平或者垂直的花园城）；（41）公共及私人的管理中心（办公楼）；（42）文化和宗教中心（教堂、剧院、图书馆、博物馆和人民宫）和娱乐场所（电影院、咖啡厅等）。

这便是人类的3种机构，想一想，似乎应当由它们来构成机器文明的背景。100年间，世界范围内机器的速度掀起了革命，正是在它的迫切要求下，城市生物学得以更新。但，这更新了的生物学在地理上具有怎样的位置呢？

线形城市从大西洋（43）进入欧洲半岛，它为欧洲大陆提供给养，并向着乌拉尔山脉挺进；在几个命定的点（44），它与几条连接北海（45）和地中海（46）的横向干线交叉；根据情况，线形城市将连接或者从旁侧绕开那些同心辐射型的行政或贸易的重要站点。如此一来，广袤的农田显现出来，农业焕发了生机，乡下人和城里人保持着平衡。这是深厚的可观的土地储备，这是惊人的人力储备，我们储备的不是量，而是质：人—自然—宇宙的和谐共处。

趋势：养育（供给，生产，交换）。自然的

环境。高效的生活。人类必征服机器。机器将把我们从混乱的泥潭中解救出来，为我们带来和谐——和谐的生活。

综合

飞行，高空俯瞰，卓越的征服。协调一致的命运。从天空，从遥不可及的远方，飞机带来追求效率的乘客和举足轻重的货物，沿着线形城市——那里设有飞机场、航空站或水上飞行基地——飞机带来快节奏和高效率。

在广阔的乡村，位于道路交汇处的古老聚落已不再有存在的理由，它们安静地踏上了命运的归途，它们延续，它们萎缩，它们消亡。事物的发展要循序渐进，不是通过暴力，而是在认同与引导的基础上安静地逐步演变。直升或旋翼式飞机——一种个人飞机——将为地球上的每个角落带来生机，它们将完满地补足汽车在新生公路上已经取得的成就。

工作，休闲，旅游——一切都将变得有效，流畅，引人入胜。

（该文于 1945 年 8 月 8 日在《愿望》报上发表）

线形工业城

这项研究体现了ASCORAL的工作和法国CIAM小组的充分发展。

在法国被占领期间，尤其是1942年和1943年，ASCORAL分成11个工作组，系统地研究建造领域的问题——建筑和城市规划，并就此完成了10本书的编辑，其中的第一本名为《3种人类机构》。于此呈现的关于线形工业城市和绿色工厂的插图即出自此书。

对机器文明社会劳动条件的反思，促使我们认识到3种人类机构的效用和必要性，对于人类的活动而言，它们不可或缺，即：

农垦单位；

线形工业城（加工工具）；

同心辐射型城市（服务于商业, 贸易, 政府, 思想和艺术）。

3种充分必要的机构, 这样的等级划分使得今后可以用一个可靠的标准来检验一切城市规划的提案。

ASCORAL的第7本书于1945年出版，就农工商贸的劳动条件的改善提供了充分的技术

论证。书中提出了前所未见的观点。这些观点将导向遵循地理与地貌的有序布局，尤其是对于那些以组织欧洲为己任的人，这些观点有可能为迫在眉睫的技术问题带来解答。

建筑和城市规划，于此，展现了它们与社会经济现象的紧密关联，展现了它们成为政治家行动之根本要素的可能性。

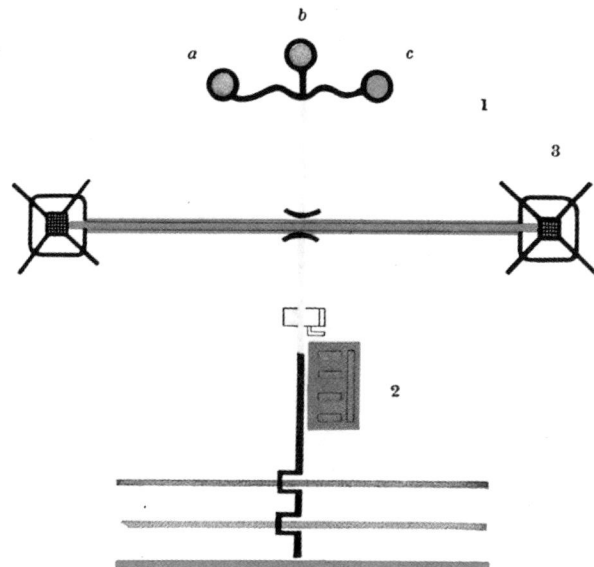

一个"尺度相当"的居住单位

1	居住	a	水平花园城
2	工作	b	垂直花园城
3	文化	c	居住的延伸

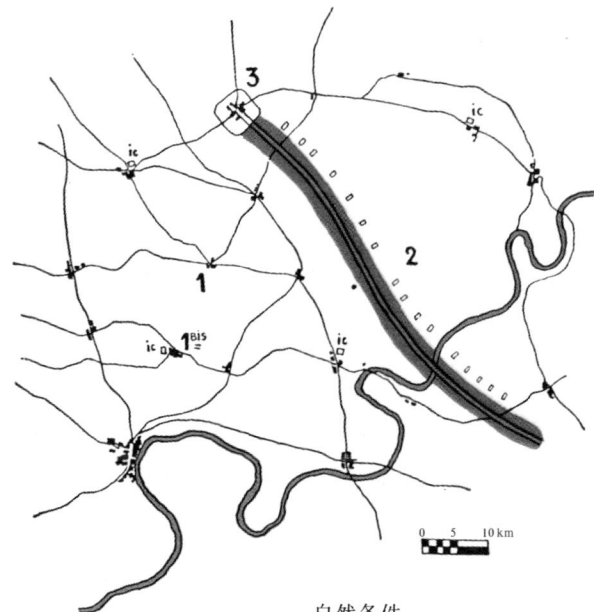

自然条件
1　广袤的土地
2　线形工业城
3　同心辐射型城市

A 以小屋的形式遍布于水平花园城的独户住宅
B 一个完整的建筑单位, 垂直花园城的一种居住类型, 由独户住宅叠置聚集而成
C 通达工厂的横向道路
D 住宅及其公共服务之间联系的道路（允许汽车通行）
E 联系和散步的大道（禁止汽车通行）
F 分隔居住与工厂的绿化带,（纵贯线形工业城的高速公路即包含于其中）
G 位于住宅以外的公共服务区: 幼儿园、小学、图书馆、电影院；日常使用的运动设施（足球场、网球场、跑道、散步道、游泳池等）；儿童游乐场和青少年俱乐部；还提供私家小花园（根据业主的需要）, 可以种植鲜花、水果或蔬菜

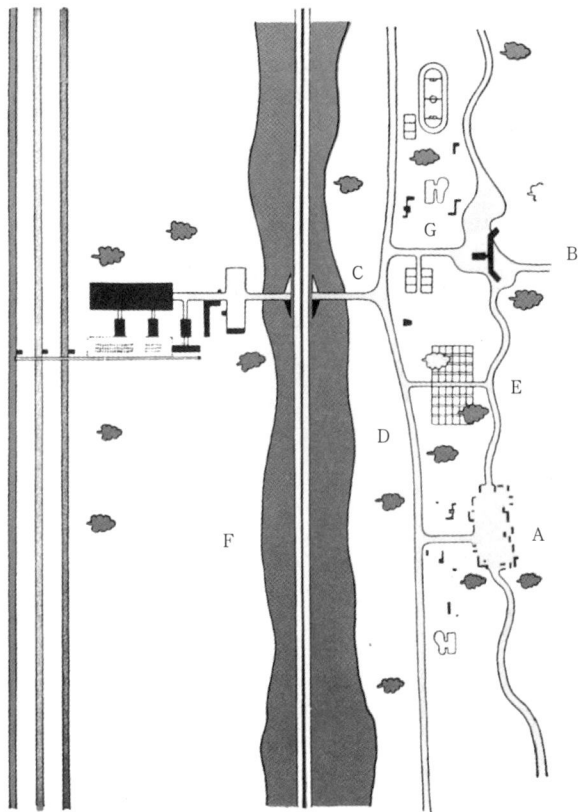

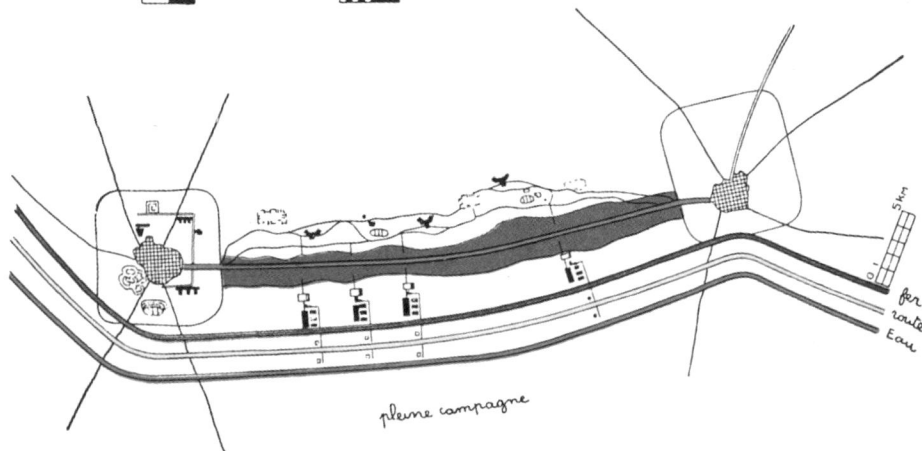

货运通道   工业生产机构   高速公路   住宅及其延
                    （机动车的速度）   伸（步行）

一座大型面粉厂
1 停车场: 自行车, 摩托车, 汽车
2 行政管理
3 社会服务
4 食堂
5 考勤打卡处
6 车间等等
7 活动吊车渡桥

线形工业城
　　为了综合成一张图, 在此, 我们用 3 种不同的比例绘制: 线形工业城, 同心辐射型城市和 3 种道路（铁路、公路和水路）的配置

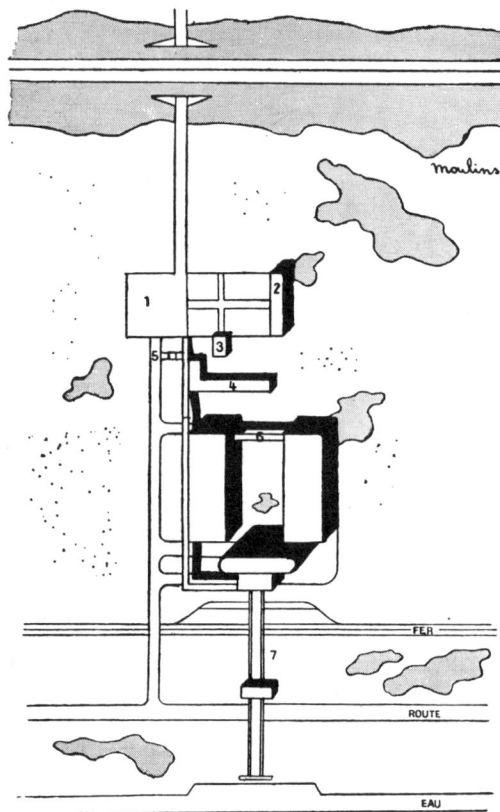

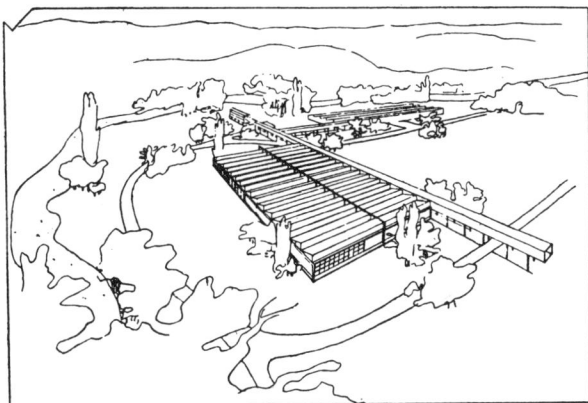

关于一座"绿色工厂"的初步试验
人行交通与机动车交通的分类与分离
独立的管道系统，可进入，可检修
宜人的车间，新的工作环境
置身如画的风景中

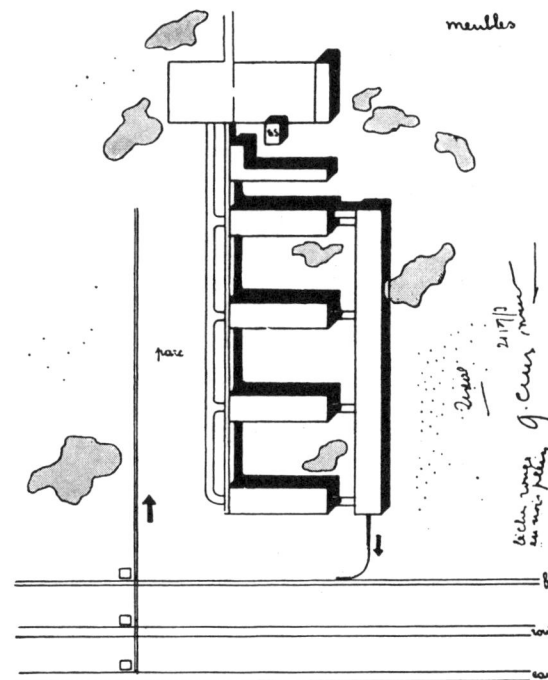

"尺度相当"的工业生产机构（一座家具厂）

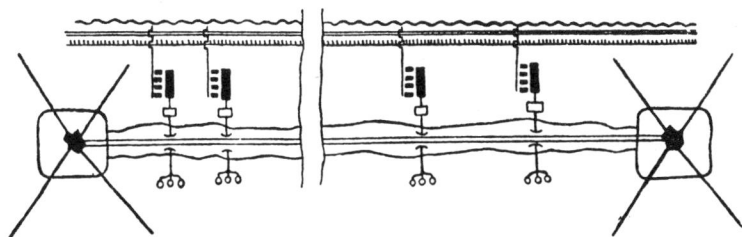

线形工业城
　　两端各连接一个同心辐射型城市；其间工业生产机构的数量不定。原则上，每个"尺度相当"的工业生产机构都配备了与之相应的居住方式

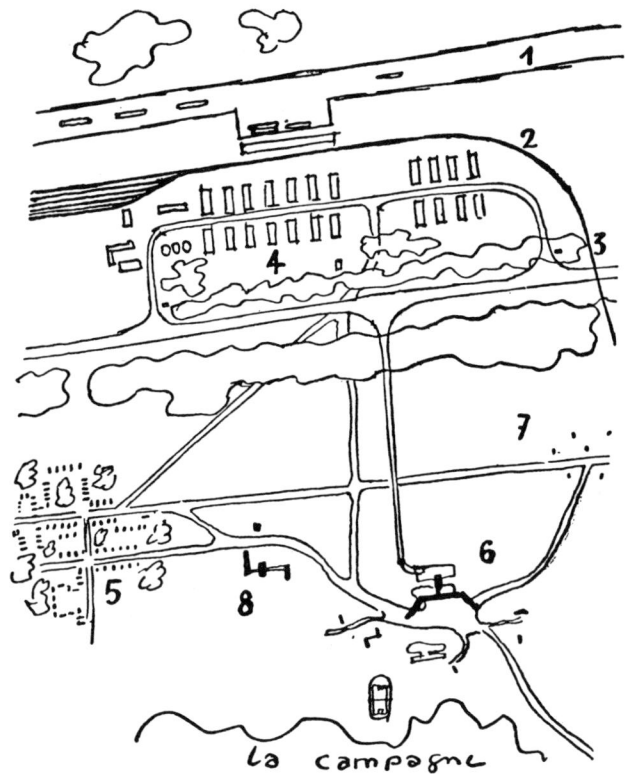

La campagne

线形工业城的一个片段

1　运河

2　铁路

3　公路

4　工厂，车间

5　独户住宅居住区

6　配备公共服务的居住区

7　以种植园作为补充的居住区

8　集体设施：运动场、俱乐部、图书馆、学校……

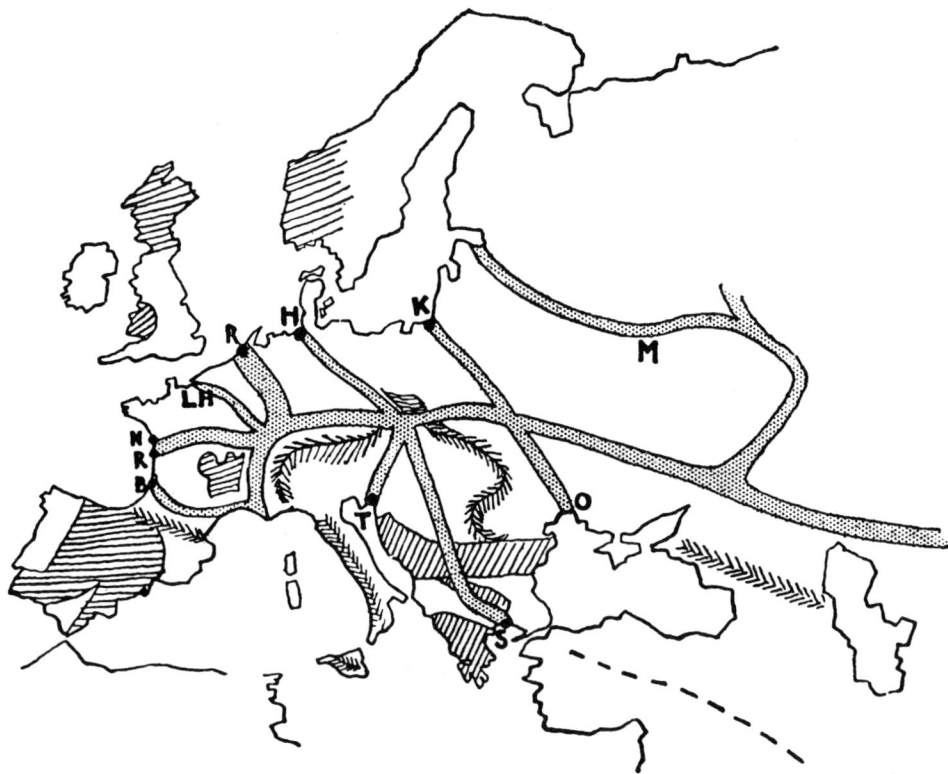

欧洲

　　世界在地球的整个表面铺展开来，从一极到另一极，两极之间的世界是一个蕴藏着潜力的世界。它蕴藏着巨大的生产力，蕴藏着不尽的交通和运输的可能性。

　　……现在这只不过是跨越地球平面展开图的铅笔线，总有一天, 对真实线路的研究任务将落到某人的肩上。

"绿色工厂"，1944年

该工厂的委托由武装部部长于1940年初提出，工厂用于军械生产。方案已经开始实施，却由于战败而中止。工厂将容纳35000名工人。作为一个申明主张的机会，它将引发诸多方面的重要变革：关于工业生产机构的建造方法，关于营造宜人的工作环境的艺术——这种环境将既有利于技术的开发，又有利于工人和职员身体上及精神上的舒适。这种类型的工厂可以称之为"绿色工厂"，因为工作真正在自然环境中展开。考虑了太阳，考虑了场地，考虑了景观视野以及大量感知范畴的要素。

工厂位于奥布松附近，为一条小河所环抱。

我们利用地势的倾斜，对人员流线和原料产品流线进行了清晰的分类与分离。

人员在摩托车和自行车库聚集，经由社会服务处与考勤打卡处，进入封闭的方形管道式天桥；天桥在建筑中居主导地位，由此通向各处的楼梯；楼梯首先导向更衣室，然后，从那里下至盥洗室；最终到达位于地面层的机器大厅。这些大厅铺着木地板，其入口和出口的大门开向水泥的小道，以便电动翻斗车将原料运往加工车间，将产品运往仓库。在此，从最经济的角度考虑，铁路和公路是惟一可资利用的运输渠道。

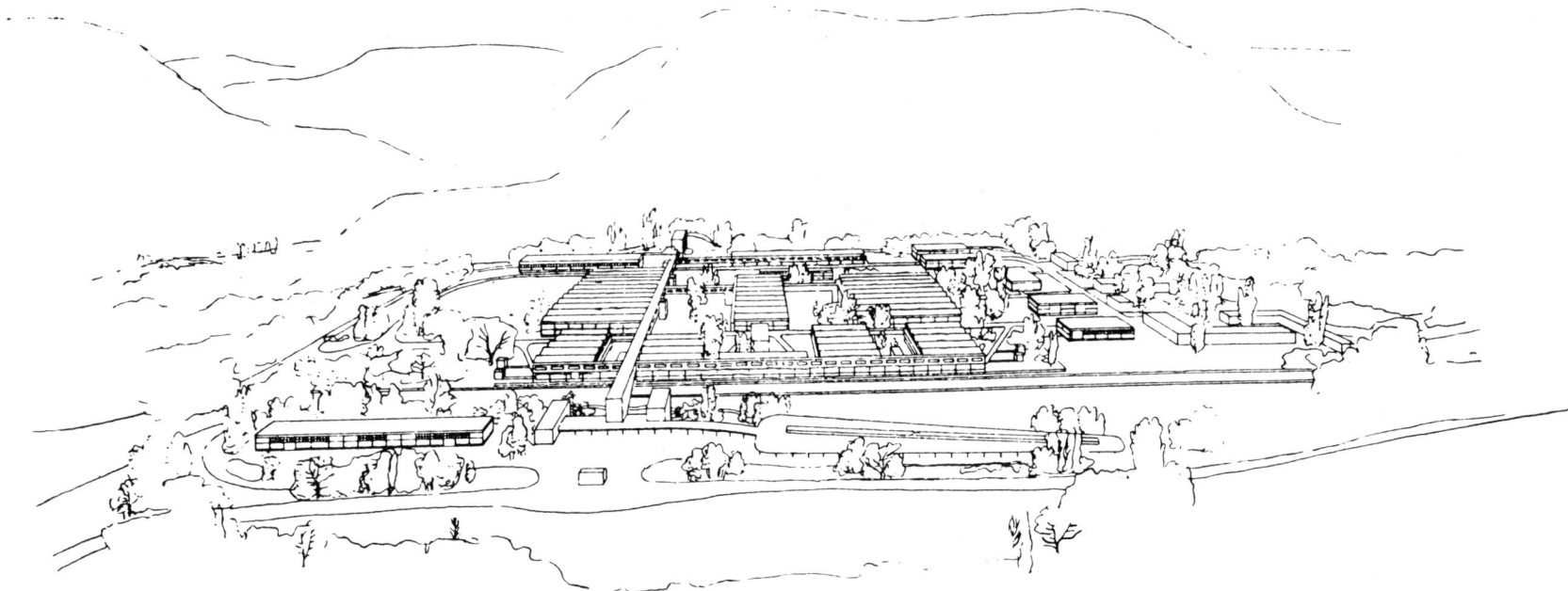

"绿色工厂"新的工作环境

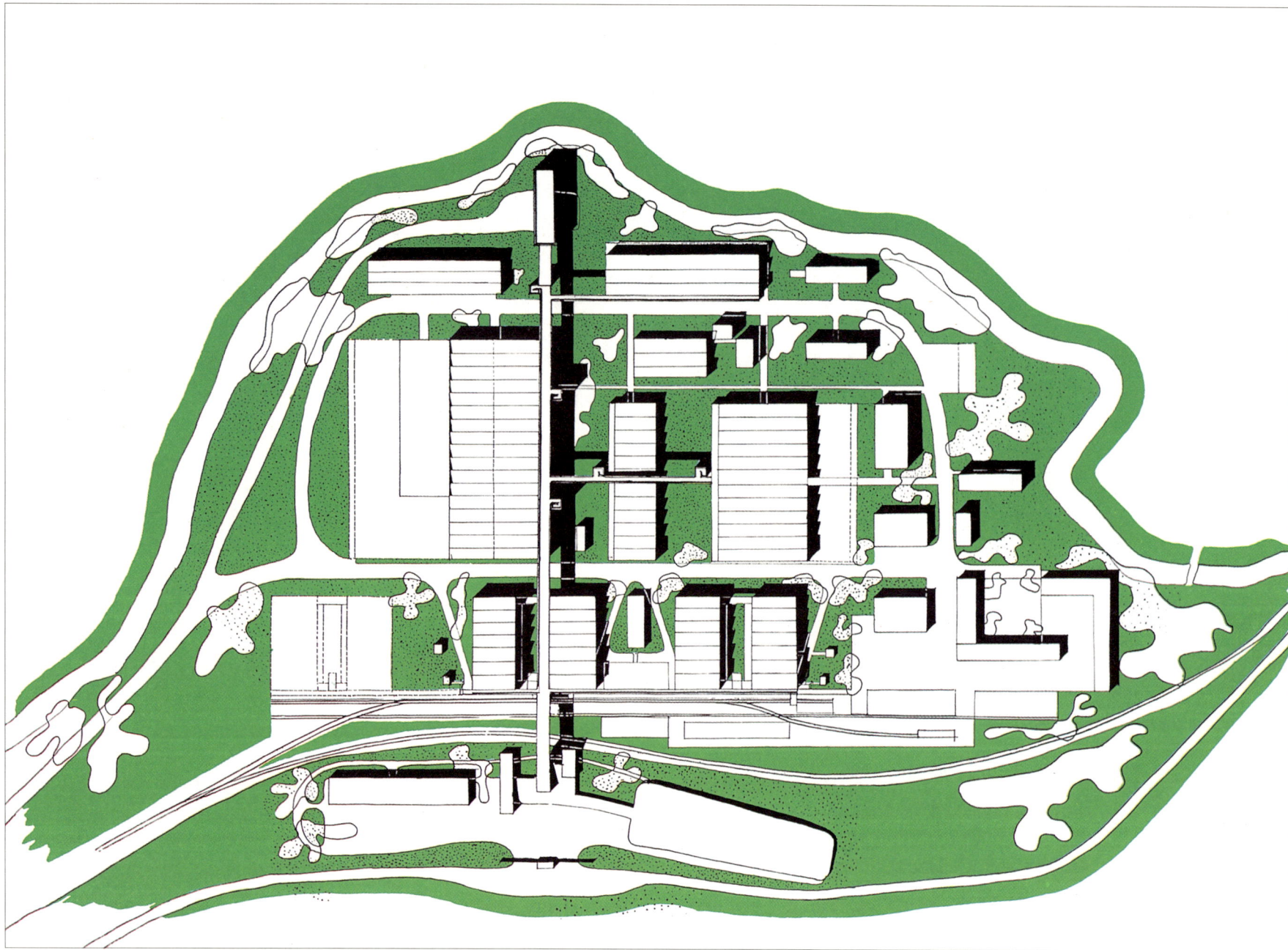

一座可容纳 3000 工人的"绿色工厂"

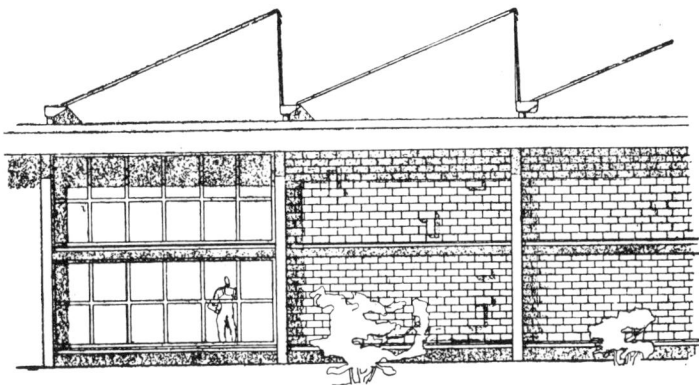

在恰当的位置设置了观景窗

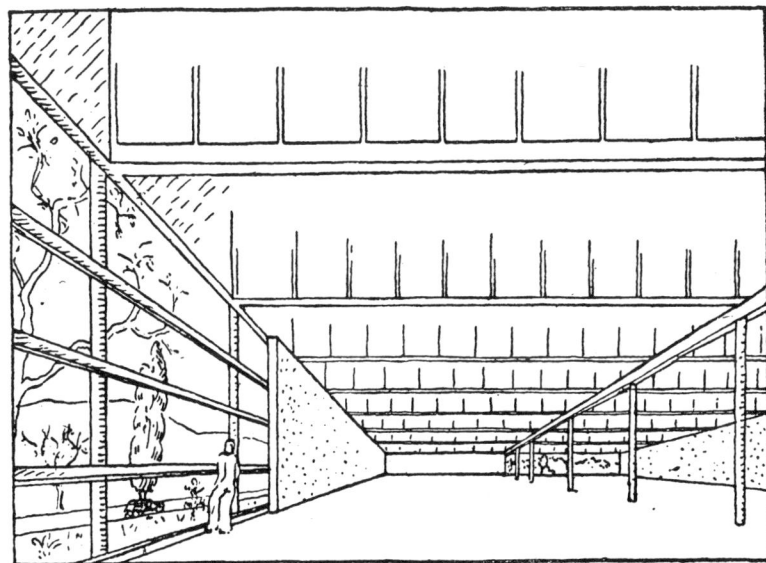

“绿色工厂”的室内，在适当的位置，车间朝向草场、树木、天空敞开

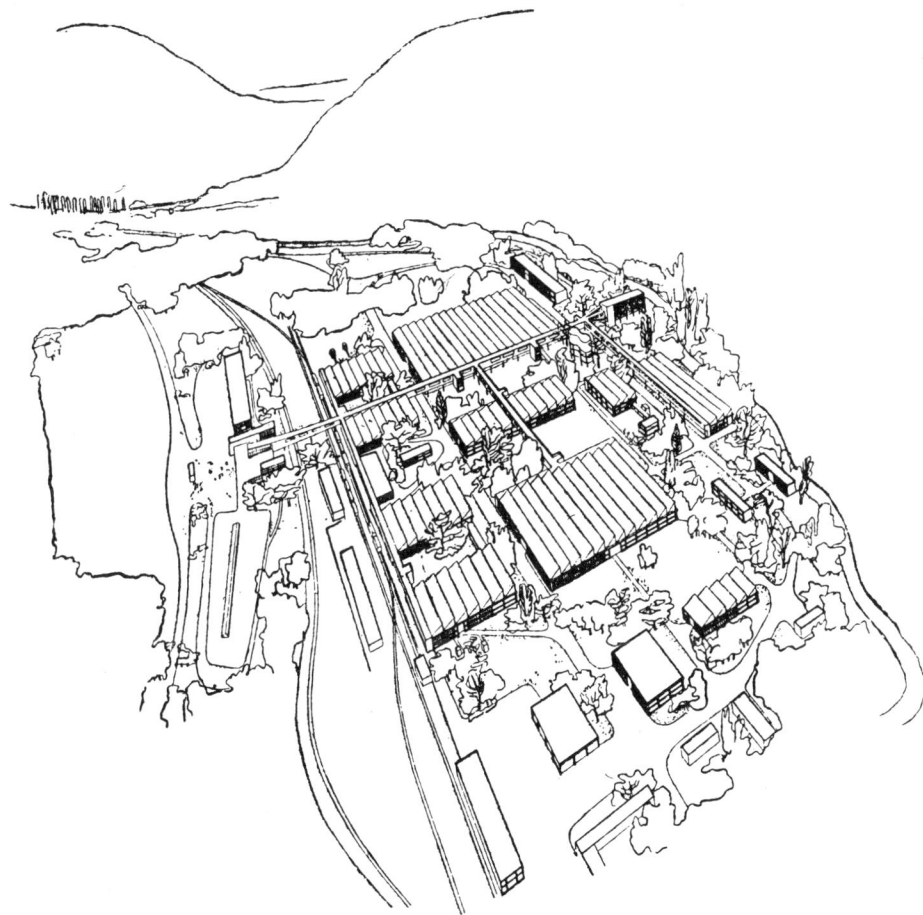

一座可容纳 3000 工人的“绿色工厂”

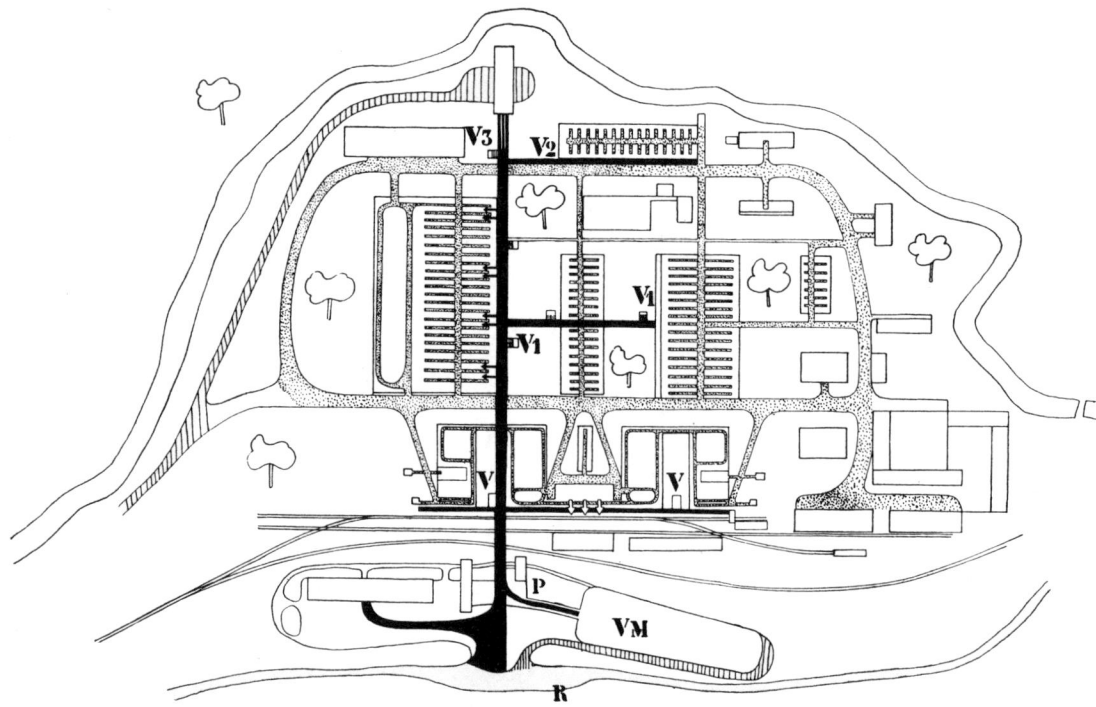

产品流线

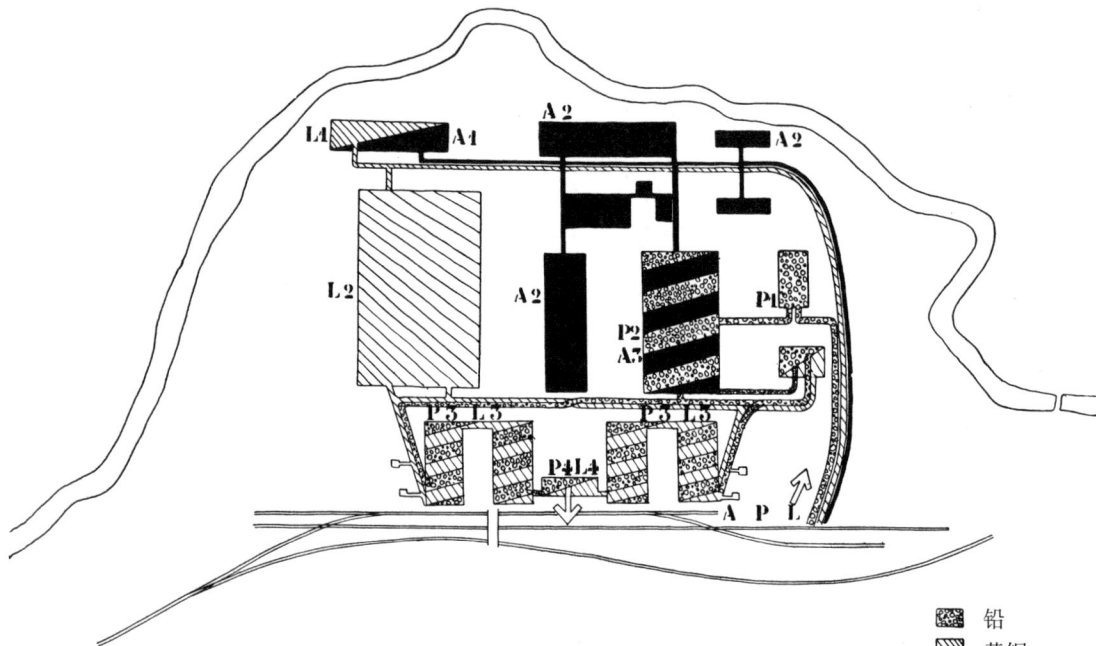

铅
黄铜
钢

原料流线

国家教育及公共卫生部大厦，里约热内卢，1936~1945年

建 筑 师： 卢西奥·科斯塔

奥斯卡·尼迈耶

阿方索·里迪

卡洛斯·莱奥

乔治·莫雷拉

埃尔纳尼·巴斯孔塞洛斯

顾问建筑师：勒·柯布西耶，巴黎

1936年，部长卡帕尼玛（Capanema）先生，应负责建造国家教育及公共卫生部大厦的建筑师委员会的要求，邀请柯布来到里约热内卢。

柯布负责审核方案[见《勒·柯布西耶全集（第3卷·1934~1938年）》，P78]。

他所选择的基地由于政治上的影响而遭到拒绝。于是，对先前为一片滨海的广阔基地所设计的建筑进行了调整，以适应狭小的基地。解决方案的价值一目了然——底层架空柱解放了地面；"遮阳"使一种与传统做法相反的建筑朝向成为可能。

战争期间，在纽约现代艺术博物馆的关注下，一本重要的书得以出版：《巴西建筑》，作者菲利普·古温（Philippe Goodwin），摄影师基德·史密斯（G. E. Kidder Smith）。

该书几乎全部的内容都与这个热带国度的太阳问题相关，书的作者，纽约现代艺术博物馆建筑部负责人，写道：

"论教育，论艺术，法国对巴西的文化一直有深远的影响，法国著名建筑师柯布西耶的思想尤其引起了巴西年轻建筑师们的共鸣。柯布西耶的理论在国家教育及公共卫生部大厦和Belo

Horizonte等工程中，得到了特别清晰的阐述。

巴西对现代建筑独创性的伟大贡献在于：通过外部的屏蔽达到对穿透玻璃表面的热辐射与眩光的控制。美国人轻率地忽视了这一问题的全部。面对夏日午后西向的日晒，通常的美国建筑都成了大暖房，推拉窗半开半合，全无遮蔽，办公室里可怜的雇员们忍受着炙烤与眩光之苦，只得到遮阳百叶窗一点点薄弱的保护（薄弱，因为它们对阻止使玻璃升温的阳光起不到丝毫作用）。

出于好奇，我们想看看巴西人如何解决这棘手的问题，这正是我们此行的目的。

早在1933年以前，柯布西耶就在巴塞罗那的方案[见《勒·柯布西耶全集（第2卷·1929~1934年）》]中设计了可调节的"遮阳"，但却是由巴西人首次将这一理论付诸实践……"

作者还补充道：

"里约热内卢新建的国家教育及公共卫生部大厦，在北美鲜为人知，可但凡知道它的人全都认为它是整个南半球最美的建筑。"

除了遮阳这一实际的问题，其他的问题也在早些年得到了澄清（底层架空柱，玻璃墙面，独立骨架，屋顶花园等），以一位环境艺术家的眼光，以一种不容置辩的方式，柯布的介入起到了积极的作用。尽管里约热内卢是个盛产灰色和玫瑰色花岗石的地方，但这里的官方建筑所采用却是勃艮第的石材（用货船从法国东南部进口）。柯布对此感到相当吃惊，他要求将当地的花岗石用于建筑的山墙以及大厦基址范围内的大面积铺地；并且，他建议采用产于里斯本的蓝白两色的彩陶，以便与花岗石的粗糙和玻璃的光泽构成和谐的映衬。

看到发表在这里的照片资料，读者的眼睛应当努力滤掉邻近的建筑，透过底层架空柱可以

看到，它们是一种缺乏魄力的城市规划的产物。

可以想像里约热内卢的奇丽景致，可以设想底层架空柱和遮阳的技术将逐渐地、不可逆转地盛行于整个巴西，从此，这片热带的自然风光将构成建筑感知最令人赞叹的背景。

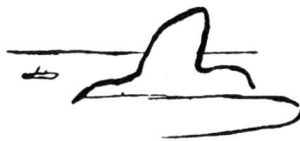

这是里约热内卢著名的巨礁

在它周围耸起狂放的群山；海浪拥吻着它们的脚背

棕榈树，香蕉树；热带的富丽为风景注入活力。
我们驻足，将扶手椅安放于此

与自然的协约得到了肯定！

通过城市规划机构，自然也该写入租约。里约热内卢的风光实在令人赞叹！

周边一个画框，4条斜线代表透视图！房间正对着风景。无限的风光完整地进入室内

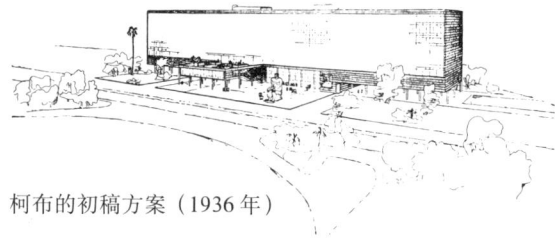

柯布的初稿方案（1936年）

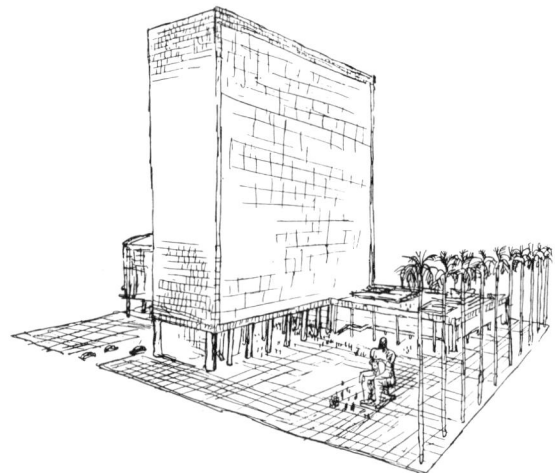

柯布的第二稿方案，为了便于实施，针对里约热内卢的一块传统基地进行了调整（1936～1937年）

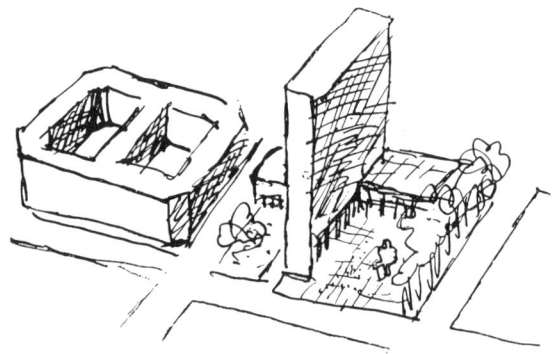

大厦北立面

柱廊

公共入口（后面是毗邻的建筑）

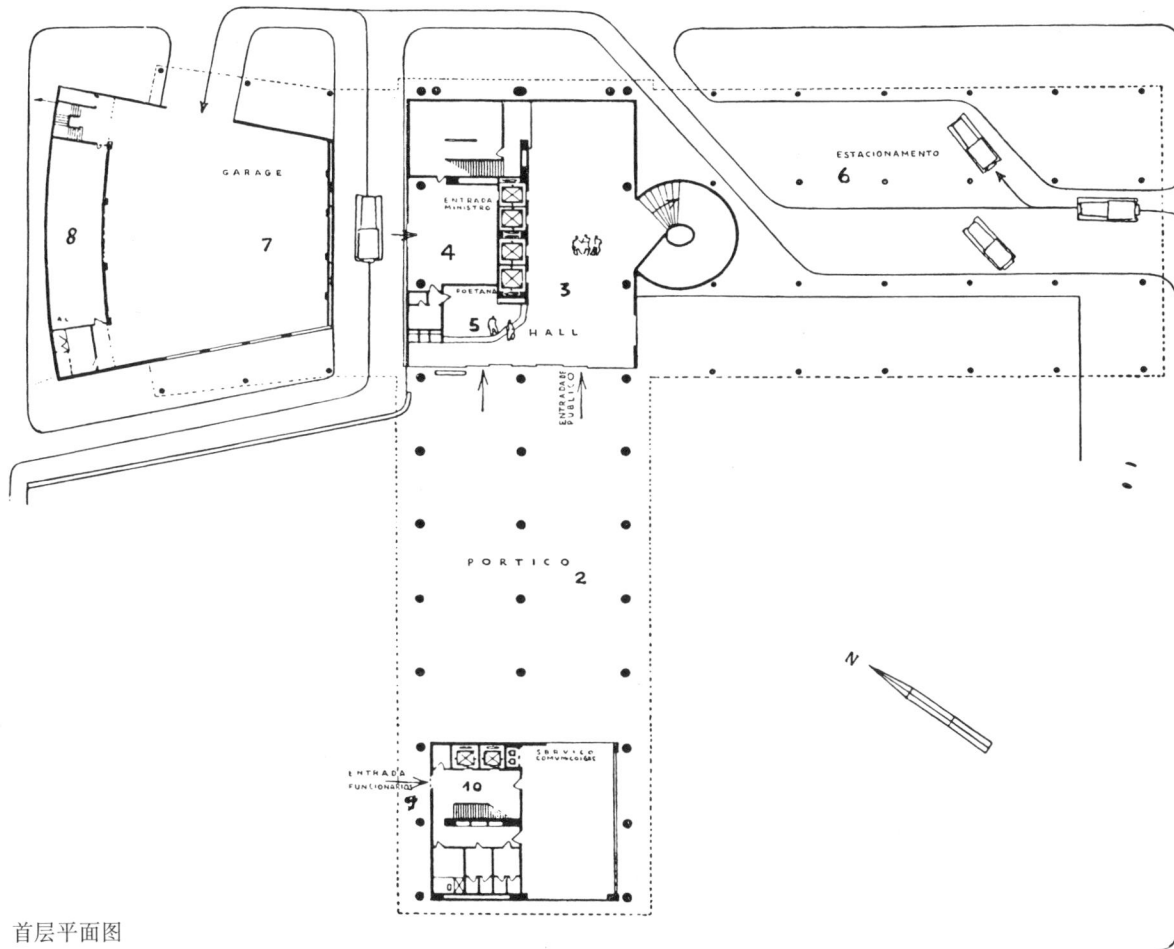

底层架空柱

首层平面图

2　柱廊
3　公共入口及大厅
4　部长入口
5　咨询处
6　临时停车场
7　车库
8　机房
9/10　职员入口及大厅

公共入口

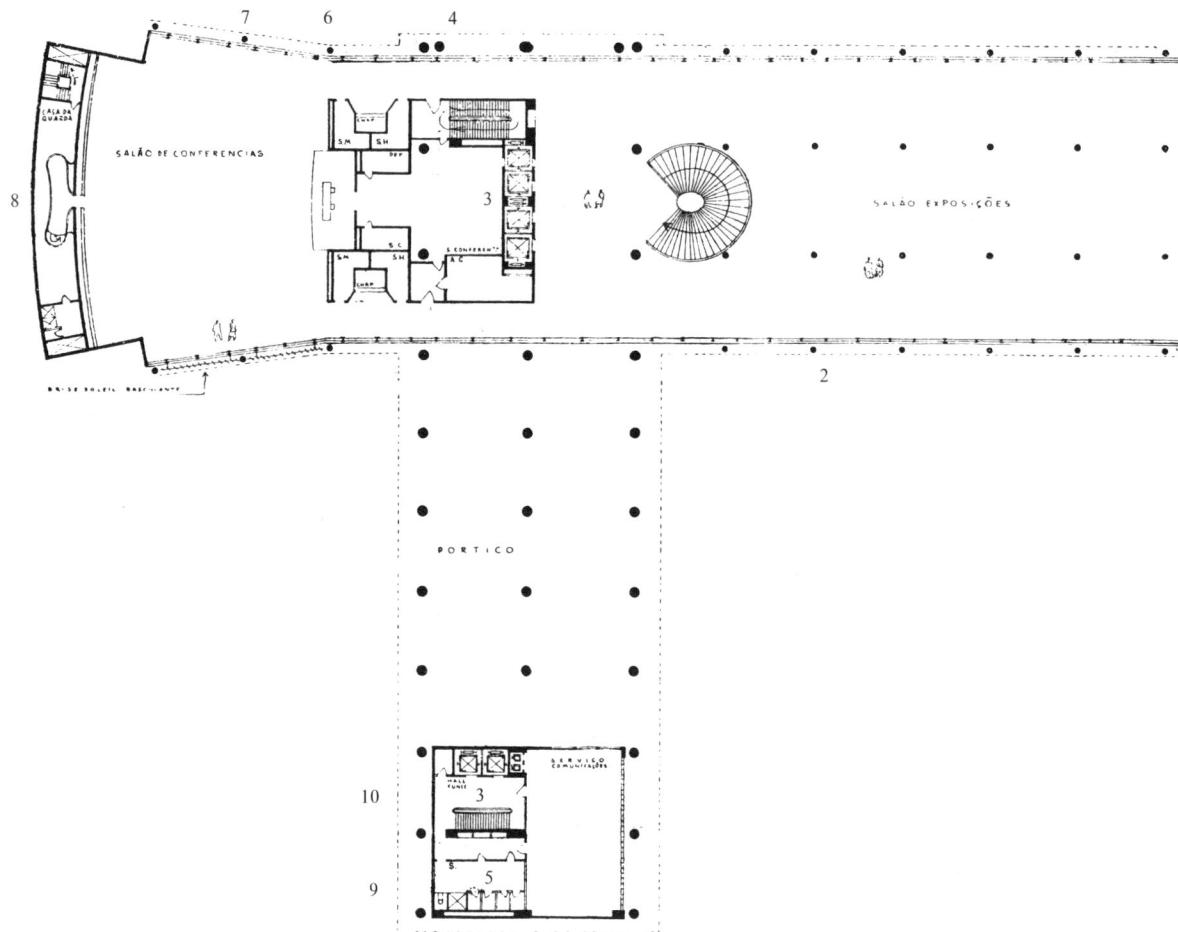

二层平面图　　　　　6　演讲台

2　展览厅　　　　　7　报告厅

3　公共电梯　　　　8　放映间

4　候见厅　　　　　9　卫生间

5　卫生间　　　　　10　职员大厅

南立面

北立面

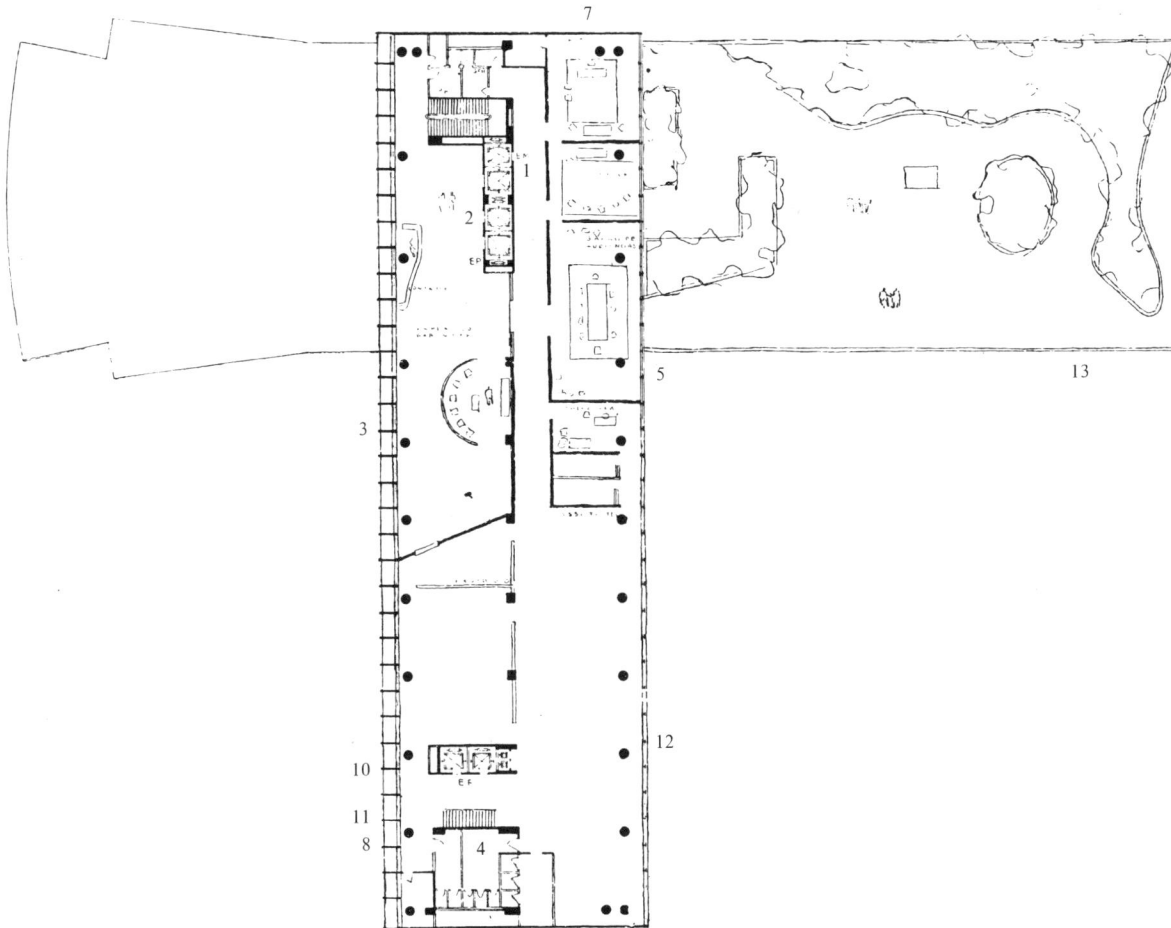

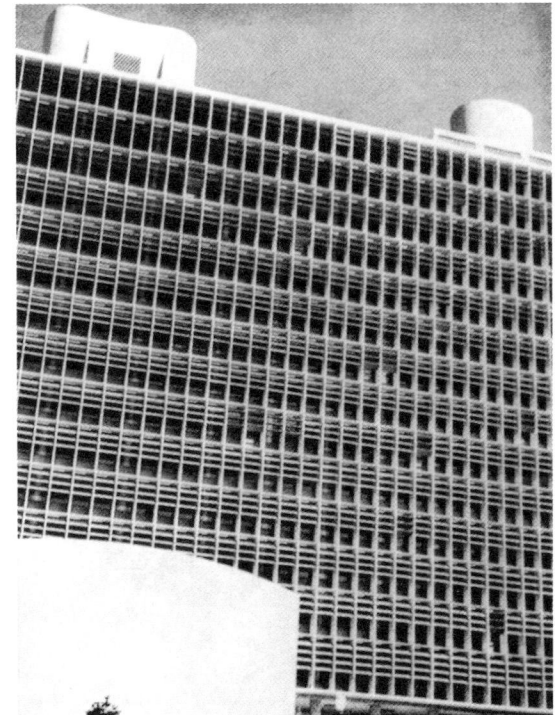

三层平面图

1　部长专用电梯	7　部长办公室
2　公共电梯	8　卫生间
3　候见厅	10　大厅及职员电梯
4　卫生间	11　更衣室和卫生间
5　会议厅	12　布局可变的办公室
	13　花园－露台

里普希茨的雕塑作品

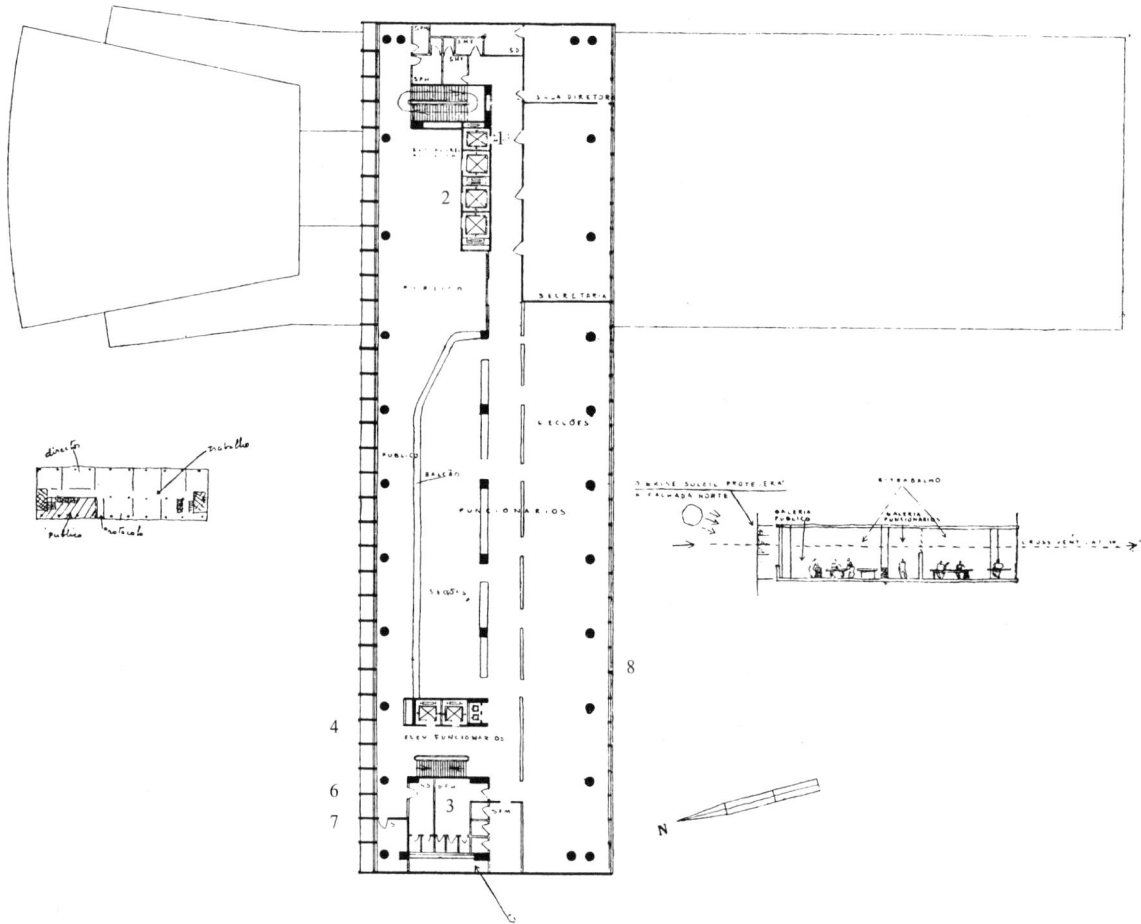

四层平面图

1　部长专用电梯

2　公共电梯

3　卫生间

4　职员大厅和电梯厅

6/7　更衣室和卫生间

8　布局可变的办公室

屋顶花园

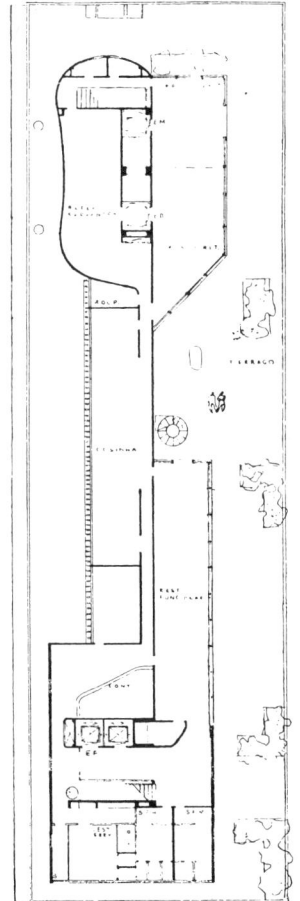

十七层平面图
设有厨房和屋顶花园的
餐厅层

奥斯卡·尼迈耶和卢西奥·科斯塔的来信，里约热内卢，1946 年

亲爱的柯布：

卢西奥的信将使您对我们这里的情况有所了解——一并寄上的还有一篇我发表于里约热内卢一份杂志上的文章，它将证明您对巴西建筑的贡献。

奥斯卡·尼迈耶

亲爱的柯布：

直接得到您的音信，那难得的喜悦随着我们对您来信逐字逐句地阅读逐渐消散。

继而，一种源自焦虑的痛苦袭上心头，我们看到一个时代的巨人，奔走于各洲之间，挨门挨户地讨要他所应得的。

正是如此，这正当合法。遍布世界，现代建筑，无不联系着您力量的中心，无不畅饮着您明晰的思想之泉。

……当您第一次面对这栋大厦的时候，当您亲手触摸它那 10m 高的宏伟的底层架空柱的时候，我相信您一定会激动，您一定会感到宽慰。同样，您会感到宽慰，当您意识到您慷慨撒向四方的种子——从布宜诺斯艾利斯到斯德哥尔摩，从纽约到莫斯科——散布在巴西这片可爱的土地上，（要感谢奥斯卡·尼迈耶及其小组异乎寻常的才华，当时还未被意识）在一个建筑的花期，它们盛放了，那爱奥尼式的优雅和美丽令我们心醉神迷。

请接受您的伙伴们和您的老朋友卢西奥·科斯塔诚挚的祝福。

卢西奥·科斯塔
1946 年 6 月 18 日

我们的建筑之欠缺

巴西的现代建筑在最近的 10 年得到了巨大的发展。应当承认，在一个像我们这样的国家，这种演进的动因很大程度上有赖政府的支持，这也正是我们的建筑师善于利用的一面。我们首先将所取得的进步归功于来自政府的支持，归功于来自卡帕尼玛部长、Valadares 总督、Kubitschek 省长、João Vital 先生等要员的关心；他们接受我们的方案，听取我们的专业见解，协助我们成功地将其实现。其次，我们将今天所享有的自主归于那些在起点为我们发令的人。如此，每当机会来临的时候，我们的合作能够以一种自觉而稳妥的方式顺利展开。

有两位要人功勋卓著——卢西奥和柯布，他们对巴西现代建筑的形式起了决定性的影响。卢西奥·科斯塔，现代主义运动的创始者和"首领"，他是我们这一代人无私而正直的导师。事实上，今日许多知名的建筑师都领受过他的教诲，即使那些未曾亲受其教育的建筑师也以一种非常显著的方式间接地受到他的影响。

勒·柯布西耶，当代伟大的建筑天才，正是他极大地影响了我们。1930 年及 1936 年间，应部长卡帕尼玛先生的邀请，柯布来到巴西，参与大学城总体方案的拟定（当时的选址位于 Mangueira）。然而，由于该项目的决策者的不理解与无能，这件作品终未能建成。尽管如此，这位杰出的大师还是留给我们两张关于国家教育及公共卫生部大厦的方案草图。负责该项目的建筑师委员会得益于这两张草图，并将其作为定稿方案的基础，于是便有了今天这栋闻名全球的建筑，作为我们建筑革新的标志。正因如此，柯布在巴西建筑中占据了真正杰出的位置，因为他的贡献决不仅仅限于这栋我们以资参考的建筑，而是涉及我们事业的方方面面，其中，

他的影响皆以一种不容置疑的方式表现出来。

以如此的规模发展，理应对我们建筑演进的前景抱以最乐观的期望。可是，如果以一种更为客观的方式审视我们的职业活动，就会意识到，它仅仅局限于单体建筑问题的解答——公共建筑或者资本家的房子，简言之，这些建筑，合乎逻辑地说，将被一份精确的决定性的"指导性规划"剔除，这个规划将一视同仁地面对我们城市以及国家的所有建筑问题。正是由于缺乏这样一份必不可少的指导性规划，所以导致我们城市毫无秩序的扩张，我们城市和乡村的工人们的不稳定状况，以及临时建筑项目的国有化（这些项目连最基本的卫生原则也未遵守）；我们所说的并非那种普普通通的城市规划方案，它们受制于一种机构陈腐的社会环境，在其中，个体利益优先于整体利益。

我们的建筑所需要的，不仅仅是先进的工业，尽管这也必不可少；也不是更富经验的技术人员（因为我们的技术人员被证明足以胜任）；而是由追求的目标——这惟有通过社会的进步来实现——所要求的根本观念。

我们觉察到今日之世界正朝着这个方向迈进。阶级间的差距在缩小，人们开始相互沟通，相互理解，以谋求共同的福祉。社会事业占据了政府纲要的首位。最终，社会的进步将摆脱法西斯的反动统治，以一种更加迅速、更加自觉的方式向前推进。当我们努力去了解这个时代的问题的时候，当我们满怀热诚、毅然决然地投入到谋求国家进步的工作中去的时候，建筑师将成为积极的要素；为此，我们提出了合理而真实的任务，它基于我们人民最根本的需要，它确保我们的职业具备不可或缺的人道主义特征。

奥斯卡·尼迈耶

巴黎"海外法兰西"展，1940年

展览在"大宫"举办，是一场"海外法兰西"的全面展示。

柯布与玛丽·库托里（Marie Cuttoli）女士负责海外法兰西艺术展的布展工作。海外法兰西，即，中印半岛，突尼斯，阿尔及利亚，摩洛哥，苏丹，赤道非洲等法属殖民地。

"大宫"中一间长60m、宽12m、高6m的不透光的房间提供给展览之用。对于要展出的物品而言，这一尺度过于巨大，并不适宜。因此，如草图所示，对剖面进行了改造。平面提供了一系列连续的"盒子"，揭示了一种独特的创新——斜向隔墙（非垂直于主墙面）；如此的布局产生邀请参观者的效果，且当他返回时将为他呈现出另一番景象。

布展的困难在于，展品非到最后一刻不能抵达；箱子从各个殖民地寄出，没人知道箱子里装的是什么。

为了确保讲解得清晰，柯布把一侧的墙完全用于成组照片资料的展示，内容涉及各地的风光、民俗及服饰；每组照片都对应着前方展示实物的展台。

此外，展示还结合青年记者在法属殖民地拍摄的优秀照片。几张雕塑作品重要角度的放大照片占据了展览的战略要点。在赤道非洲的展台上，柯布和西蒙·德瓦泽雷（Simon de Vézelay）合作完成了一张巨幅的布面绘画，演绎了一段崖壁上的石刻。展品中有来自Guimet博物馆的以水泥或石膏翻制的模型，还有来自"人类博物馆"的原作。箱子在展览开幕的前夜抵达，展品的筛选和布置仅用了几个小时。

另一些细节：展览中惟一可以自由使用的装置由公共汽车的车窗玻璃构成，那是一种优秀的符合人体尺度的橱窗。

剖面的推敲决定了和谐的体量以及合理而动人的照明。

间接照明位于暗顶棚上方

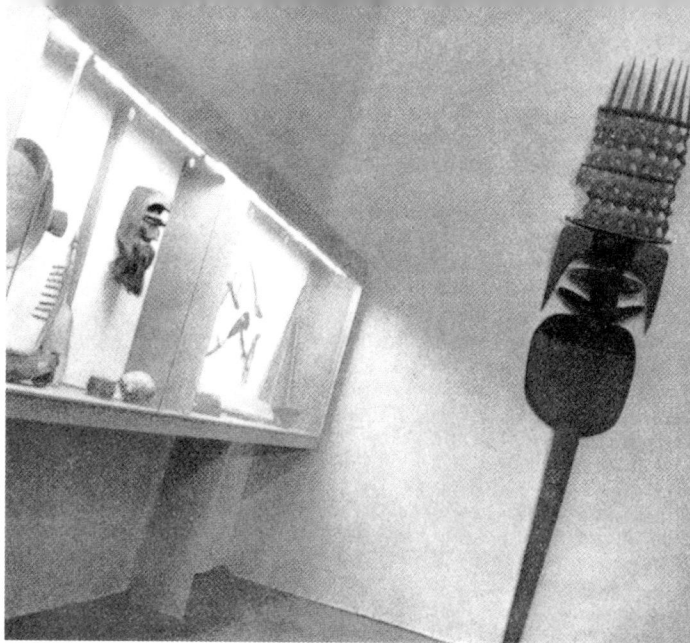
由公共汽车车窗玻璃构成的橱窗

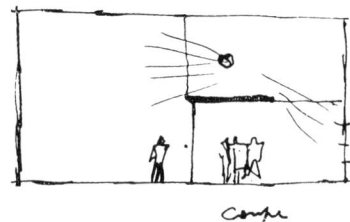
剖面示意图

中印半岛展区

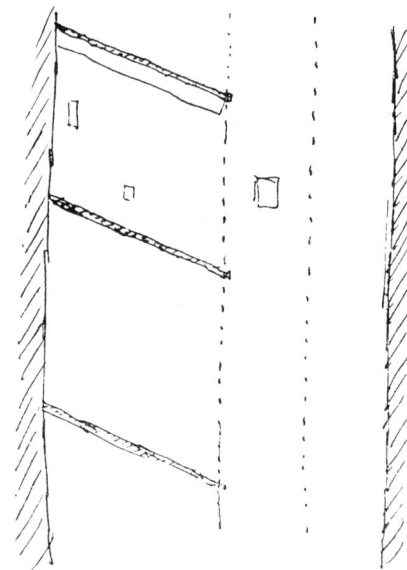
"盒子"示意图

赤道非洲展区

"Murondins" 住宅，1940 年

这种名为 "murondins" 的自助建造，构思于
1940 年 4 月，时值比利时人和（法国）北方人的第
一次溃退。

方案为灾民提供了独特的自己动手建设家园
的可能：用泥土和树枝，不需要专业的工匠，便可
以像林中的伐木工人一样建造栖居之所。

给出的平面和剖面图，构成一种建筑元素，它
既能够满足提出的目标，也能够确保无可争议的建
筑上的成功。

1940 年底，比利时人和（法国）北方人溃退之
后，通过这种方法，年轻一代得以自己动手建造他
们的俱乐部，使他们能够对那令人气馁的灰秃秃的
老宅说"不"，而当时每个人拥有的都是这样的房子。

解放到来，这一问题在圣迪埃被重新提出，以
安顿为数众多的灾民。由于建造夯土建筑所必需的
黏土的缺乏，亦由于多数人心中热情的缺乏，方案
未获实施。

这种建筑（在平面上）与美索不达米亚的建筑
有几分关联。它可为家庭提供临时的庇护，临时，
但亦足够。

该论题在名为"解放期间的过渡性临时住宅"
的作品（见本卷 P125）中得到发展，其所采用的
正是 "murondins" 的建造方法，这种方法被运用
到了临时社区及其附属的俱乐部、学校、托儿所和
幼儿园等建筑中。

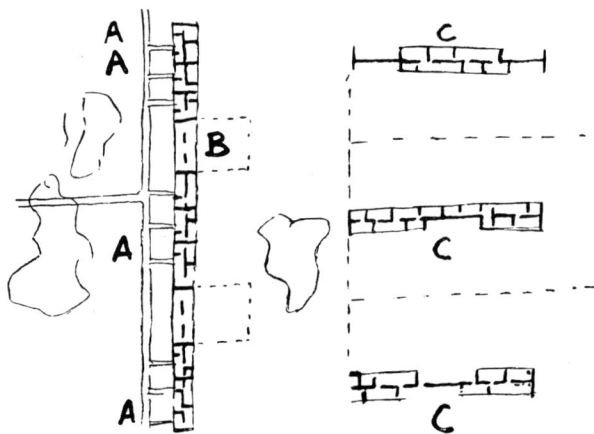

一个临时农庄的例子：
A 每栋住宅的入口
B 供孩子玩耍的院子
C 马厩和农具库

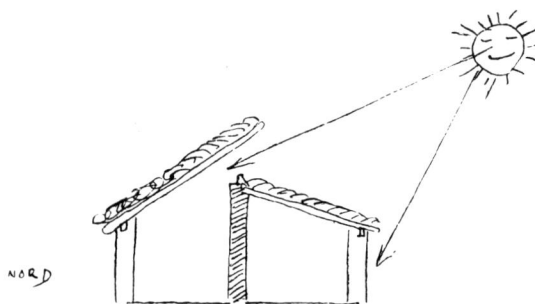

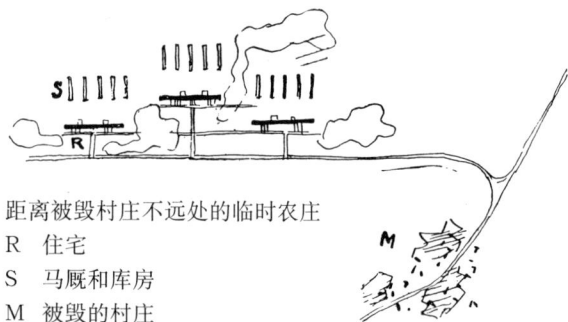

距离被毁村庄不远处的临时农庄
R 住宅
S 马厩和库房
M 被毁的村庄

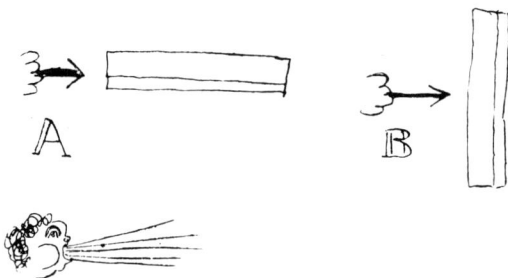

预防措施：使暴风的方向或者与建筑物的纵向平行
（A）；或者迎着较大的屋面（B）。这样可以避免屋面被
掀翻

① 这是用于屋顶构架的材料：从开垦地伐木，将原木砍削成统一的尺寸。侧枝，备作挂瓦条。细枝，捆成束薪。另外，在草场上，用铁锹除去草皮块

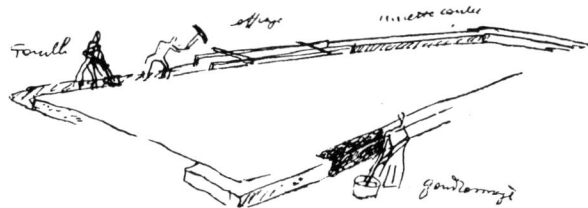

② 建造开始了：开挖（筑墙基础的）地沟，以较稀的混凝土浇筑。这便是房屋的墙基。上涂焦油沥青防潮

⑦ 墙竖起来了，它们的建造极为简单

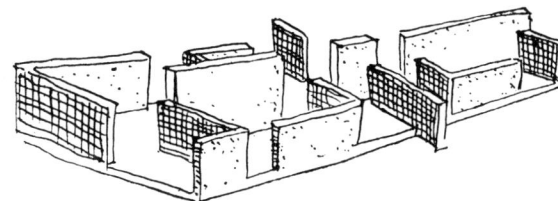

③ 现在，需要些锯木工或木材粗加工的产品，这些产品将集中批量生产，或是找村里的工匠订作；方正的冷杉厚木板，标准的门、窗框和天窗

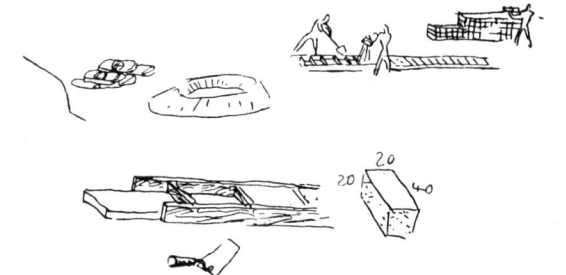

④ 40cm × 20cm × 20cm 的混凝土砌块。一堆砾石，沙子，甚至可以搀以瘠土；几袋石灰；一个方便的模板；将混凝土注入模板即可成型，然后，将制成的混凝土砌块存放起来

⑧ 墙，围合出进深一致的房间。原则上，墙体之间始终构成直角，以确保稳固

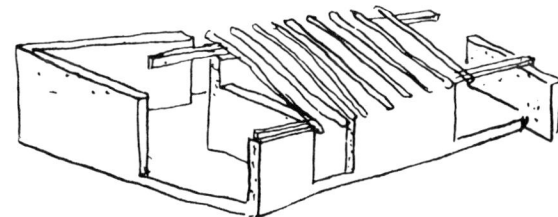

⑤ 石灰、砂子和砾石等拌合而成的混凝土，（为了便于压模）亦可以黏土取而代之。可以采用一种"压砖机"（这种常见的机械可以在各个村庄的建筑施工队中找到）生产一种各地均采用的生砖。日晒可使这种生砖硬化

⑥ 修筑夯土或毛坯墙体。原料是黏土或者是由石灰、砂子、砾石或炉渣搅拌而成的砂浆，将其注入两块模板之间即可成型。这种方法适用于那些仍然沿用传统建造方法的地区

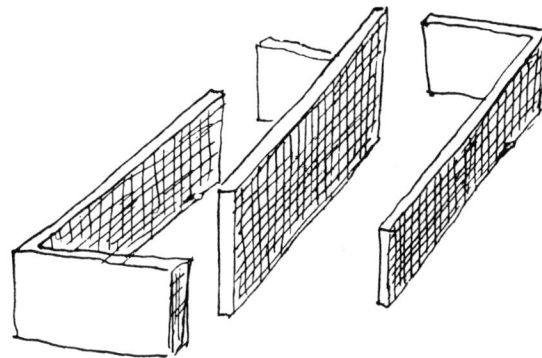

⑨ 安放屋架。为了施工的精确，在墙头固定一根平直的原木成材作为主梁，然后将圆木钉在主梁上

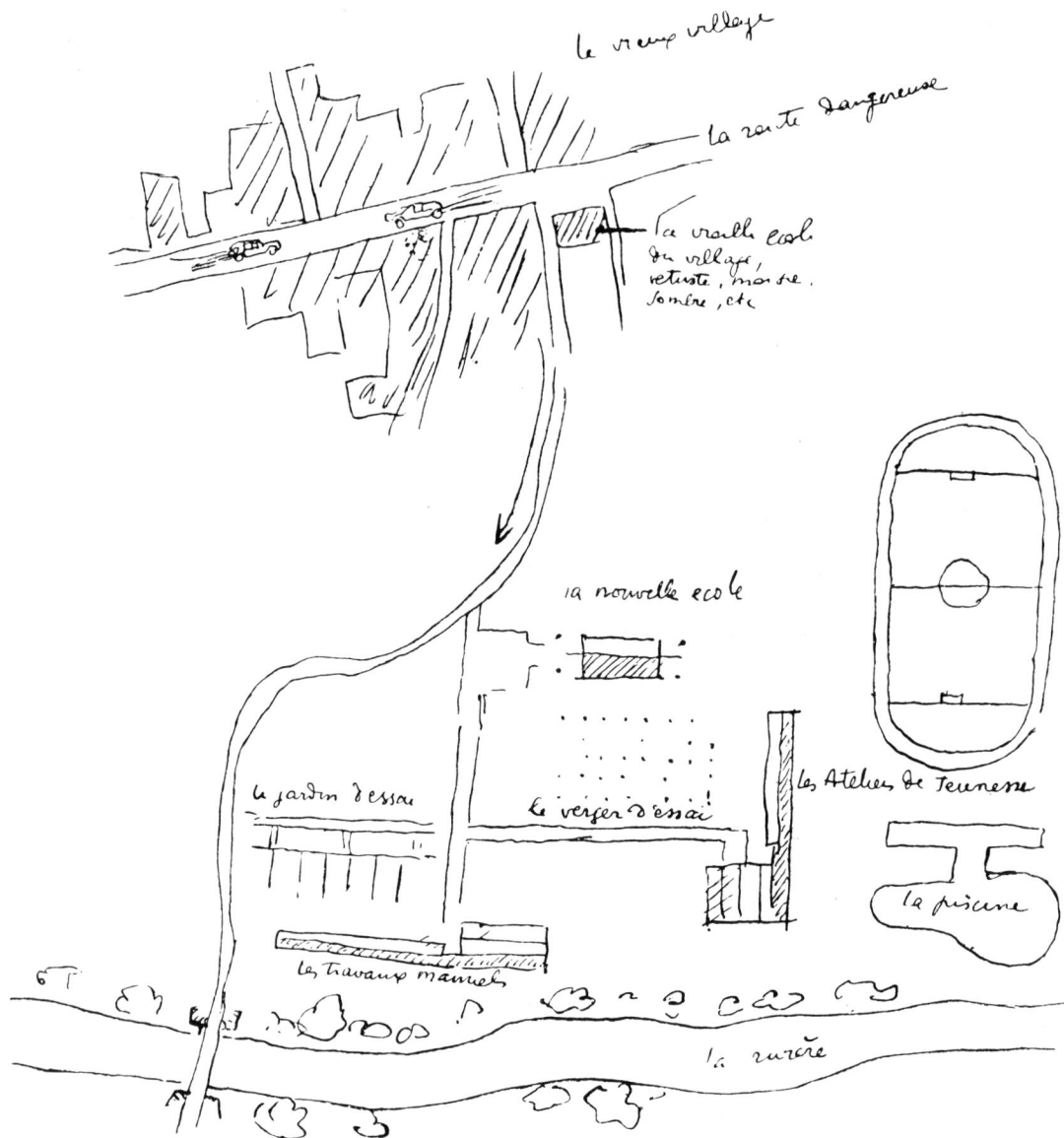

le vieux village

la route dangereuse

la vieille école
du village,
vétuste, moisie.
sombre, etc

la nouvelle école

les Ateliers de Jeunesse

le jardin d'essai

le verger d'essai

la piscine

les travaux manuels

la rivière

城市规划的问题 在许多村庄，学校根本没有什么用处，
房子都破败凄凉，教室完全不适于现代教学。
运动场离旧校址有5～10分钟的路程。可以把教学建筑
搬到这里，并完善新的设施：手工作坊、试验田和花园。
就在附近，将以"murondins"的方式建造"青年俱乐
部"

青年俱乐部的首领向他的同伴展现事业的蓝图

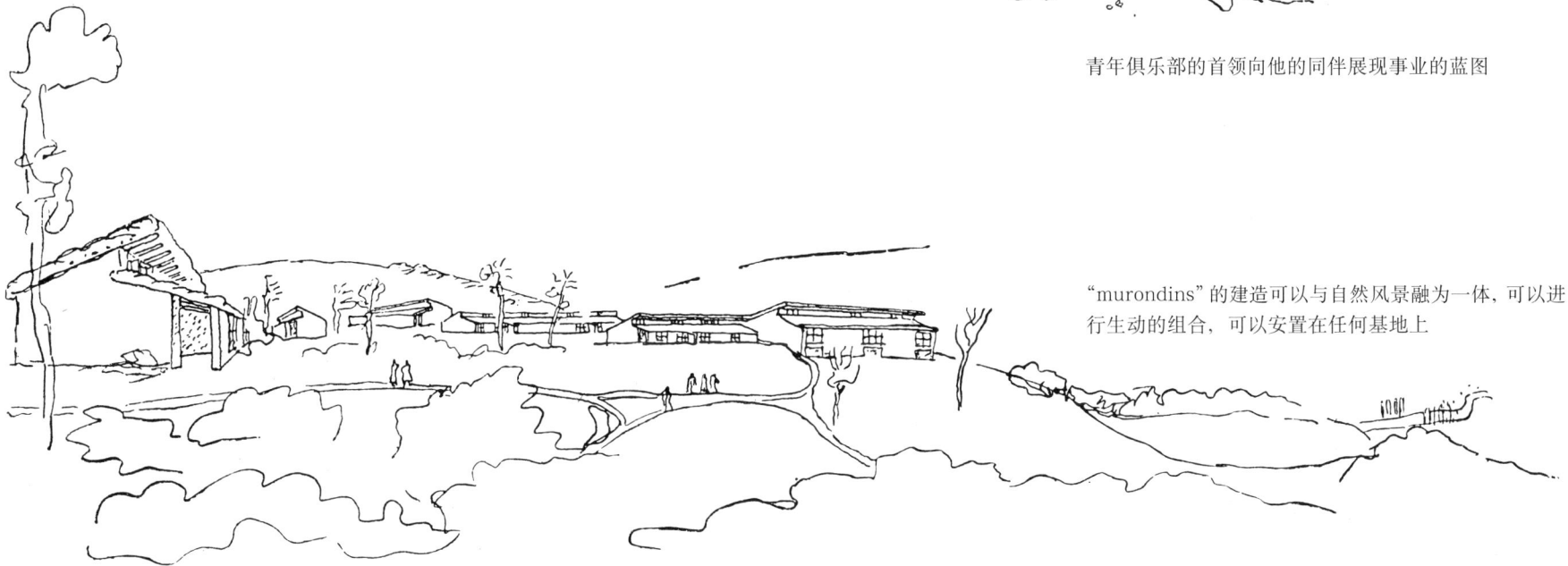

"murondins" 的建造可以与自然风景融为一体，可以进行生动的组合，可以安置在任何基地上

宿舍的共享空间

五人间宿舍

灾民学校的教室

……首要的是处处可以射入阳光。建筑的布置可以是任何
朝向；不再有见不到太阳的房间

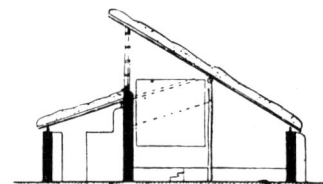

一个"青年俱乐部"的例子，设有讲演大厅，还可以在
此进行电影放映、节日聚会、临时展示或戏剧表演等

"青年俱乐部"集会厅剖
面图

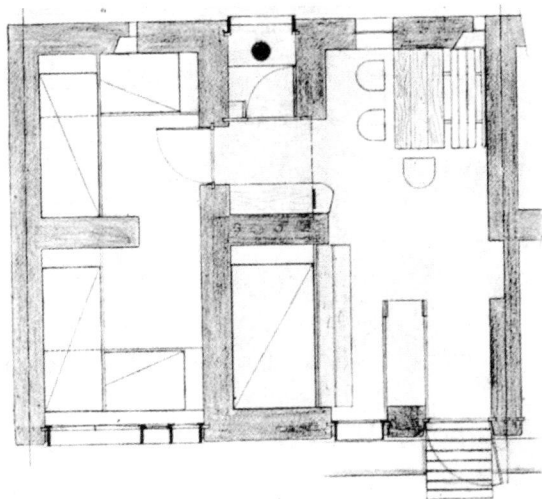

一栋以"murondins"的方式为六口之家
设计的临时住宅

平面图

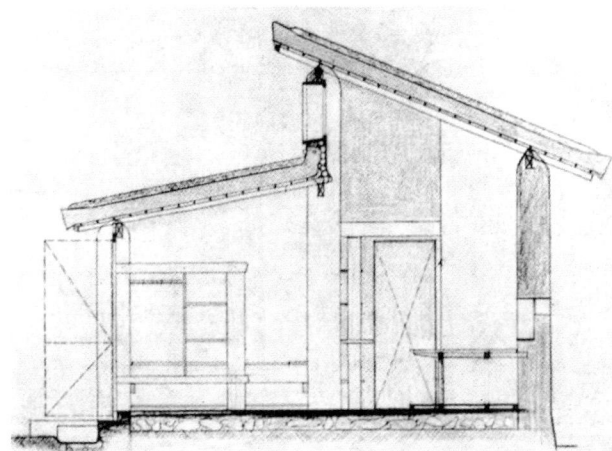

剖面图

两种屋面示例：第一种采用沥青卷材和草皮块；第二种采用瓦
楞铁皮

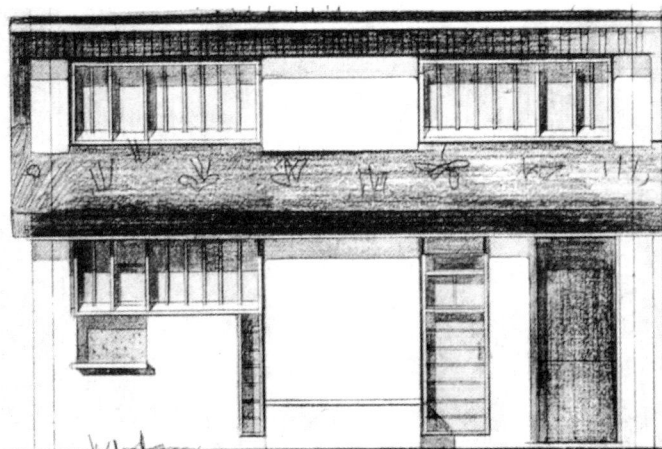

南立面图

北立面图

便携式学校，1940 年

献给 1939 ~ 1940 年间战争的第一批难民

如果军人理解了他们真正的职责，那么他们应当在建造枪炮的同时建造临时营房。要知道，枪炮在前方进行攻击，由于敌人反击，后方将遭到破坏；结果，现代战争便意味着人口的迁移——特有的不可避免的大撤退。

于是，这些临时的营房成了枪炮的补充。它们可以作为住宅，学校，集会厅等；真正的建造者得以像枪炮的制造者一样认真地建造标准的临时营房，它们将满足多样化的功能，且效率极高。由此将获得一种确定的审美；普遍的混乱不复存在，明确的和谐将主宰一切，优雅，整洁，经济。

这项便携式学校的研究，与来自南锡的建造者 Jean Prouvé 先生合作完成。

再次提醒注意，过去 20 年的研究实践：以新的剖面高度为依据：2.20m 和 4.50m 。

在这张草图中，可以看到以 "murondins" 方式建造的小学校手工劳动作坊（左侧）、"青年俱乐部" 前方和教室（右侧）

一个村庄学校的例子，它符合新精神，建造简易，采用折叠钢板屋架及木板

学校的室内，一间教室

便携式学校全貌

1940 年　一个便携式学校　供 160 名儿童使用的食堂

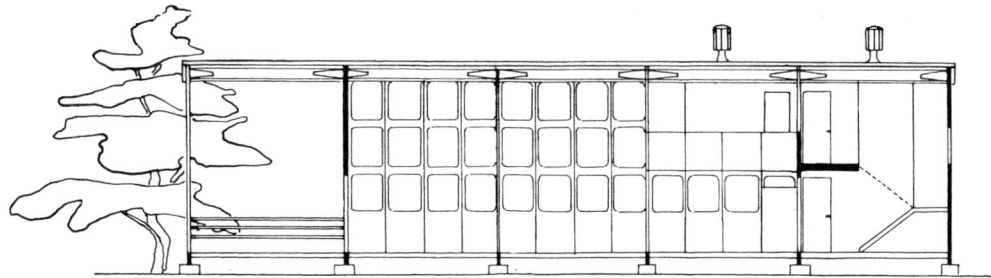

A — B 剖面图

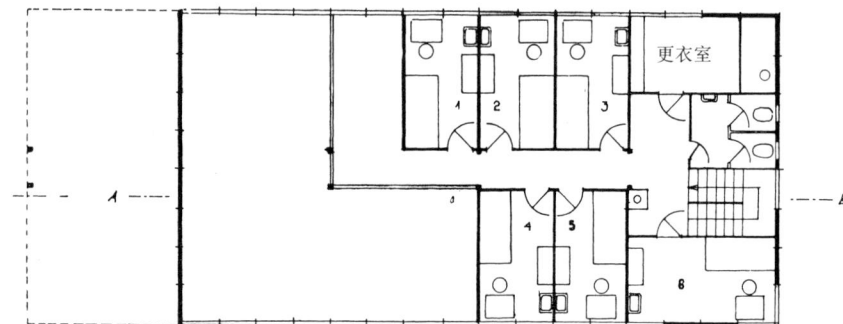

阁楼层平面图

室内透视图

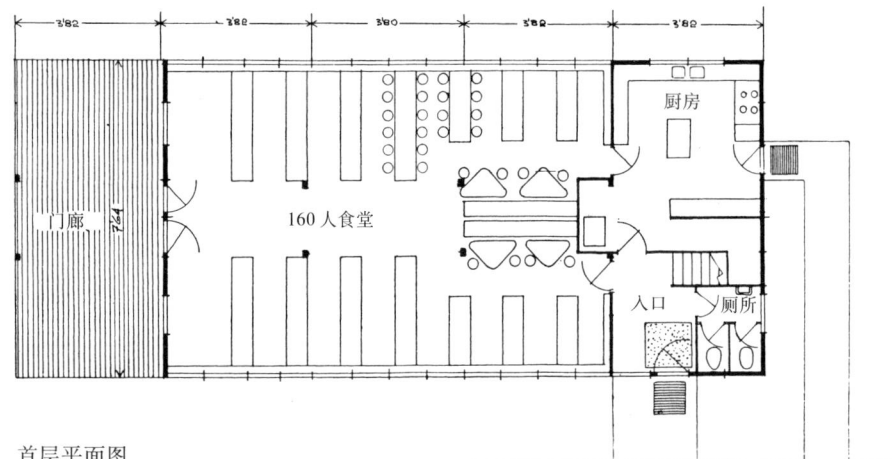

首层平面图

《采光问题：“遮阳”》

应当肯定，窗的历史就是建筑的历史；至少，可以说它是建筑的历史中特征最鲜明的一个侧面。

我勾画出传统的住宅：它由承托楼板的墙构成；墙上开窗，出于种种原因，这些窗在历史演进的过程中时大时小。

甚至可以说，窗的大小是财富和富足的标志，也许还可以说是生活快乐的标志。

在承托楼板的墙上开窗，是一种与墙的承重功能相对立的行为：在墙上开窗，是对墙的削弱。在历史的进程中，人们将见证这实与虚的较量。这虚实之间所建立的比例关系较之众人所津津乐道的“风格”而言，是更具决定性的方面。

我三两笔勾出一个传统的小屋（1），就在它旁边，是奥斯曼的6层公寓楼（2），在此，窗洞的开口已经达到了可能的极限，超出这个限度将是危险的。

这是小型建筑。让我们用更大的建筑来举个例子；

古罗马住宅朝向中庭的巨大窗洞（3）；

半圆拱形的罗马小窗洞（4）；

巨大而华丽的尖形穹隆窗，带有眩目的圆花饰（5）；

文艺复兴时期的窗，有着石砌的窗棂（6）；

路易十四、十五、十六（7）……好了，让我们直接来到今天：我们拥有钢和钢筋混凝土；剖面图告诉我们，一切都不一样了。

这是一个现代建筑的剖面图（8），是办公，是住宅，是工厂——在此，叠起的楼板不是靠墙而是靠柱来支撑。

一种经济合理的结构布局要求楼板悬挑，于是，豁然地，建造者实现了一个被认为不可能的梦想：100%地照亮房间。

从今往后，轮到重叠的楼板，轮到它们来承托墙体，于是，墙将成为一层膜："玻璃墙面"。让我来展示玻璃墙面丰富的表情（9）：

方案1突出了楼板的存在；方案2毫不犹豫地将玻璃墙面置于楼板前；方案3呈现出一种具有无限可能性的玻璃墙面的拼格游戏，在此，最不羁的想象力也能自由奔流。

当然，新的问题也接踵而至：房间的通风，采暖，尤其是它的采光条件——将是本次演讲的主题——冬季行善、夏季作恶的太阳。采光条件将影响居住者，他可以是公寓的房客，可以是工厂大玻璃窗前的工人，或是办公室窗前的职员。

我将向你们展示一系列连续的小发现，它们使我成为太阳的伙伴，始终不渝的伙伴。即使是在巴西这样的国度，在热带的太阳下，也可以给出采光问题的解答。巴西极端的气候条件塑造了看似牢不可破的传统，但是，对采光问题做出新的回答正是这里的现代生活得以自由绽放的先决条件。此外，所选用的这个名词——“遮阳”——明确表达了对一种元素的控制。

还是让我们简要地回顾一下“遮阳”的历史：玻璃墙面，100%的采光；我们欣然占有这项所得，我们把这视为千载难逢的机会。1933年，雅典CIAM会议将这一点确立为基本的教义：城市规划的素材是阳光、广阔的空间和草木的青绿——我称这些素材为“基本的快乐”，将其注入每个个体的生活，而不论他处于何种社会地位，城市规划的基本问题即在于：给每个人带来基本的快乐——阳光，广阔的空间，草木的青绿——自此，再没有人胆敢反对这项

1   2   3   4   5   6   7   8   9

公设[1]。太阳东升,光芒四射,人们醒来,开始活动:工作,思考等等。现代人享用着不容置疑的进步的果实——书籍,报刊,各种各样的图片——人们学会用手指灵巧地工作,整整一天,他须臾不可离开眼睛的帮助;他需要,迫切地需要阳光,其直接的功用不仅能提高活动的效率,而且能带来生活的快乐。所以,当然可以这样说:建筑,旨在构成被照亮的楼板。如此,功用和舒适皆得满足。

四季的更迭,形成一个益害交替、变化微妙的等级(10):冬至点,太阳低悬在地平线上,它的光线深入房间内部,温暖我们的身体与精神;中间的季节,春季和秋季,太阳温柔地抚慰它的造物;可是,夏至日,酷热难耐的高温,使友好的太阳变成了无情的敌人,在炎热的日子里,阴影成了迫切的需要——应当把窗遮住,应当为玻璃墙面调节"光圈"。

可用的方法有哪些呢?厚薄不一、层层相叠的窗帘,各式各样的百叶窗,置于建筑的内部或者外部,这些屏蔽将作为新的体系引入到立面或玻璃墙面的构成中来(11)。

1921~1928年,我们的首批建造呈现了征服玻璃墙面的各个阶段(12):先是简单的水平长条窗a;继而是两层通高的水平窗b;最终,彻底取消了窗肚墙,于是便有了玻璃墙面c。但,

自从日内瓦的"光明"公寓(公寓的使用者这样为它命名)开始,我们本能地开始进行有关"遮阳"的尝试。我设计了楼板,以阳台的形式自玻璃墙面向外充分出挑达1.50m,并设有护墙,它们投下了第一道阴影。针对三伏天的炎热,还设置了与阳台护墙齐平的遮阳卷帘作为补充(11)。如此,创造出相当令人满意的采光条件:冬天(太阳高度角小),接纳太阳光;夏天(太阳高度角大),阻挡太阳光。

1932年,Molitor门公寓采用了全玻璃的立面。我们知道,三伏天会酷热难耐。但,得了!巴黎人在这段时间全都度假去了。原本要以遮阳卷帘在立面外部竖起一道密实的屏障,可我们断然拒绝了这一做法。最终,遮阳卷帘设置在内部,这样一来,立面上的钢和玻璃比例精确的构成确保了立面的尊严:我们不能允许个人任意胡来,就像日内瓦的"光明"公寓,遮阳卷帘设在外部,玻璃墙面的遮蔽纯属偶发,结果把立面搞花了。我们自己犯了错误,我们意识到这是个错误。我们恳切的愿望就是,一片玻璃墙面无论如何当保持完整、干净、比例优雅。

迦太基

1928年,在迦太基别墅的建造中,遮阳的

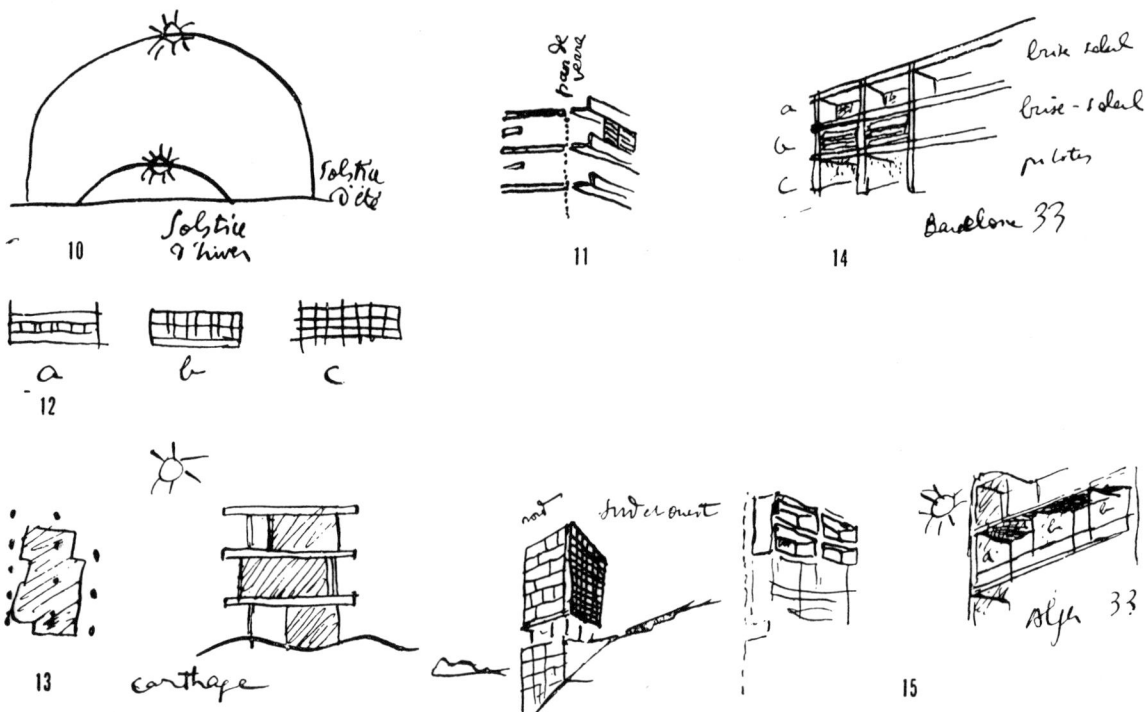

[1] 逻辑或数学中公认为真理,因而无需证明的命题——译注。

问题被迫切地提了出来（13）。

房间缩进，其形式完全独立于结构骨架，如此，在其周围形成一圈或深或浅、具有多重功效的"遮阳"。房间通过巨大的玻璃壁采光。

我刚见过我们业主的儿子。他对我说，房间内部的光线很棒。作为一则值得关注的肯定，它应当纳入演讲的这个部分。它表明，由每一楼层的上层楼板所构成的"遮阳"，势必阻碍光线的引入；但通过水平方向通长的大玻璃窗，将使采光得到有效的补充。

事实上，玻璃墙面使大量阳光涌入室内，这是前所未有的；传统的解决方案通常只能提供20%、40%或50%的采光表面。

巴塞罗那

同一时期，在巴塞罗那，我们设计了一些大型居住区，用于安顿刚从乡下来的临时劳工：这些农民对城市生活尚未有任何接触。骄阳将持续数月，太阳的问题很棘手。住宅的布局是为了确保房间的凉爽，房子被武装起来，其所配备的装置将成为学说要素的代表（14）：a，深陷的凹阳台——b，钢筋混凝土薄板构成的可水平绕轴旋转的百叶窗——c，房子被架空，底层一片阴凉。

a，构成了最初的"遮阳"；

b，另一类"遮阳"，以后会派上用场。

阿尔及尔

同年，在阿尔及尔，问题被再次提出（15）。

一栋出租公寓，由钢筋混凝土柱支撑悬挑的楼板。这种结构为我们提供了4个可以用不同方式表现的立面，所以，应当选择玻璃墙面的恰当形式。北向，或许还有东向，可以不折不扣地保持完整的玻璃墙面；而南向和西向则应当设置一种"遮阳"。

这种蜂房式的"遮阳"，由约80cm深、70cm高的箱室构成，能够产生有效的阴影。该装置位于玻璃墙面前几厘米处，以悬挂的方式固定在层层挑出的楼板上。

困难在于西向，太阳在西下的时候最难对付，因为它的光线属于水平投射。此时，我们的"遮阳"将失去效力，应当采用与立面垂直（a）或斜交（b）的竖直薄板替代"遮阳"，并根据立面的确切朝向进行调整。如此创造出来的屏蔽，构成一种值得重视的建筑的延伸，一种典型的凸或凹阳台。

巴西

1936年里约热内卢的长途旅行，将提供一个决定性的试验机会：应当局的邀请，我与一个由巴西的朋友组成的建筑师委员会一同拟定国家教育及公共卫生部大厦的方案。数周来，我体验了当地的环境。我认为，当前给定的建筑基址是无法接受的：它被束缚在缺乏规划的狭小的商业城地块之中，这种糟糕的布局只会使汽车交通骇人的混乱愈演愈烈。而且，里约热内卢特有的风景，它那，不可思议的满布玫瑰色花岗石的狂放的群山，它那繁茂的植被，它那随处可见的大海，就这片基地而言统统作废。

距离原基址200m远处，在海边，我发现了一块美妙的基地；大厦将在如此壮丽的景色面前展开，把它的玻璃墙面毫无保留地向着这片罕有的风景开放（16）。我的巴西同事们大声叫喊："您不能让您的立面朝向那里，在里约热内卢，您不能！"——"可是为什么？"——"因为太阳！"他们向我解释那令人难以忍受的炙烤。我反诘："你们别担心，我们将在玻璃墙面前设置'遮阳'。"于是，我在图纸上画出我们讨论的对象，那是我们曾经为巴塞罗那和阿尔及尔提出的建议。

我临行前一周，事情又起了变化：部长先生满意这个方案，但却心事重重：他相信这涉及政治——如果不是涉及魔鬼本身——这美丽的新基址会让他受到猜疑。于是，他请求我按照最初给定的基址对方案进行调整（17）；方案调整了，但建筑的原则没有变。

时间一年年地过去，战争袭来：1945年，一则来自伦敦和美国的传闻不胫而走：巴西人干了件了不起的事。英国的美国的士兵或是军官纷纷来探望我，不断地向我重复这则传闻。他们当中还有人向我展示了证据，由纽约现代艺术博物馆出版的一本名为《巴西建筑》的大厚书。书中包括大量的图片，一半用于介绍巴西的民俗，另一半介绍引入巴西的建筑的新方法：底层架空柱，玻璃墙面和"遮阳"。

我将认识到人们给予我的荣誉。书的作者，现代艺术博物馆建筑部的负责人，菲利普·古温先生，在书中写道：

"1936年，为了建设新的国家教育及公共卫生部大厦，以建筑师委员会顾问建筑师的身份，柯布西耶被邀请到里约热内卢。这栋建筑有力地展现了他的影响，但更重要的是，它解放了创造的精神，它打破了政府建筑的思维陈规。尽管如华盛顿的联邦古典、伦敦皇家学院的考古学和慕尼黑的纳粹古典这样的政府建筑总是洋洋自得；但巴西有勇气摆脱这些谙熟的道路——于是，里约热内卢得以骄傲地拥有这南半球最美的政府建筑。"

作者还明确指出："在最初的外力推动下，巴西人独占鳌头。巴西对现代建筑独创性的伟大贡献在于：通过外部的屏蔽达到对穿透玻璃表面的热辐射与眩光的控制。美国人轻率地忽视了这一问题的全部。面对夏日午后西向的日晒，通常的美国建筑都成了大暖房，推拉窗半开半合，全无遮蔽，办公室里可怜的雇员们忍受着炙烤与眩光之苦，只得到遮阳百叶窗一点点薄弱的保护（薄弱，因为它们对阻止使玻璃升温的阳光起不到丝毫作用）。

出于好奇，我们想看看巴西人如何解决这棘手的问题，这正是我们此行的真正目的。"[2]

[2] 《巴西建筑》，纽约53号大街西11号，现代艺术博物馆。——原注

阿尔及尔

1938年，我来到阿尔及尔，应政府之邀，我成为阿尔及尔地区规划委员会的一员。城市化，即，在空间里安置能够使其内部发生的功能得到满足的容器；所以，在北非，我们要做的就是：认识非洲的太阳；再一次，以钢、钢筋混凝土以及给这片土地注入活力的新精神为出发点，探寻建筑的形式，在这种形式下，现代生活便可得偿所愿。

此外，10年来，我在阿尔及尔展开了多项研究。其中的一项是关于大法院雏形的研究（1937~1938年）。要解决的问题：其一，确保便利的地面交通；其二，考虑阿尔及尔的太阳以及邻近的海面反射。建筑的整体应当融入到一个更大的总体构成中去。

以下是有关这次建筑活动的纲要：首先，由底层架空柱把建筑举到一个有效的高度，这样一来，地面便可用于组织行人与汽车的高效交通，经过分离和归类的交通；然后，在建筑的立面前安设格子，构成恰当的"遮阳"。这一"遮阳"的原理，你们已经知道，我不再详述。这个解决方案推导出一项建筑的结论，在阿尔及尔商业城的研究中将得到有意义的建筑应用，这栋150m高的建筑，矗立在棱堡15的位置，位于Laferrière大道旁，在悬崖的怀抱中，面向大海，面向阿尔及尔壮阔的地平。

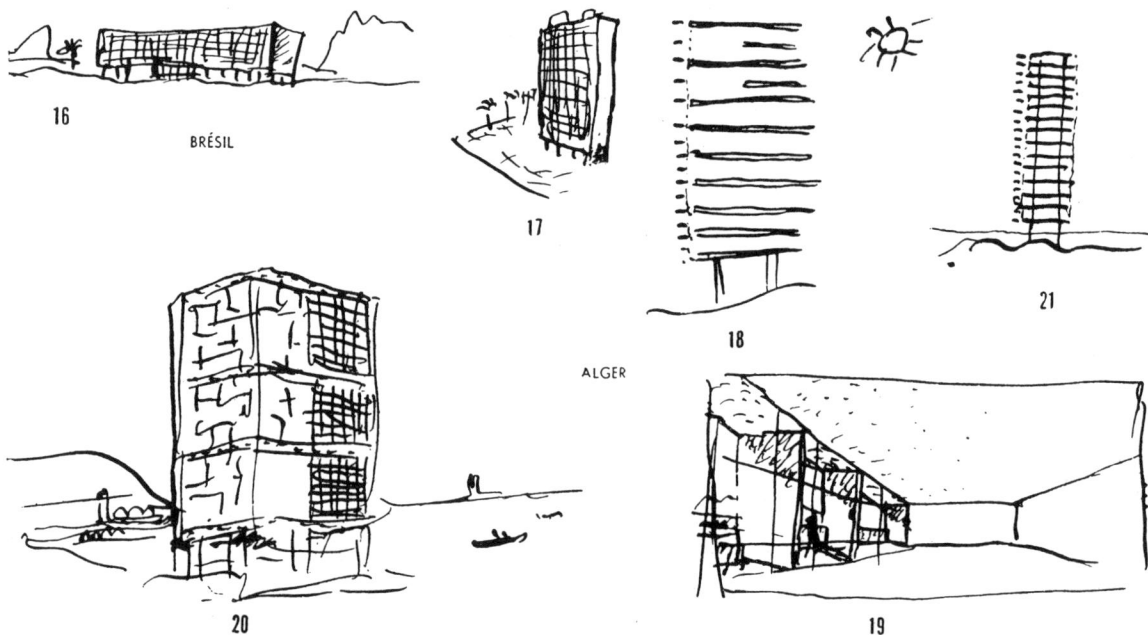

16

BRÉSIL

17

18

ALGER

21

20

19

剖面图一清二楚：又见到楼板，又见到适于采光的玻璃墙面（18）。数不胜数的办公室都处在最为宜人的环境中；置于玻璃墙面之前的"遮阳"将一种纯粹的结构体系与一种毋庸置疑的建筑元素融为一体。

图（19）表现了"遮阳"在办公室内部的效果；以一个"遮阳"格子构成的标准单位为出发点，就能得到我们想要的大小，即，一个阳台，一个真正的凹阳台。于是，一个所有传统中最为古老的建筑元素被重新发现，我为此感到欣喜——从此，办公室得以在一年中最为痛苦的时期不再受直射阳光和海面反射的折磨。而且，玻璃墙面将可以在每一层、每一个房间分别得到清洁，因为它在人手可及的范围。它的遮闭同样可以随心所欲，根据每个人的喜好与需要，而不会在外立面给人以混乱不堪的印象。好了，一套相当完整的方法被引入建筑，基本的功能是创造的动因，创造出一种特征鲜明的建筑器官，从此，将能够确立其合法的地位。"遮阳"，尺寸由其所庇护的房间决定，作为一种可观的建筑资源，它将伴着建筑的整体呈现——建筑最不可思议的丰富性即源于此（20）。

房间的使用是为了满足最现代的需要，这在非洲的土地上成为可能；功能进入建筑，一种建筑的态度由此形成。

殖民署认为值得为这栋建筑做个大模型，好为1945年秋在巴黎举办的"海外法兰西展"作准备。

综上所述，这最后一张示意图（21）可以充分地表达一条今日的建筑真理，它源自现代技术和现代材料——钢和钢筋混凝土。好了，我们离谈话之初的那几张草图已经远了……从此，建筑将在新辟的领域，以一种新的方式展现阳光下形式与比例的辉煌。

让我们回顾历史，并尝试推导出一个结论：迈向光明——建筑最根本的征服即致力于此；对光的需求在各个祥和的历史时期都有所表现：

罗马，它那地中海沿岸的房屋或别墅，在中庭的大窗洞上没有安装玻璃，那是因为当地的气候条件适宜；另一方面，当时的工业还不允许这种做法。阿拉伯人，怀着对生活舒适惬意的向往，他们朝向内部的花园敞开巨大的窗洞，临街的立面封闭是为了防备擅入者。然而，罗马时期敷设下了技术的难题，这涉及到另一种完全不同的气候——问题转向北欧。

哥特建筑，伴着它的十字交叉拱和巨大的尖券窗，夺目而出。别忘了，这一时期的木头房子真正是由玻璃墙面构成，或是倾向于此——有遗迹为证，佛拉芒人以他们那继承自文艺复兴并完好无损地流传至今的建筑，充分证明了这一点：安特卫普，布鲁塞尔的大广场；木头柱子杂技般地被石头的窗棂取代，整体的轻巧给人以玻璃墙面的强烈印象。

通过考察多雾的北方国家，我们认识到，无论是南方还是北方，人们对阳光的需求是一致的。

继之而来的是一个更加人性化的文明：文艺复兴、路易十五和路易十六统治下的皇家古典时期，对尺度和比例的追求达到了真正的顶峰。此后是资产阶级专权的19世纪，纷纷扰扰的世纪，它的方方面面都值得关注，对舒适的追求遍布各个阶级，城市风格的序幕拉开了。这就导向奥斯曼的解决方案，其重要性在于，它标志着一个在采光问题前止步的时代。

于是，革新——钢和钢筋混凝土应用于工厂，应用于写字楼，应用于集合住宅，这标志着技术的成熟；我说过，人们的习惯同样经历了演进和变革：由墙支撑楼板，其上开洞不能超过一定的限度。1900年前后，发生了变化：市政官员赴英旅行，带回了英国田园别墅的凸肚窗，将其引入 Raspail 及 Passy 大道的出租公寓中。但这一切只不过是个过渡。1905年将近，弗朗兹·儒尔丹在 "Samaritaine" 中成功地引入了玻璃墙面，人们以为这不过是一时兴起，却没有看到它与家庭生活的解答之间可能的共通之处。

钢筋混凝土的建造、成长、发展，变得越来越明确。玻璃墙面问世了，纯粹而简洁，它具有各种美德，也有缺陷。但我们看到，建筑有能力战胜它的缺陷。

"遮阳"——这项解答名副其实。实际上，它是一个面对各种困难的盾牌；如果愿意还可以为它添上"挡风"，它可以由透明的、不透明的或半透明的密闭的玻璃壁构成。一项建筑的战利品唾手可得：开发利用房间的第四面墙。我来解释一下：阳光透过一面玻璃墙面照亮处在不同位置的楼板；在尺度相当的"遮阳"的庇护下，位于楼板之间的高度各异的房间显现出来（22），举例来说：

a，房间很高，为了能够产生效果，相应地，"遮阳"的进深很大。

b，房间高度降低，"遮阳"的进深便相应缩减。顺便指出：a 和 b 的居住者可以根据需要，从里面或者从外面清洁他们的大玻璃窗。

c，同上。

a 和 b 的居住者将能够以有趣的方式组织他们玻璃墙面的巨大表面，将其分成固定的几块：透明或半透明，普通玻璃或厚玻璃，结合部分的彩绘玻璃或玻璃砖。还可以安装滑动木屏蔽，一层叠一层，从而能够像光圈一样调节玻璃的表面积至 30%、60% 或 100%。

玻璃墙面还可以包含家具元素：格架，书柜的搁板，原木板或饰面板等。这第四面墙自此被纳入居住的内部构成。

以 b 为例，只要愿意，便可以在玻璃砖中间安放一面明亮而坚固的玻璃，设置一道通往室外阳台的门；这道门将成为一个"人孔"，带有密闭的盖缝条；今后，制冷或采暖的费用将大大缩减。因为玻璃墙面可以根据需要构成"抗震"墙——这是我们为 1929 年莫斯科的中央局大厦发明的解决方案，是一项被拒绝的发明。它受到猛烈的抨击，因为情感的原因，因为物理学家古斯塔夫·列昂（Gustave Lyon）的话一言九鼎。

最后，c 处，在一堵由透明或半透明的物质（玻璃或塑性材料）构成的墙上，可以精心设置一处明净的玻璃舷窗，以满足我们的眼睛；或者只是开个简简单单的圆洞，作为直接的进气口，与"精确呼吸"（空气调节）的设备有效结合。从此，一种前所未有的灵活性将在有想象力、有创造力的人面前展开。

作为结束，我补充一点：在 a、b 或 c 处，"活瓣光圈"可以随心所欲地设置在室内或室外。"遮阳"是这样一种装置，即，从此以后，个人的创造性将得以发挥，却不致影响和破坏建筑的外部姿态。"遮阳"本身确立了一种强制性的秩序；在它的后面，在个人的鉴赏力和需要的无尽的多样性之中，生活将随心所欲地展开。

所有这一切关系里约热内卢正如关系美国，关系巴塞罗那正如关系阿尔及尔，关系佛兰德正如关系伦敦，关系巴黎正如关系莫斯科与斯德哥尔摩。太阳的问题是惟一的，从一极到另一极，随着四季的更迭，它引发了所有可能的细微差别，对应各种恰当的解决方案。这才是真正的地域主义应当介入建筑的渠道，而不是寻求以"花饰"来装点建筑。技术是一致的：钢、钢筋混凝土；而沿着经线的弧，太阳是有差别的，它从不同的角度射向地壳（23）。

造物主赐予我们全部的美和不可思议的多样性即在于此。我们当不愧于这自然的杰作。

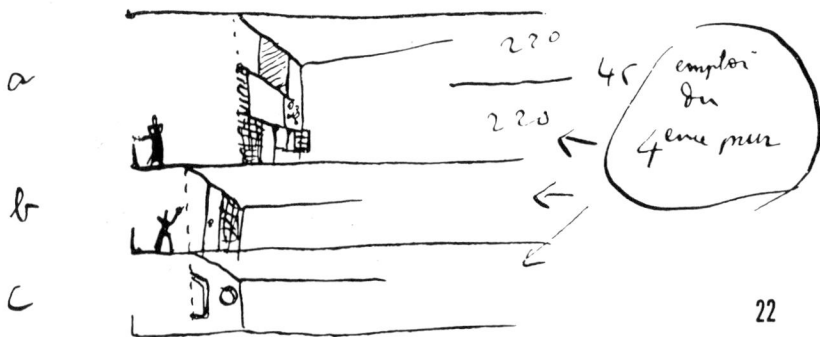

22

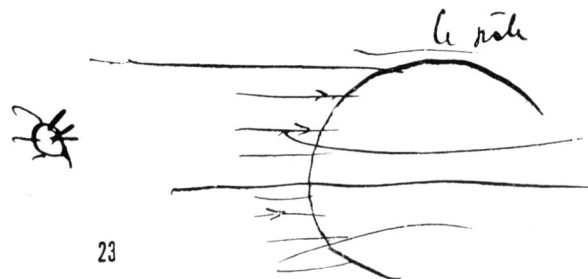

23

"遮 阳"

20年不懈的探索，只为阐明一种适合于现代城市城市化的理性的建筑原则。其中，玻璃墙面和底层架空柱的技术是最基本的要素。

玻璃墙面是无可估价的战利品，是现代技术的馈赠。玻璃墙面已经实现，但它的应用仍有待完善。因为太阳，这人类的伙伴在盛夏时节会变成无情的敌人，这在有些纬度尤为明显。所以，要找到一种装置，它能使太阳在冬季充分发挥效用，而在夏季的三伏天得到遏制。

对这一问题的思考体现在1928年为迦太基所做的初步研究中。

自1930年始，同样的问题摆在阿尔及尔的面前，于此，城市化的研究将导向一个将太阳纳入思考的解决方案。同样的思考也主导了1933年在巴塞罗那的研究。

1933年，在阿尔及尔的出租公寓方案中，设于南立面和西立面的玻璃墙面之前的"遮阳"，使这种装置的原则得到了完美的表达。[见《勒·柯布西耶全集（第2卷·1929~1934年）》]

1934年，同样的装置应用于法国北部工厂批量生产的住宅，它们将被运往阿尔及尔。于此，西向与南向的全玻璃墙面再次装备了"遮阳"。[见《勒·柯布西耶全集（第2卷·1929~1934年）》]。

"遮阳"再次出现于Oued-Ouchaïa居住区独户住宅的剖面图中，悬挑于南立面。[见《勒·柯布西耶全集（第3卷·1934~1938年）》]

1938年，在阿尔及尔大法院的初稿方案中，"遮阳"的形式转化为可进入的凹阳台，以此赋予其重要性。1939年，在阿尔及尔商业城的方案中（位于棱堡15，高150m的建筑），最终确定了凹阳台作为"遮阳"的应用形式。

同年，罗斯科夫的海洋生物研究所试验楼中同时出现了3类"遮阳"：覆盖南向玻璃墙面的"蜂房"；公寓的凹阳台；西向的垂直"遮阳"（采用垂直"遮阳"是因为太阳最强的热辐射来自水平方向）。

1936年，柯布应邀到里约热内卢，就国家教育及公共卫生部大厦的朝向，他采取了一种在这一纬度显得异乎寻常的方式，即，正北向（南半球）。在此，他使用了"遮阳"，由卢西奥·科斯塔和奥斯卡·尼迈耶领导的巴西建筑师委员会认真地将其付诸实施。这种"遮阳"是1933年在巴塞罗那和阿尔及尔研究的综合。Roberto兄弟设计的里约热内卢的第二栋摩天楼，也采取了反常规的朝向，并采用了垂直的"遮阳"。目前在建的第三栋摩天楼，设计师Reidy和Morreira，同样，在太阳落山的方向采用了垂直"遮阳"。

1928年

1928年迦太基别墅（初稿方案）。
"遮阳"顶板庇护整栋住宅

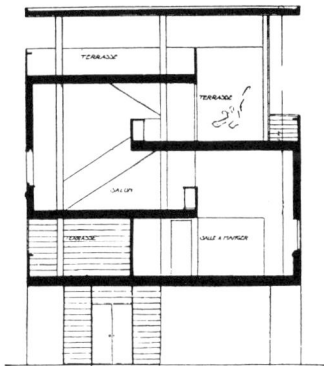

1928年

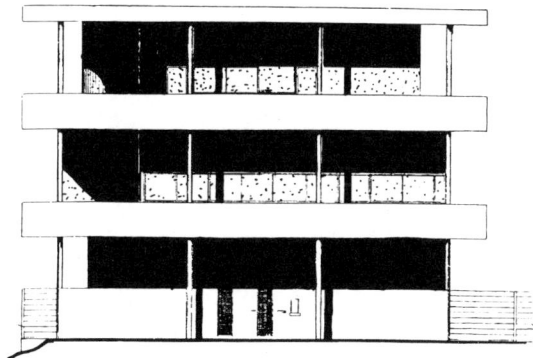

1928年迦太基别墅（实施方案），完全被"遮阳"环绕

1933 年

1933 年　水平薄板
巴塞罗那居住区方案

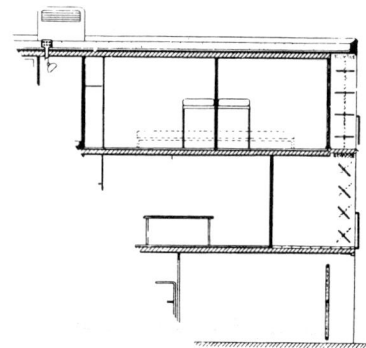

剖面图

1933 年

1933 年　阿尔及尔的一栋公寓楼
"遮阳"位于南立面或西立面

1934 年

1934 年　阿尔及尔的 Oued-Ouchaïa 居住区
"遮阳"位于南立面

1938 年

1938年 阿尔及尔大法院（初稿方案） 1.底层架空柱下的阴凉 2.凹阳台式"遮阳" 3.蜂房式"遮阳"

1939年

1939年 阿尔及尔商业城办公室
1 钢筋混凝土骨架
2 全玻璃墙面
3 凹阳台式"遮阳"遮蔽太阳、海面的反光和雨水
的装置

1936～1945 年

Clive Entwistle, 伦敦建筑师, 1945～1946年于伦敦举办的水晶宫重建竞赛中一份引人注目的方案的作者, 作为几部目前正在印刷的柯布著作的译者, 于1946年致函柯布:

"借这个机会, 我代表这里所有的年轻人向您表示感谢; 感谢您赠予建筑的新礼物: "遮阳", 一种光彩夺目的元素, 一把开启无限组合的钥匙。现代建筑降生了, 是您赋予了它一具骨骼 (独立骨架) 以及维持生命所必须的器官 (居住的公共服务); 一身光鲜洁净的皮肤 (玻璃墙面); 是您教它站立起来 (底层架空柱); 给它戴上一顶可爱的帽子 (阿拉伯式的屋顶花园)。现在, 您又给它穿上一件华丽的衣服, 可以适应各种气候! 当然, 您将成为一位骄傲的父亲……"

1936～1945 年 里约热内卢国家教育及公共卫生部大厦北立面的 "遮阳"

没有设"遮阳"的例子

1932年 巴黎庇护城。密闭的玻璃墙面。方案除了能够在冬季提供"热风"取暖外，还能够在夏季提供凉风降温（由于缺乏资金，后者的实施被拖延了）

1933年 巴黎公寓

1930~1932年 巴黎大学城瑞士馆

1928～1933年莫斯科中央局大厦方案考虑到在建筑内部分配“精确的空气”。玻璃墙面本该是一面“抗震墙”[见《勒·柯布西耶全集（第1卷·1910～1929年）》，P194]。但当局改变了主意，转而安装传统的暖气设备，结果夏天太阳的问题仍然没有解决。就建筑的现状而言，其解决方案应是在玻璃墙面前安装“遮阳”！

农垦区内的宅邸，北非，1942 年
（业主：Peyrissac 先生）

基本想法：一圈高高的围墙，"恶狗"护院；内部由建筑限定出几个独立的花园，以阿拉伯方式灌溉。

水平视野只朝两个方向开放：北面的大海，西面的 Cherchell 海湾和壮丽的 Chenoua 山；根据太阳和风向设置两处观景阁以供人逗留。

高原上有一片广阔的柑橘和番茄种植园，一直延伸至滨海的悬崖。

宅邸将建在悬崖的最高处，以便享有两面的风景：北面，大海；西面，Cherchell 海湾和著名的 Chenoua 山。

这是在 1942 年，此时此地已找不到专业的工人，材料也难以得到。所以，建筑的构思考虑由当地泥水匠来建造，用当地的石材砌柱、墙或矮墙。

一切建筑组合都建立在这一原则的基础上，由此将引发一种实与虚的精妙游戏，问题似乎回到了地中海最基本的传统形式中。

楼板用木材，拱形屋面用空心砖，皆由当地工人来建造。

细木作将仅限用方材，以确保虚墙面的分格。在分格之间，根据需要，将填充不透明、半透明或全透明的壁板。

这个区域地处荒僻的 Sahel，多有盗贼光顾，所以宅邸完全向内封闭，由高墙围合，有"恶狗"护院。建筑及两座"观景阁"的布局决定了阿拉伯式小花园的位置，适宜居住且变化丰富。

一个蓄水池用作（位于悬崖脚下的）番茄园的灌溉，兼作游泳池。

初稿方案相当准确，建筑完美地安置在基地上。

这一时期，正值法国被占领期间，人们谈论的只有民俗，都企图模仿古老的建筑。

这个方案，它满足最现代的居住鉴赏力，与风景完全融为一体；它紧拥悬崖的宽广，场所的荒僻，地平的壮阔。与消极的落后的地域主义相反，它以极简的方法，尽显建筑可能的辉煌。

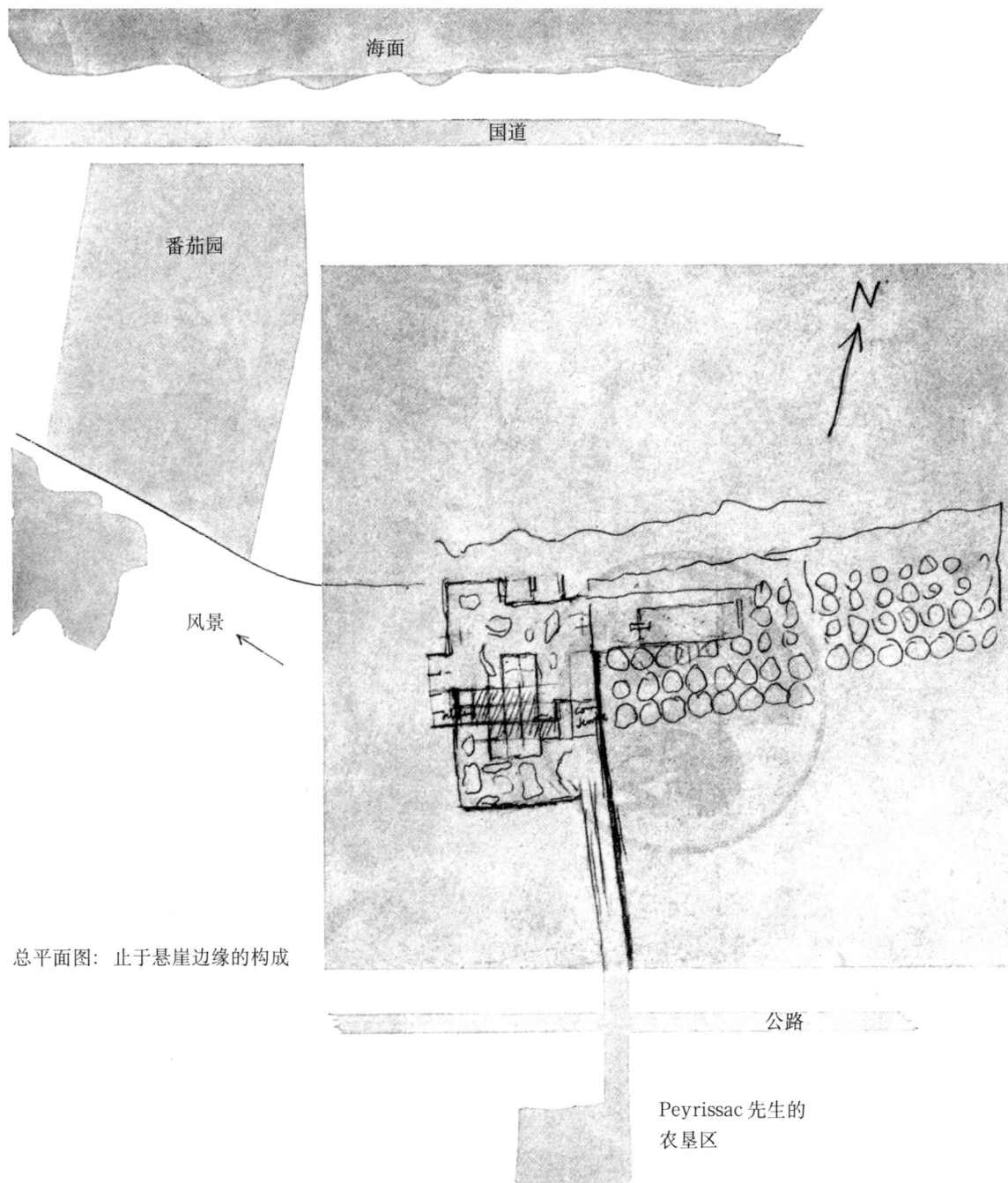

海面

国道

番茄园

N

风景

总平面图：止于悬崖边缘的构成

公路

Peyrissac 先生的
农垦区

大海

西向的观景阁

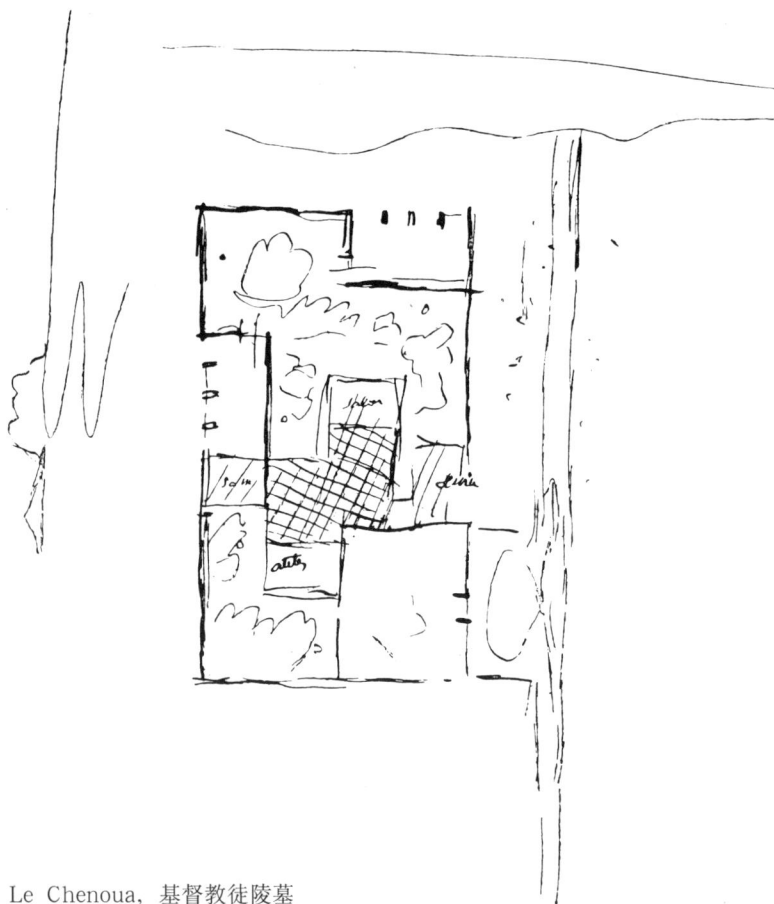

Le Chenoua，基督教徒陵墓

建筑要素：地平，大海，
台地，石柱和拱顶

涂成灰色的区域表示低矮的房间：层高 2.20 m；其余的
房间高 4.50 m。灌溉番茄种植园的蓄水池可兼作游泳池

首层和二层平面草图

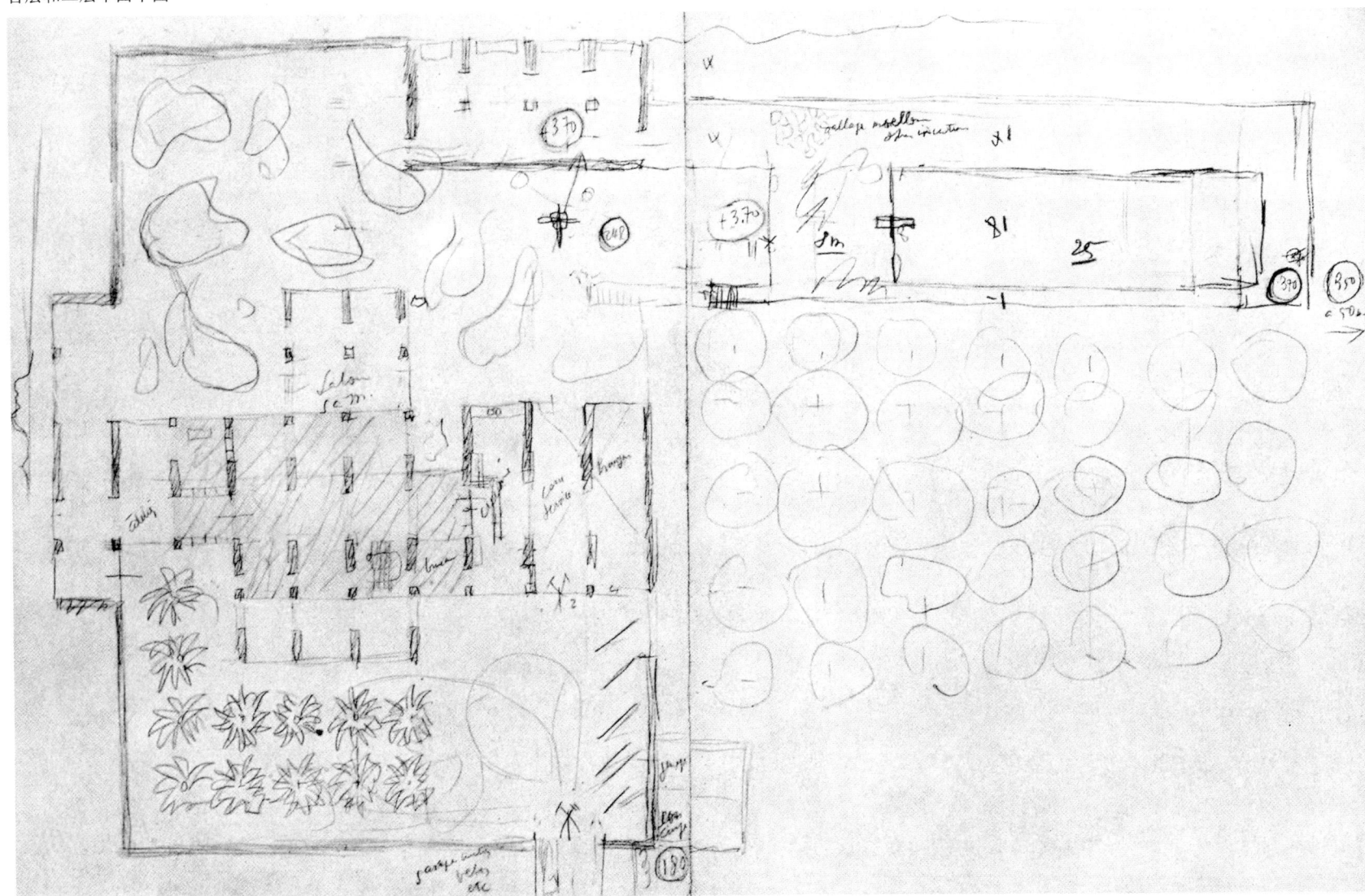

首层: 接待
二层: 套房
三层: 客卧
四层: 蓄水池

剖面草图

二层平面草图

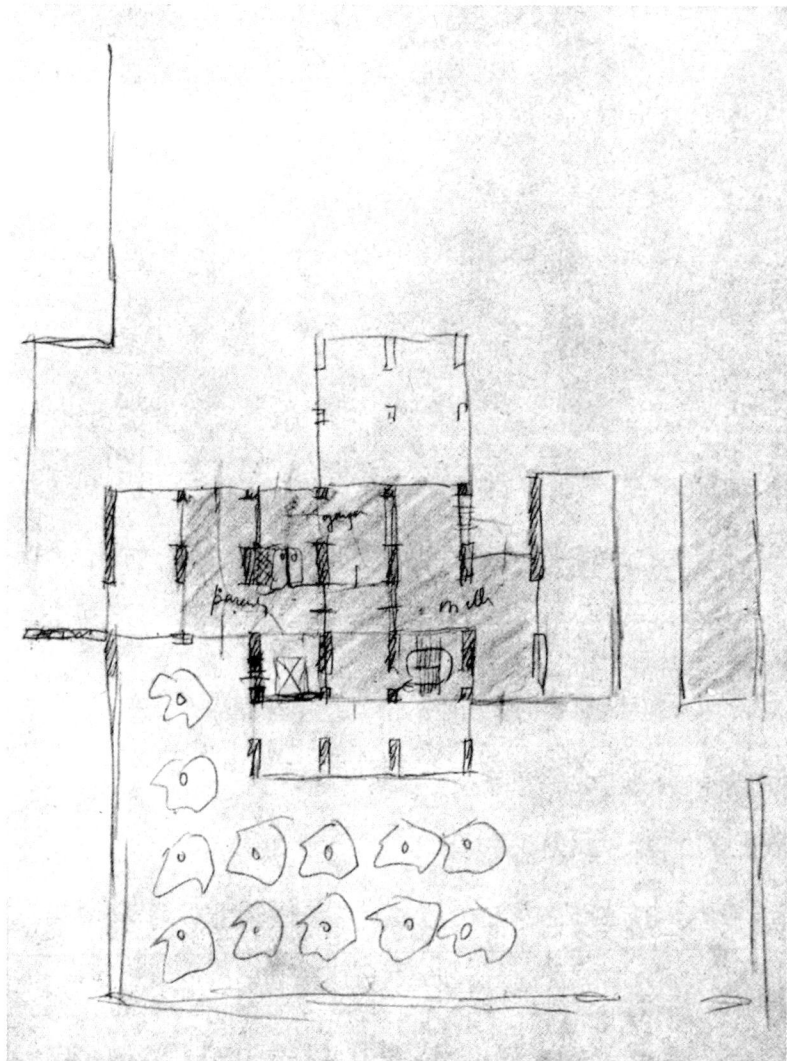

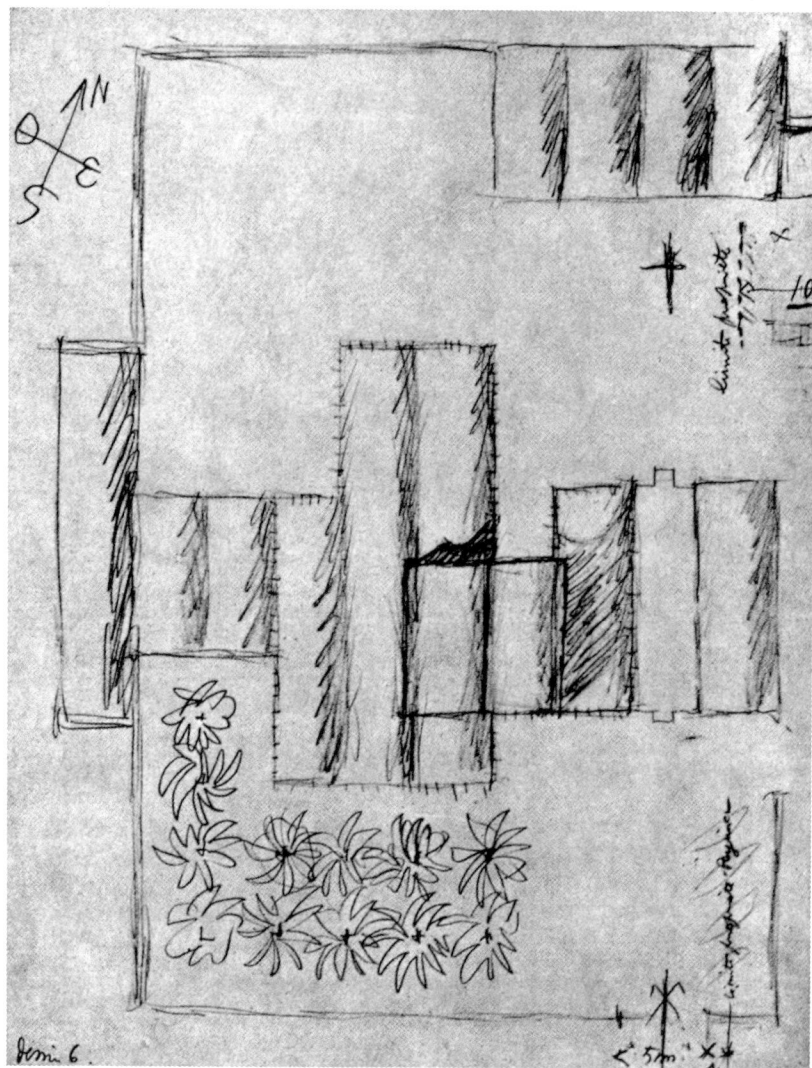

屋顶层
平面草图

缺少材料和专业的建筑工人：采用标准的跨度，以 3 种
砖石结构支撑拱顶——方柱＋半跨墙＋整跨墙＝组合的
游戏。

　　木楼板；每个开间以细木作围合，包括门、窗、不
透明或者半透明的壁板。

　　概括地说，3 种材料的游戏：裸露的石墙，刷白色
石灰浆的拱顶，木制的分隔

立面图（2 × 2.20 ＝ 4.50m）

"以现代的方式建造，我们获得了与风景、气候和传统的统一！"

——勒·柯布西耶

临时居住单位，1944 年

一段死寂之后，尽管法国仍处于德国的占领中，新的一轮研究开始了。自1940年以来，柯布受到了当时所有会议及委员会的排斥，他重新投入到个人的研究中来。

这里展开的一系列研究与"murondins"住宅一脉相承。将出现多样化的解答："临时营房"——"过渡性临时住宅"。

这些解决方案将在解放后提交。但，首要的是，如果技术人员之间、灾民与当局负责人之间，存在并将继续存在观点的不统一，那么方案就不可能获得成功。需要两年的时间来创立重建与城市规划部，需要等待一项政策的逐步成型。

起初，重建及城市规划部的政策无疑有一点谬见：不能，从来都不可能将重建的工作（满足灾民）和城市规划的工作（制定计划）交给同一个人，同一双手。重建——对灾民的满足——要求紧急、有力、当机立断的作风，需要性格鲜明的人，要能够即刻扫除障碍，摆脱惰性。

城市规划，相反，它要求一种独特的精神品质和日程安排。远见，沉思，智慧，生活的哲学，对社会、经济和政治透彻的认识，这一切都必须具备。

如此迥然相异的两种行动如何兼备于一身？！

"临时"建筑，1944年

它们临时，因为它们将作为两个社会之间的过渡。一边是今日之社会，其庇护之所被剥夺被摧毁，其所习惯的陈旧的生活方式将一去不复返；一边是新的社会，它将学习如何利用技术。

是时候了，不计其数的人被剥夺了所有，甚至是最起码的庇护，是把工具交到他们手中的时候了。运用这些工具可以解决部分日常生活的问题，从而减轻家庭生活的重负。

1. 建造

原材料匮乏：在此建议采用夯土墙（黏土混合碎麦秸，在模板间夯实）。

楼板和屋顶可以由标准跨度（确切地说有两种典型跨度）的混凝土小梁构成（因为没有木材和钢筋混凝土）。不需要屋架木工：楼板和屋顶直接安放在夯土墙上。

2. 组合

（1）、（2）两个模块的组合，将产生3种类型的住宅：

住宅1，最小；

住宅2，中等；

住宅3，由1和2组合而成。

可以容纳：

一对夫妇（住宅1）；

一对夫妇和 2 × 2 = 4 个孩子（住宅2）；

一对夫妇和 2 × 3 = 6 个孩子（住宅3）。

这三种住宅的比例，可根据需要随意调配。

就建筑而言：楼梯标准化，厨房标准化，卫生设备（淋浴，洗脸池或者坐浴缸）统统标准化。

3. 布局

住宅的门开向一条内部街道。宅前展开由草坪构成的公共绿地，没有一扇门向这个方向开启。主要的房间设在二层，那里的主客厅与阳台相通。（注意，剖面上有一处细节该受批评：位于下方的首层房间的立面应当与二层房间的立面对齐，以使阳台从居室中独立出来）

起居室中包含一个位于单坡屋顶下的附属空间。注意到平面中，由淋浴、洗脸池和坐浴缸构成的"水模块"是独立于墙体的元素，其中流线相当顺畅。设计考虑到它们将批量生产，并像家具那样成套送货上门。

公共草坪前方，是按户分配的菜园；更远处，是装备精良的鸡舍和兔棚，同样也是按户分配。这样的布局给居民带来了公共服务的便利：采暖，热水供应，环卫和充足的阳光。然而，一个重建工作的负责人却专断地说："没有一个法国女人会同意不在她的门前养她自己的兔子！"（如果是这样，就不会有任何改善法国人居住模式的建议被提出了）对此，柯布回答："好的，我下一本书的名字就叫《兔子会不会吃掉法国人？》……"

一个"临时"居民点

临时居住单位　居民点

学校

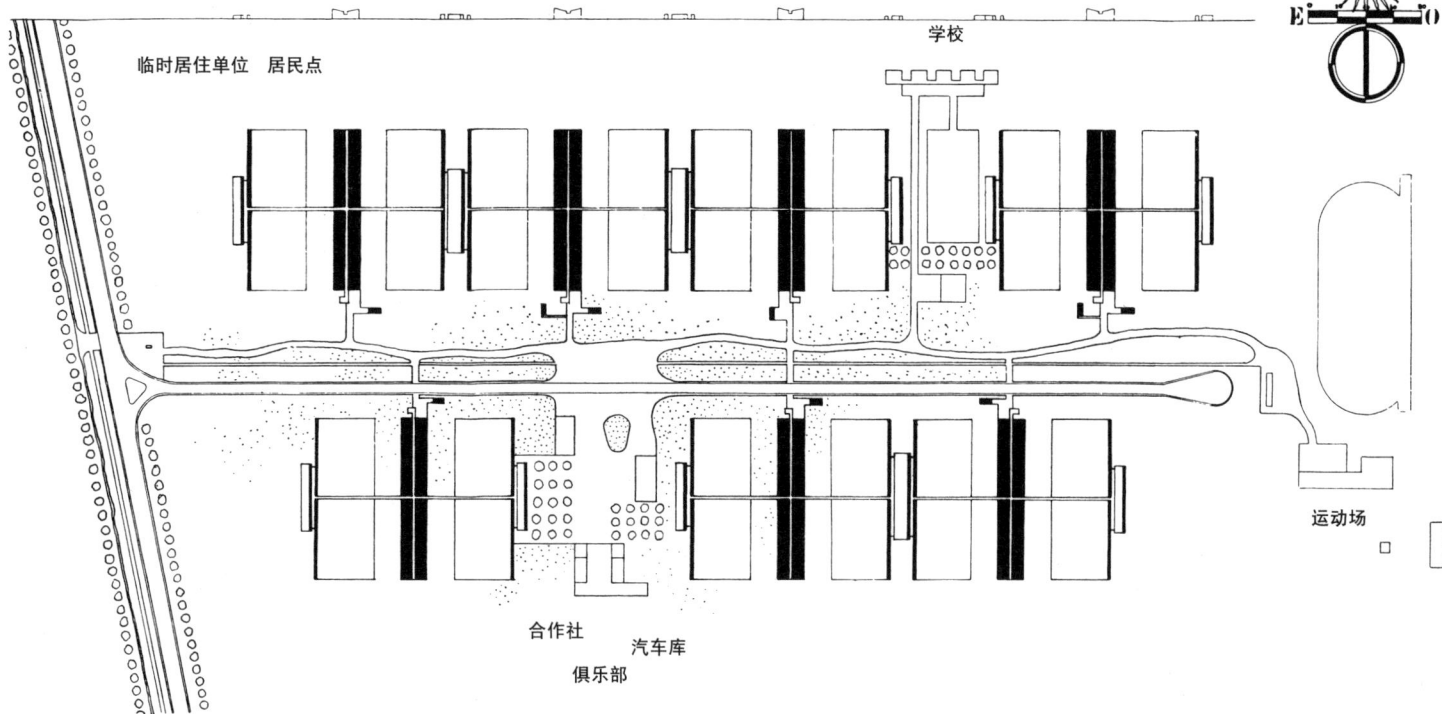

由"临时居住单位"构成
的聚居点

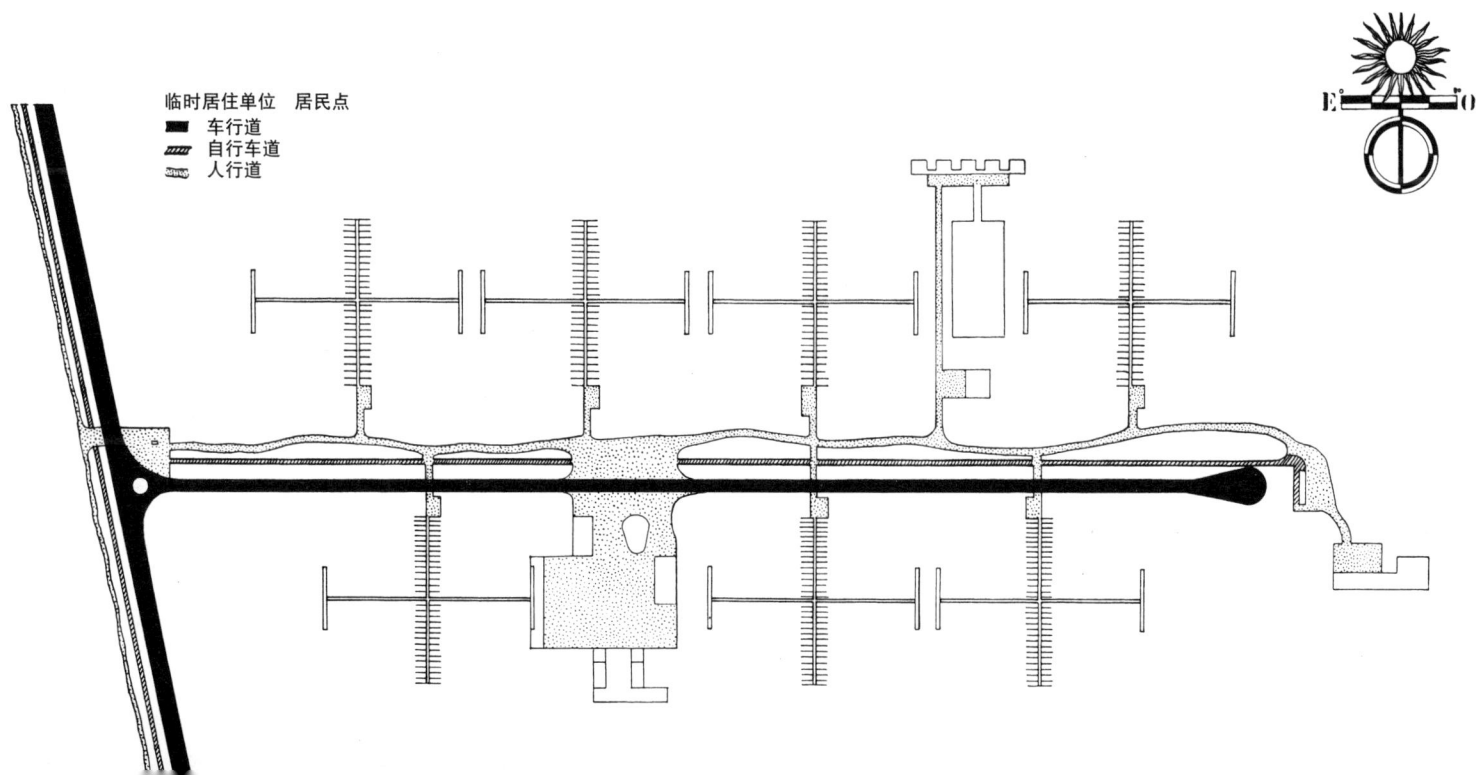

运动场

合作社

汽车库

俱乐部

临时居住单位　居民点
车行道
自行车道
人行道

交通

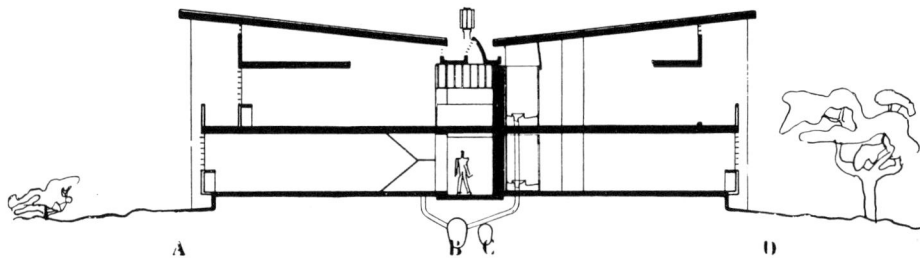

剖面图

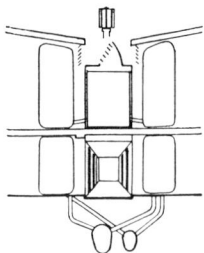

核

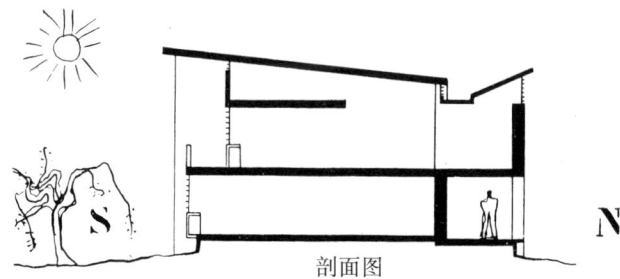

剖面图

南立面图

北立面图

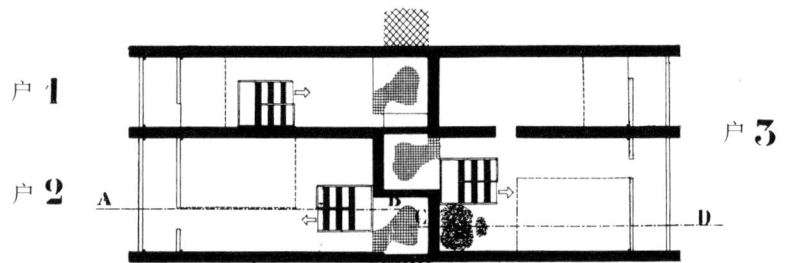

二层平面图

首层平面图

内廊式"临时居住单位"

标准楼梯
标准厨房
标准的卫生设备（淋浴，洗脸池或者坐浴缸）

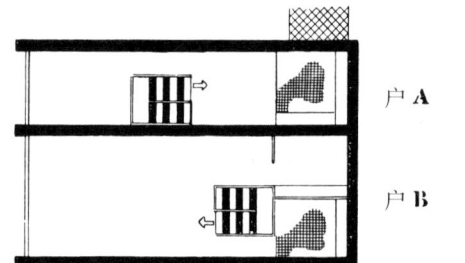

二层平面图

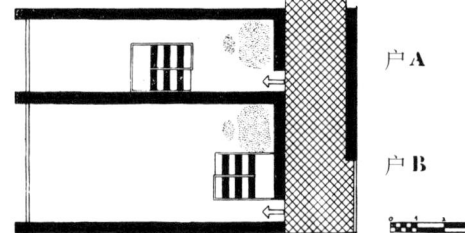

首层平面图

外廊式临时居住单位

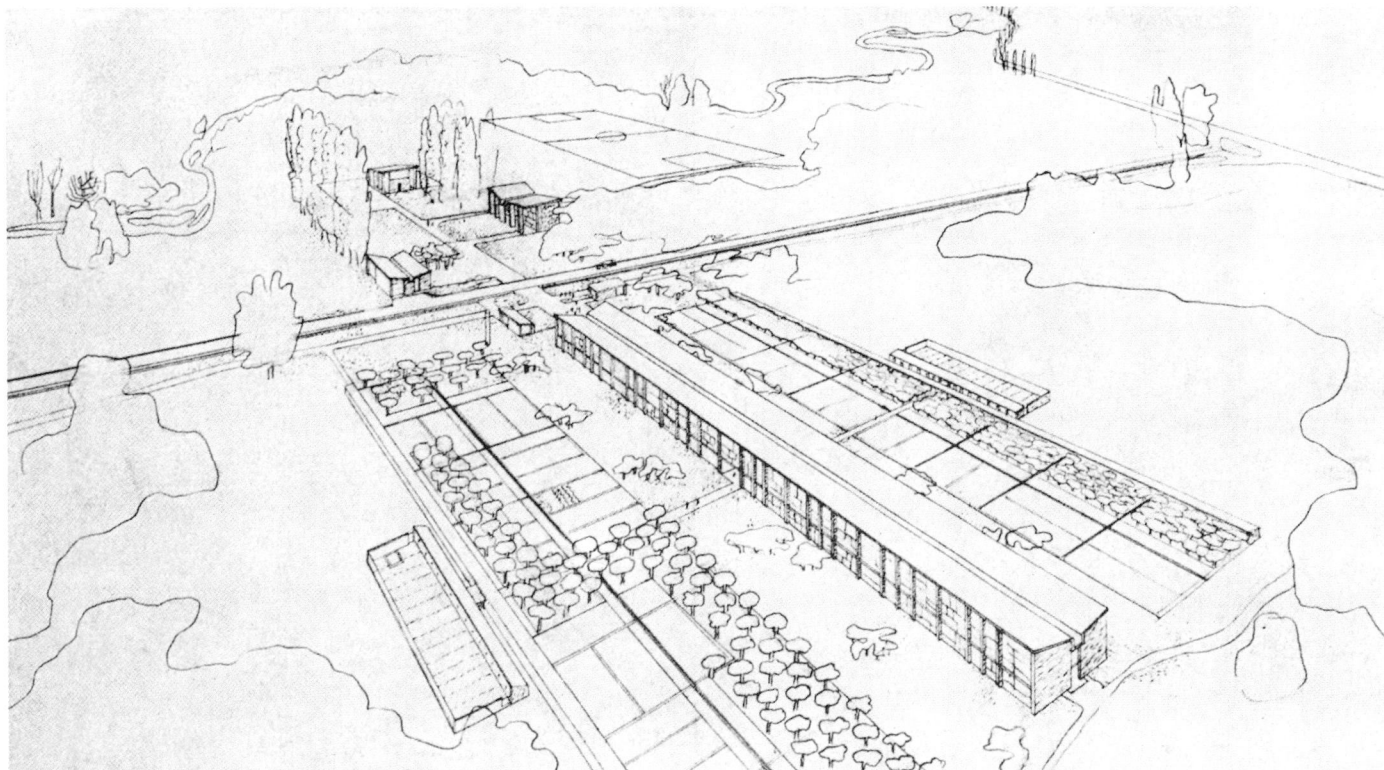

一个“居住单位”的鸟瞰图

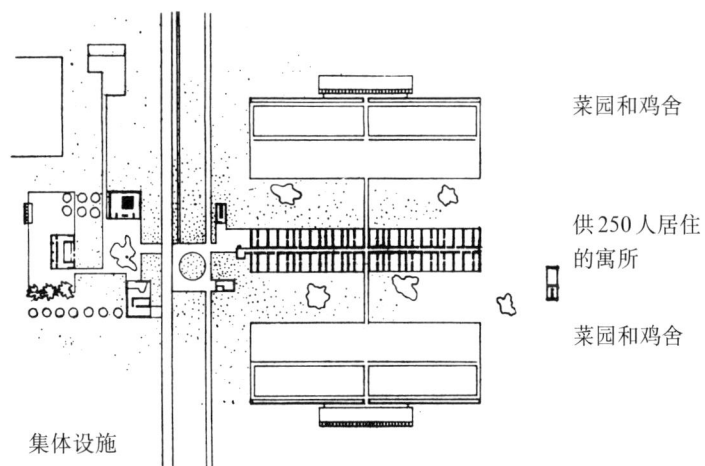

菜园和鸡舍

供250人居住的寓所

菜园和鸡舍

集体设施

一个供250人居住的“临时居住单位”

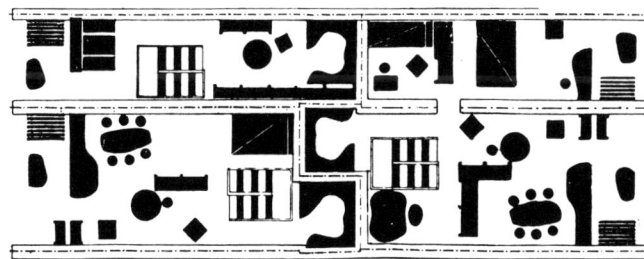

二层，设有起居室、厨房和露台

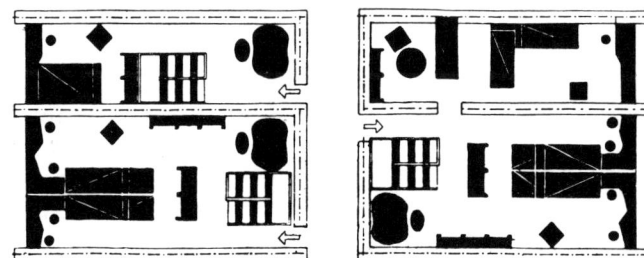

首层，设有内部街道、会客室、卧室和“水模块”

一个"临时居住单位"

"遮阳"露台

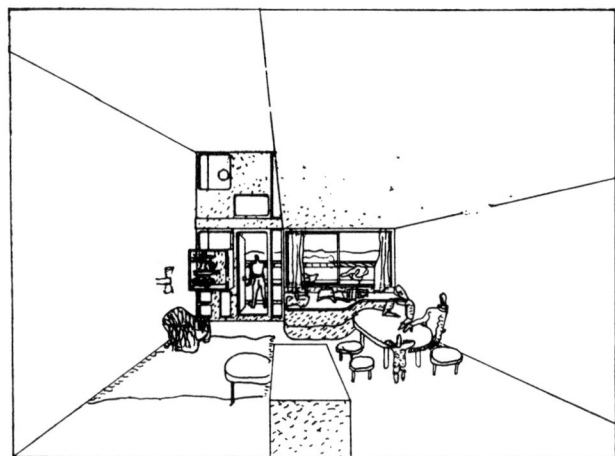

起居室

解放期间的过渡性临时住宅，1944 年

响应建筑师民族战线政策委员会的号召

要在即将来临的冬天，为被毁城市中的灾民找到立即可行的决居住问题的办法。还有几个月就要入冬了。于此，柯布延续了"murondins"的主题（主题的梗概在前面 P93 精细的平面和剖面图中得到了表达）。由此，大大小小的家庭将得到足以在夜间栖身的庇护。

众多的小室以 250 人为一组，构成 U 型的临时社区。

水，仅来自院中设立的 3 个水站，房间内不供水。

但是，每个房间都设卫生间，直接对外开窗。卫生间内将设便桶，不设下水系统（将由专人定时处理）。

中央采暖散热管道将在每间小室的顶棚下经过，为整间房子供暖。

方案的要点如下：

以 1000 人为例，他们将集中在 4 个"murondins"中，应当在被毁城市之外，选择最优秀、日照最充足的基地。

在这片认真选择的基地上，将建立过渡性的作为补充的公共服务。所谓"过渡性"，即通过它将新的习惯引入家庭生活。

另外还设有：门诊，餐厅，供给合作社，男士俱乐部，女士俱乐部，青少年俱乐部，托儿所，学校，运动场。

这住宅是"临时的"，只要不再需要，灾民们就无需多住一日。

夜晚，一家人聚在他们临时的住宅中；其余时间都用于工作，以重建他们的城市；或是在上述的集体设施中度过，在那里，他们将发现新型社会关系的合理表达：

向新的观念过渡——"学习居住"。

过渡性临时居住区

1000 位居民

儿童游戏草坪

选定的基址

被毁的城市

施诊所

合作社

餐厅

俱乐部

托儿所

学校

运动场

国道

锅炉房
采暖供热管道
水站
供水管道

1944 年 11 月 19 日

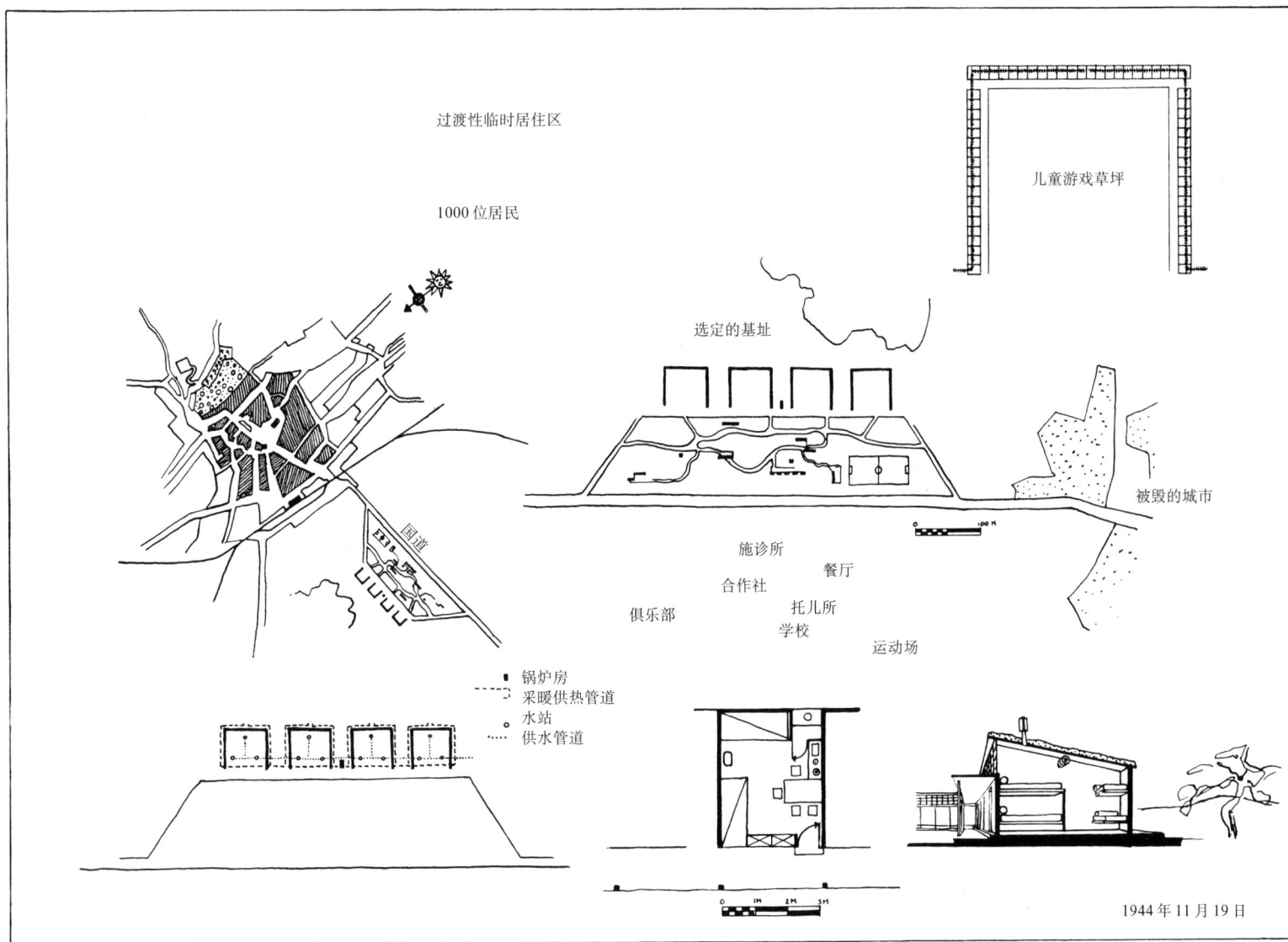

这个"过渡性临时住宅"方案所考虑的是：在冬季来临前的几个月内，在被毁的城市附近，将大大小小的家庭安置在一处足以栖身的庇护之中

圣迪埃的城市化，1945 年

问题由圣迪埃的灾民联合会向柯布提出。随着战争的结束，柯布被圣迪埃城聘为顾问。

该方案在法国内外引起轰动，尤其是在美国，它被视为法兰西生活意志毋庸置疑的表征。

这个规划被当作典范。1945 年秋，美国人在纽约市洛克菲勒中心娱乐区大厅举办了柯布西耶作品展览，该方案成为展览的加冕之作。随后，全部作品包括这个规划方案在加拿大及美国各大城市巡回展出。1946 年 1 月，柯布在美国逗留期间，这个规划在圣迪埃受到猛烈的抨击，至少是一时遭到了暗中破坏。

方案以一种极为清晰的方式陈述了一个工业化社会的生活条件；它协调工作地与居住地；它通过对居住的布局和安排，为居住者提供充分的修养身心的可能。再者，方案的布局围绕着一个突出的公民中心；它将再次带来为前诸世纪、为社会生活极大丰富的时代所熟悉的生活方式。

事实上，圣迪埃的重建是在特殊条件下被提出来的。德国人系统地摧毁了几个世纪形成的城市。（10000 位居民被疏散，3 天 3 夜，榴弹和炸药将这里夷为平地）

规划中包含一长列由典型标准元素构成的"绿色工厂"，位于默尔特河左岸，面向整座城市，构成一条长约 1200m 的突出的烽线。

河流的对岸，10500 位居民将找到他们的居所：首期的 5 栋居住单位，每栋约可容纳 1600 人；其余的居民将被安置在沿深弘线道路修建的独户住宅中，这些道路通向城市的心脏。

城市的心脏由公民中心构成，中间耸立着

圣迪埃（法国孚日省）被毁地区，近景为默尔特河

象征市民及国民权利的建筑，即，市政府、省政府、议会厅、会议厅、办公厅、法院等典型的行政（办公）建筑。

公民中心的一侧安排旅游设施、咖啡厅、餐厅、工艺品商店等。

另一侧是文化机构：宏大的集会厅，无限生长的博物馆（对此，巴黎国家博物馆的馆长，一位受最前沿的现代精神鼓舞的人士，表示他将很高兴看到，借圣迪埃重建之机将该种类型的博物馆付诸实施）。

在公民中心后方，山岗之上，教堂及其隐修院依然存在。

方案明智地修筑了一条堤坝，由此，夏天在默尔特河现有的峭壁夹岸之间将形成一大片平静的水面，构成一个引人入胜的社交及运动中心，正好位于加工工业城与公民中心及其居住城之间。

考虑到将来，规划还为另外3栋居住单位安排了位置。它们将逐渐吸收周围未受破坏的郊区——近几年草草建起的郊区。

圣迪埃的规划是面旗帜。它经受磨砺，不足为怪。这是一个真正的现时代的规划——现代技术，现代生活，现代审美，现代伦理。

见识了这样的规划，美国现代艺术博物馆诚请柯布为他们创建一个战争纪念碑的原型，作为全美的楷模。

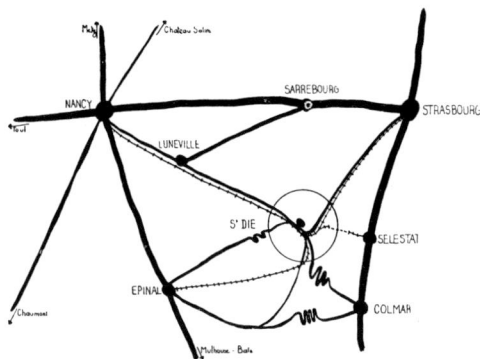

孚日省的圣迪埃

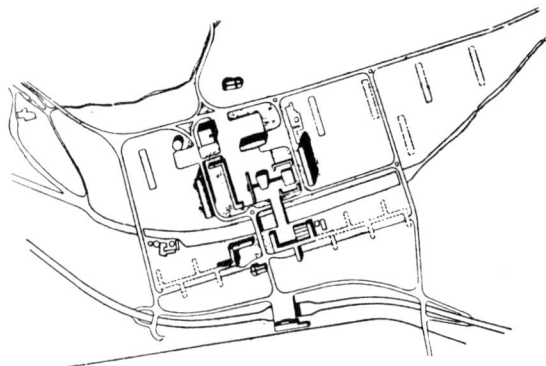

分阶段实施示意图

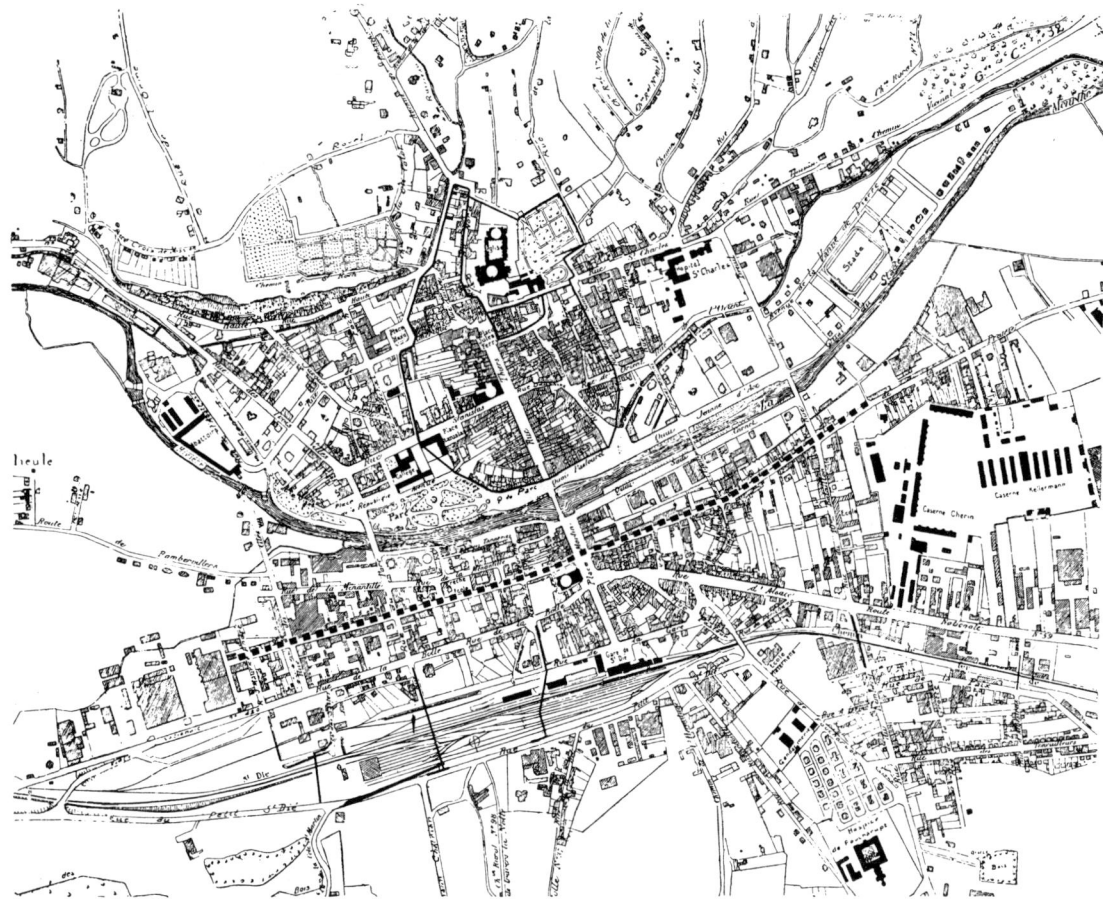

遭炸毁之前的城市平面图。加粗的虚线以北的区域全部被毁。封闭的黑线所圈出的是老城的范围

圣迪埃的公民中心及其行政中心的摩天楼

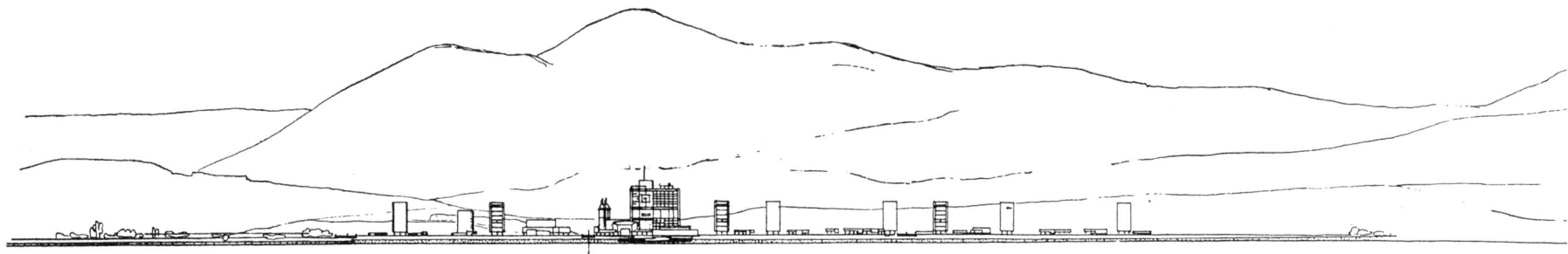

第一阶段及第二阶段全体建筑正视图

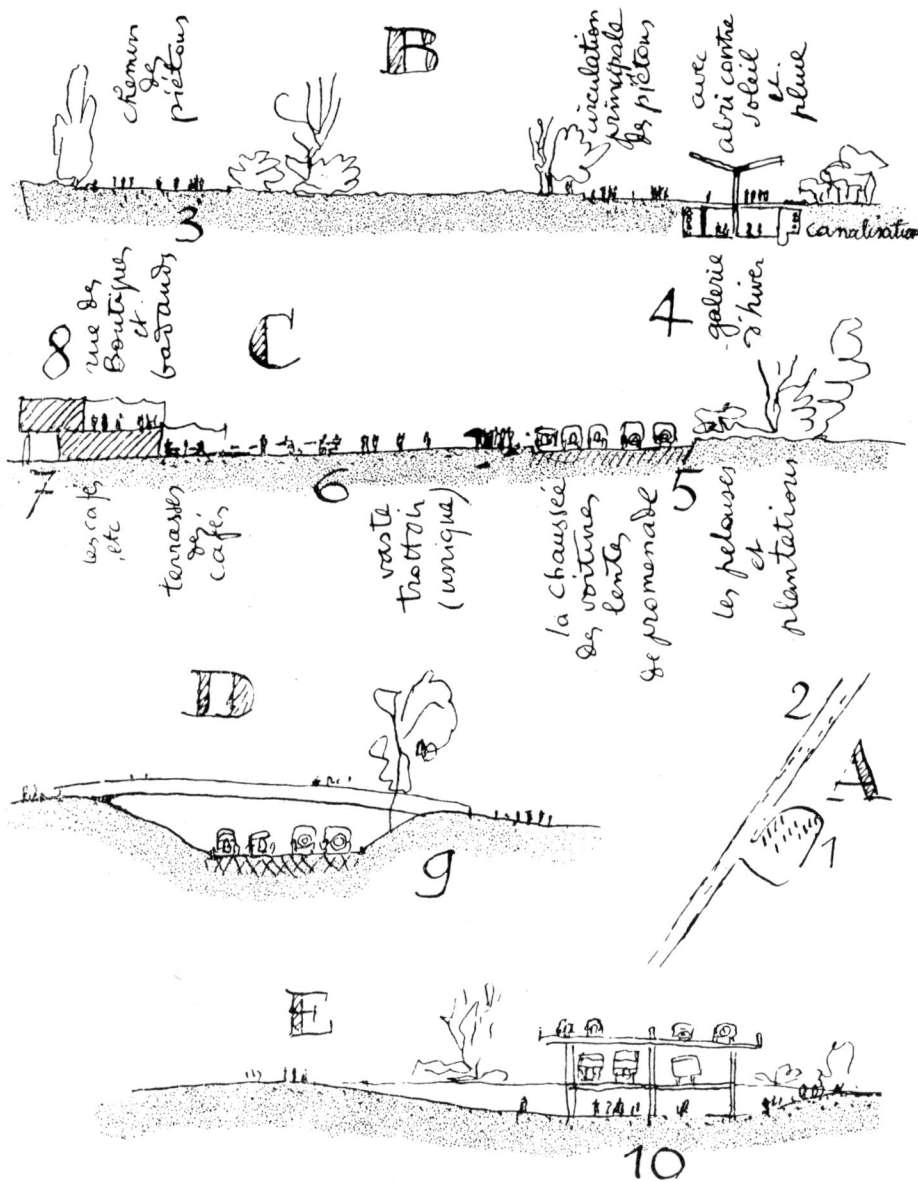

图 A
1   汽车港
2   高架快车道

图 B

3   人行道路，位于草坪和树丛之间的散步场所
4   一条宽阔的人行林荫大道，局部覆以钢筋混凝土的
     遮阳篷或雨篷，构成一道连续的遮蔽。该装置的剖面
     图为极寒冷的国度开创了一种位于地下的冬季游廊。
     还可以看到，通常埋在土里任其腐烂的管道系统被
     明智地安放于此，随时可见、可达、可维修

图 C

5   汽车慢行道
6   宽阔的步行道，咖啡馆的露台位于其侧
7   送货车通道
8   架高的工艺品店铺一条街

图 D

9   高速的小汽车行驶于沟堑之中

图 E

10   由底层架空柱架起的道路。地面上行驶的是重型车
     辆和有轨电车。行人沿着一种风景山谷形式的通道，
     从下方穿过这高速而危险的交通网络，他们对这铺
     展开来的巨大花园享有绝对的支配权

N

O — E

步行15分钟的距离

Echelle : 1/5.000 — 1mm＝5m

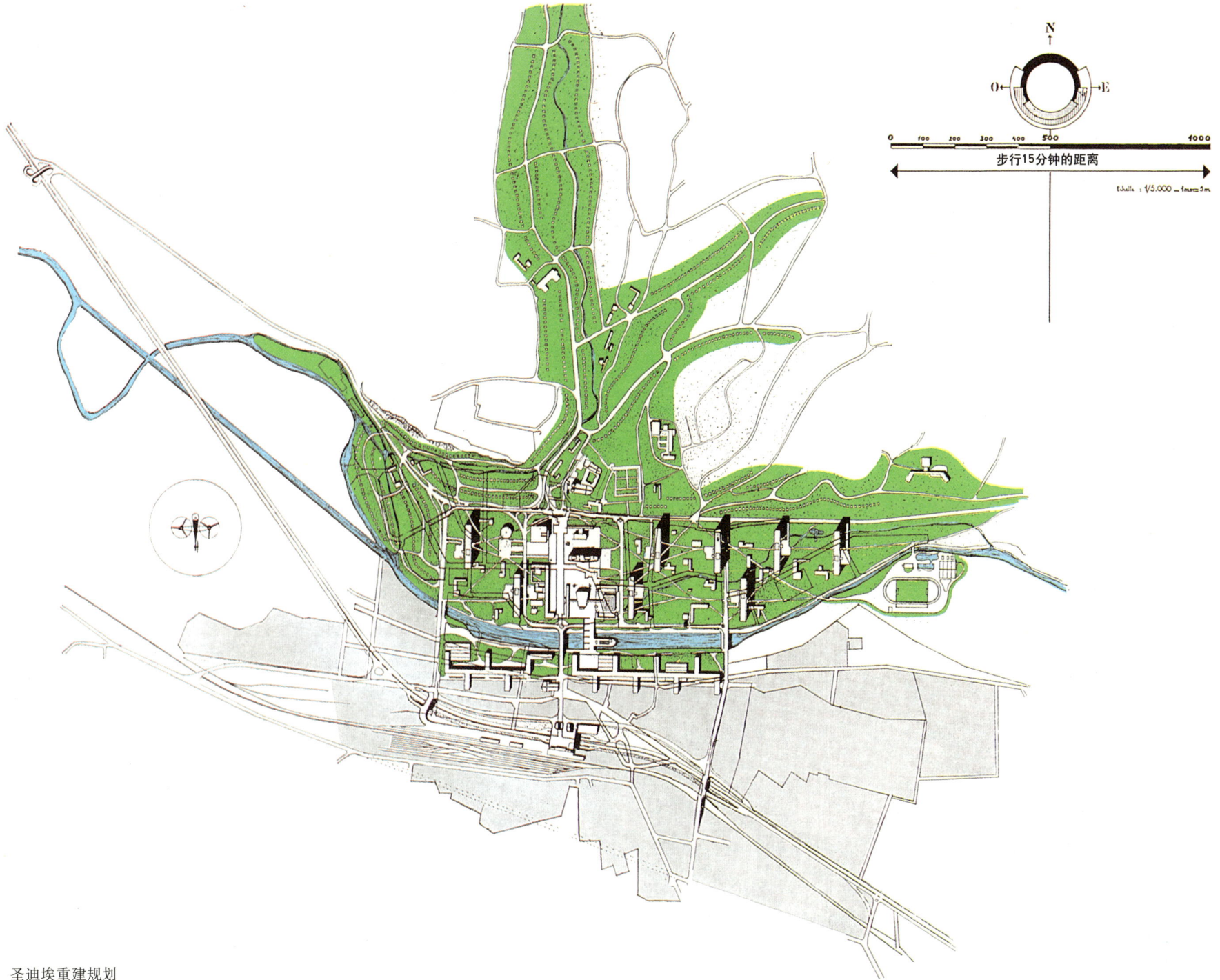

圣迪埃重建规划
默尔特河以南的区域（浅灰色）皆未受损

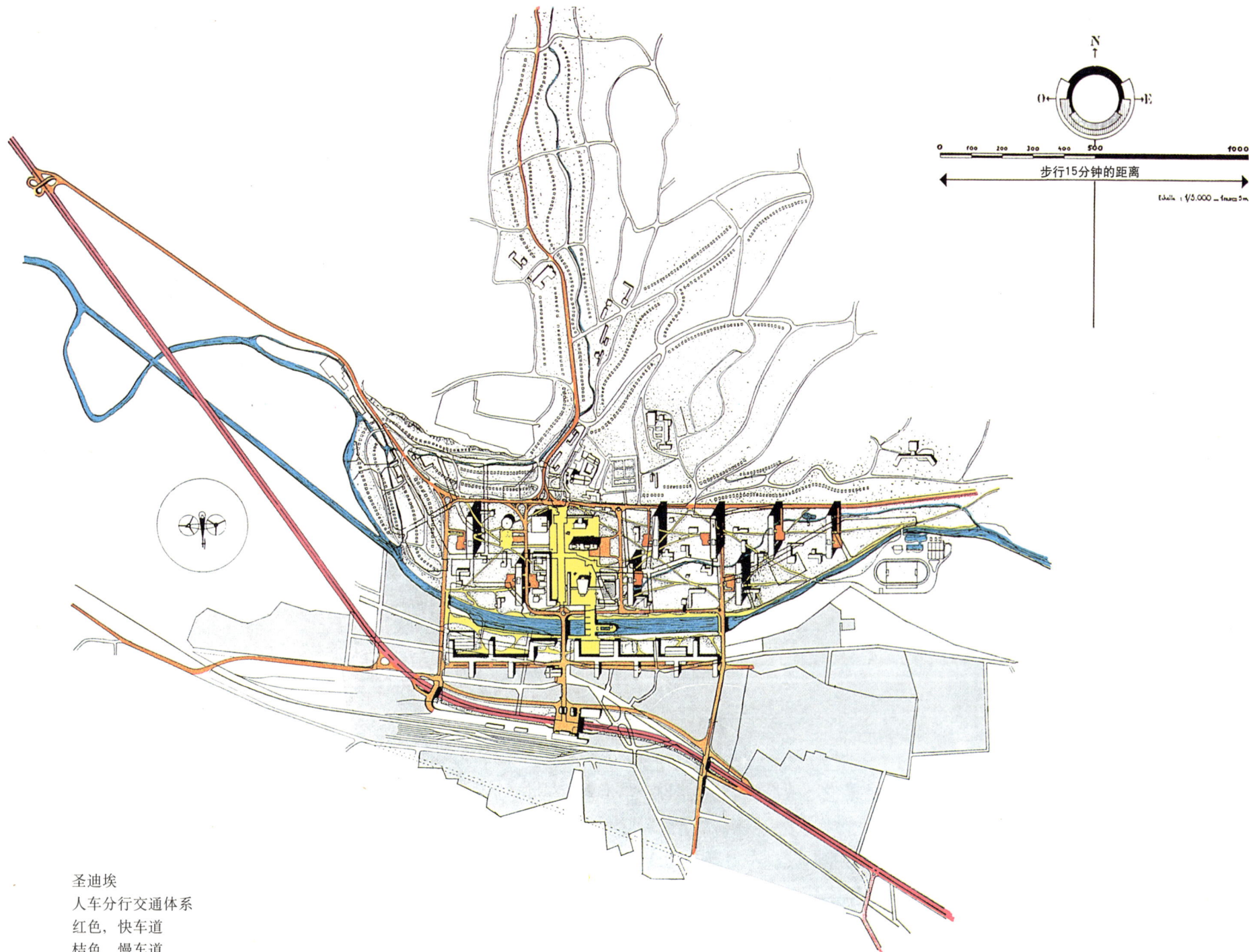

N

O — E

0 100 200 300 400 500 1000

步行15分钟的距离

Echelle : 1/5.000 = 1mm = 5m

圣迪埃
人车分行交通体系
红色，快车道
桔色，慢车道
黄色，人行道

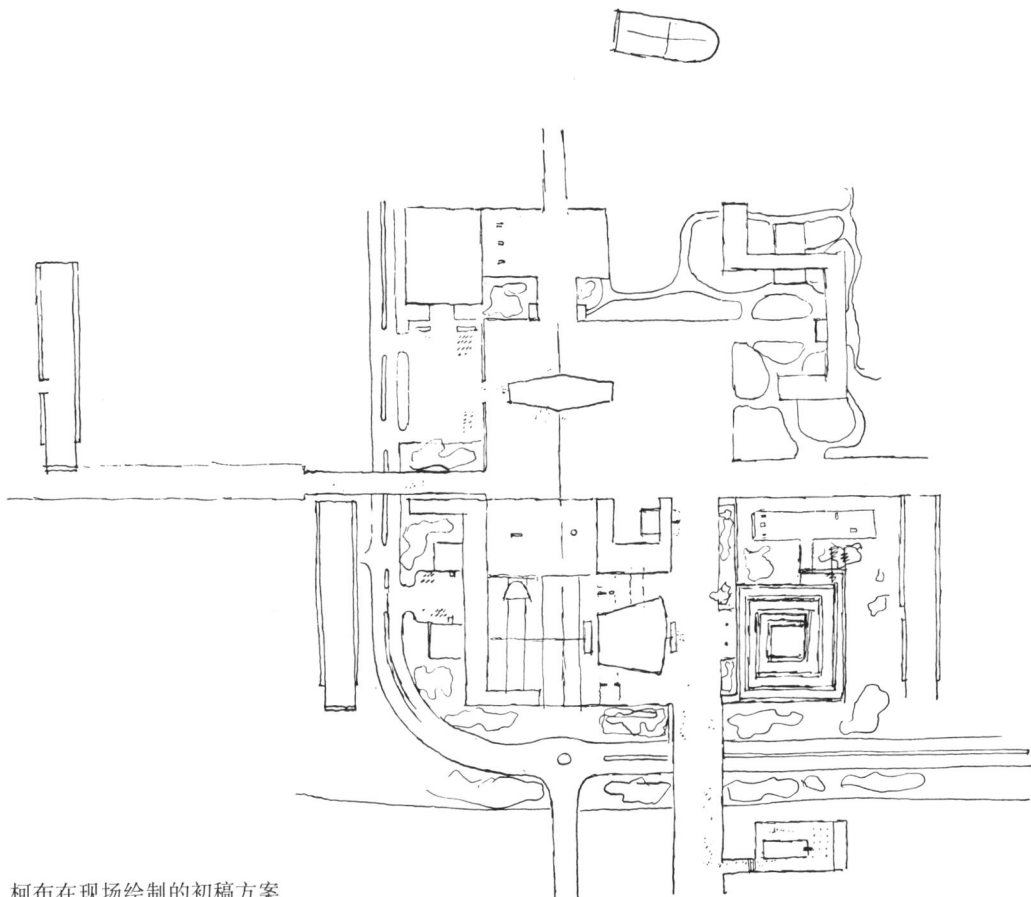

柯布在现场绘制的初稿方案

次页规划平面图的建筑说明文字：
1　行政中心
2　旅游业和手工业
3　咖啡馆
4　文化宫
5　博物馆
6　旅馆
7　商场
8　ISAI[1]居住单位（第一期）
9　工厂
10　游泳池
11　ISAI居住单位（第二期）

---

[1] ISAI，即由国家承办的旨在树立典范的建筑，见本卷
P170："尺度相当的居住单位"。——译注

N

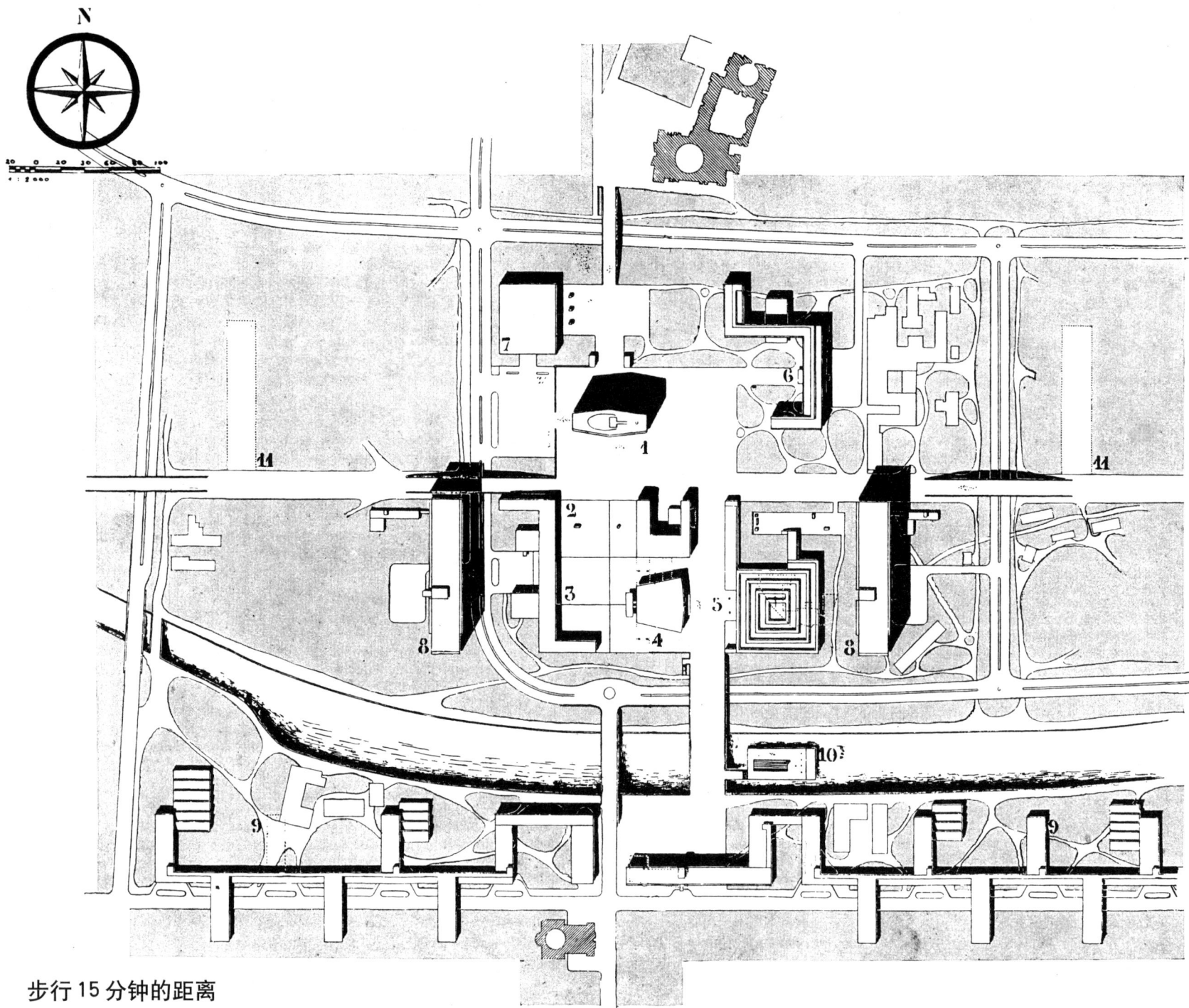

步行 15 分钟的距离

圣迪埃的公民中心（说明文字见前）

《关于一个屋顶花园的报告》

1940年，溃退——出逃！

巴黎空无一人。只剩下第九层的屋顶花园。1940年的炎热，1942年的酷暑，寒冬，雨，雪……荒废的花园不但没有消亡，反而焕发了生机。风、鸟和昆虫带来了种子，有些找到了适宜的土壤。玫瑰疯长，变成繁茂的野蔷薇。细草变成茅草，变成狗尾草。这里一朵金雀花，那里一棵野槭树。两株薰衣草变成了片片荆棘丛。太阳是主导。花草灌木根据它们的需要自在选址，自在定位。自然恢复了它的权力。

从这一刻起，这空中的花园将听任命运的安排，不再有人为的干涉；青苔爬上屋顶，草木各得其所……

可以断言：

1. 屋顶花园是对屋面的一种保护；它可以防止钢筋混凝土的热胀冷缩。

2. 如此一来，城市的屋顶将成为充满诗意的地方（注：布置了由合理穿孔的管子构成的自动灌溉系统）。

3. 由此，想到现代村庄和农场的问题，其平板或平拱屋面将覆以土层（厚20～30cm）。风、鸟和昆虫将各司其职；自然总能如愿以偿，它拥有各种环境所需要的一切。

《屋顶花园？》

屋顶露台，平屋顶？

建筑师优柔寡断，甲方惊惶失措：尤其不要平屋顶！可以举出上百个屋面渗漏的例子！

它们漏，是因为它们粗制滥造。像佩雷，像我们，像其他的建筑师一样，我们选择平屋顶。进一步，我把探索和实验发展到屋顶花园（人工养护）；再进一步，便是在此呈现的这个屋顶花园（处于野生状态）。

1925～1930年，在我关于城市规划的报告中（见《精确性》），我对我的听众讲：这是底层架空柱，由此将解放地面，为行人赢得100%的土地。从今往后，行人将与汽车分离。还有屋顶露台，不止于此——还有"屋顶的花园"，通过这种做法，将意想不到地再获得5%、10%甚至30%的人造地面。兴建城市，您将拥有105%、110%甚至130%的自由土地！这是异想天开的闲谈？不，这是算术。

关于乡村，我想，村庄和农场（谷仓、住宅、马厩等）的屋顶（钢筋混凝土薄壳平拱）应当是绿色的屋顶。

经验告诉我们，对钢筋混凝土屋面最好的保护莫过于在其上培植花园。它将抵消由于可能的干扰而引起的热胀冷缩。

不过，我无需"培植我的屋顶花园"，我任其自由生长。玫瑰疯长，变成了繁茂的野蔷薇。细草变成了茅草，变成苗壮的狗尾草（这正是我的狗的名字）；季节不同，苜蓿会开出白色、粉红色和黄色的小花。一天，一颗悬铃的种子乘着暴风雨而来，我注意到这株幼苗，它虎视眈眈地要长成大树。鸟儿带来金雀花的种子，春天，浓密的花朵与近旁的丁香相映成趣。10年前，我种下一株别人送给我夫人的铃兰，现在，每年五一都有百朵铃兰竞相开放。常春藤，小灌木，生机勃勃的花朵，晒晒太阳吹吹风，从今往后，它们将由自然的意志来塑造，我强调——由自然的意志。1940年5月的一天，我同我的邻居巴黎城市花园的园长谈及此事，他对我说："别担心，由它去吧，自然会眷顾一切。无论是干是湿，风、鸟和昆虫将为您覆土的屋面带来各式各样的种子。找到适宜生存条件的种子将苗壮成长。自然拥有一切，让它们各得其所……"

勒·柯布西耶

冬日里的屋顶花园

屋顶花园，1932 年创建于巴黎一栋出租公寓的第九层；
自 1940 年一直处于野生状态，这里有：
常春藤、金雀花、丁香、卫矛、黄杨、悬铃（野槭树）、
野蔷薇、黄菖蒲、侧柏、
铃兰、薰衣草、百合花，以及各种生机勃勃的植物。该
屋顶从未出现渗漏

巴黎规划，1945 年

《城市规划的意图》（巴黎 Bourrelier 出版社出版）一书完成于 1945 年，其中呈现了一份巴黎的整治规划巴黎 1937 规划）。这是一项持续了 25 年的研究，对这一主题的思考从未间断。

通过这张简略的草图，可以看到对诞生于 1922 年的构思所进行的愈来愈精确的调整。

巴黎的中心真正与巴黎的地理、地貌和历史融为一体。在蒙马特尔与布特肖蒙之间的谷口上，将耸起 4 栋办公建筑。

在这 4 栋建筑的前方，通过相继的几个阶段，广袤的绿色将取代现有的简陋房屋，而历史的珍迹将得到保护。这张简略的草图生动有力地表达了为大城市的命运树立的希望。

世界上所有的大城市无一幸免，向着乡村，它们溃逃，它们摊开，它们被稀释；这引起并导致了极其严重的社会后果。在此，我们看到巴黎恢复了镇定，它安于这片沃土，居于自己的正中心，惟有生机勃勃的建筑方能确保它的未来。

下文节选自那篇著名的"来自艺术家"的抗议书，1887 年 2 月，正值艾菲尔铁塔基础开挖之时：

"……艾菲尔铁塔，连美国的商务部门都不屑一顾，毋庸置疑，它必将成为巴黎的耻辱。没有人不这样说，没有人不这样想，没有人不对此感到深深的苦恼；我们只不过是所激起的民愤的一个缩影。最终，当其他国家的参观者莅临我

们的博览会，他们会惊叫：'什么？法国人竟找来这等丑陋的家伙向我们炫耀他们自诩的品味?！'它们嘲笑我们，他们有理由嘲笑我们。因为，巴黎，壮丽的哥特巴黎，Jean Goujon 的巴黎，Germain Pilon 的巴黎，Pierre Puget 的巴黎，François 的巴黎，Rude 的巴黎，Antoine Louis Barye 的巴黎，将成为艾菲尔先生的巴黎。

"要了解我们的所指，只需要想像这一幕：一座滑稽至极的铁塔，俯临整个巴黎，如同一根巨大的黑黢黢的工厂烟囱，用它那粗蛮的身躯倾轧巴黎圣母院、圣礼拜堂、圣雅各教堂、卢佛尔宫、残废军人院和凯旋门。我们所有的建筑物都成了侏儒，我们所有的纪念碑都蒙受耻辱，一切都将在这可怕的梦魇中隐没。20 年，我们将眼睁睁地看着这颤动的犄角戳穿几个世纪沉淀的辉煌，眼睁睁地看着这由钢板螺栓筑成的可憎的躯体投下它那墨渍般可憎的阴影……"

巴黎，一座奇迹般保存完好的城市，它将选择萎靡，怠惰，止步不前么？？——整个世界都在重铸：美，苏，英。

平原向着圣丹尼伸展，古老的建筑刻下岁月的痕迹，而今已失去意义，作为历史的见证，它们聚集在河流两岸；远处，4栋宏伟的建筑统摄广袤的空间，彰显着一个文明的荣光；这文明远未自弃，它为自己重新确立了行动的准则。

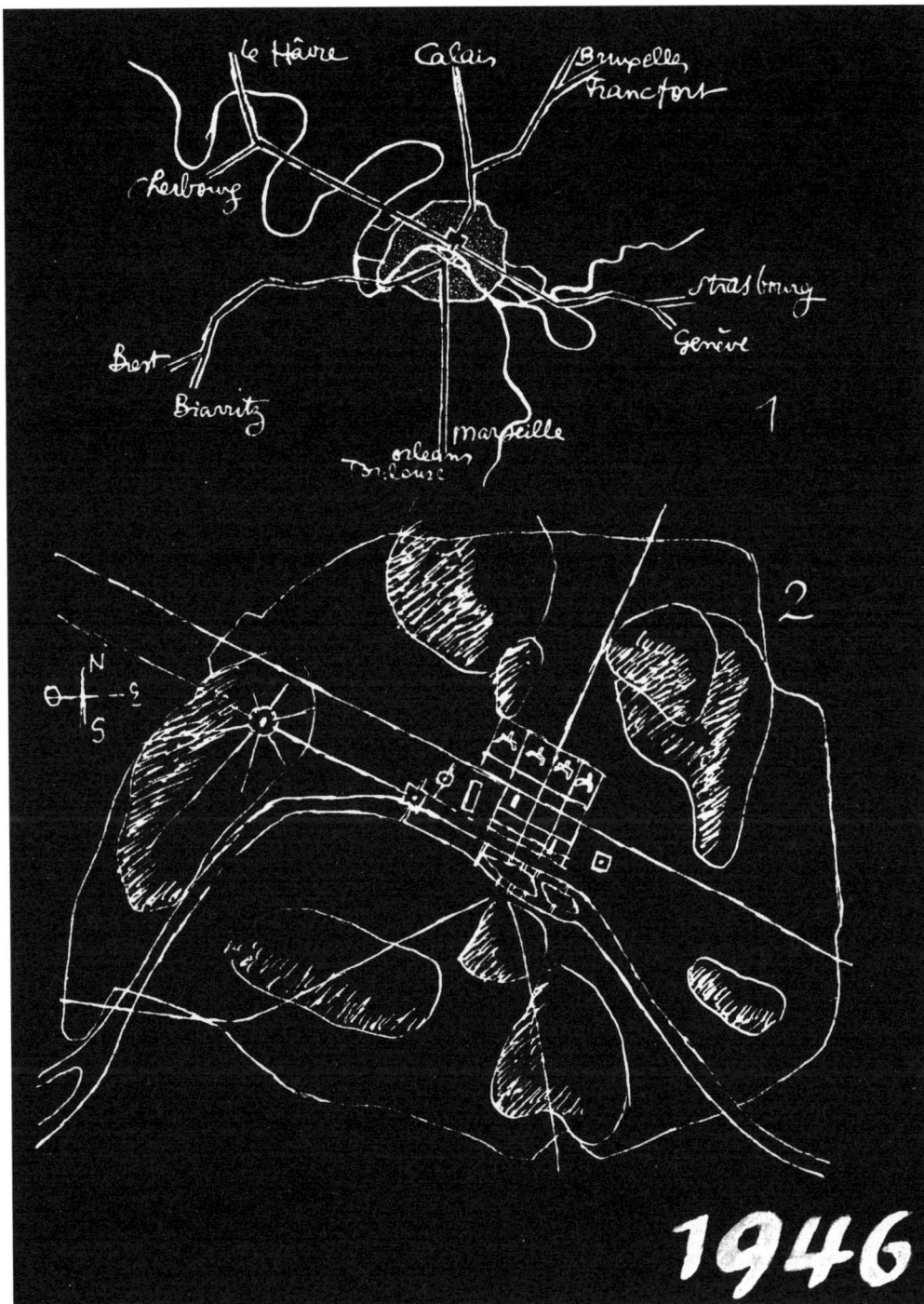

PARIS ATTEND DE L'EPOQUE :

LE SAUVETAGE DE SA VIE MENACÉE
LA SAUVEGARDE DE SON BEAU PASSÉ
LA MANIFESTATION MAGNIFIQUE ET
PUISSANTE DE L'ESPRIT DU XX° SIÈCLE

1922

1925

1930

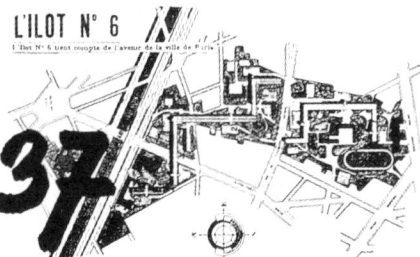

L'ILOT N° 6

1937

1937

是当代的灾难，还是空间彻底的解放？

面对满目的疮痍，欧洲诸国投入到重建的工作中来，这是建筑的问题，这是城市规划的问题。

实际上，同业人士、建筑师和城市规划师，他们意识到摆在面前的新问题是如此错综复杂；问题在全新的基础上提出，解答尚未出现，或者，出现了却即刻被证明无能、无效、脱离现实。

现实，是可用的劳力，是可用的材料，是时间（工作的日程表），是金钱……有多少学院式的解决方案无法回答的问题，就有多少需要建筑和城市规划重新加以思考的问题。

要重新思考，就要破除陈规。不是为了否定而否定，否定，是为了提问："实际的问题何在？"我们意识到，问题在于为人提供居所。但，他是什么样的人？他具有何种习惯，何种习俗？以何种方式生活？单身、夫妻、家庭还是，集体？他从事何种工作？如何安排一天的每一小时？一年的每一天？他生存的目的是什么？他的理想和快乐又是什么？

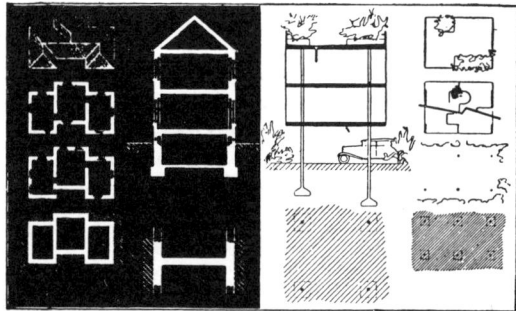

我们感觉到需要明确一些朴实的问题，建筑师在很大程度上成为社会的组织者。尤其当这名建筑师投身城市规划，便更是如此。

然而，城市规划面临难以逾越的障碍——

维护私有财产的法规授予个人反对集体的民主权利，它缺乏个体与集体之间的相互协调，缺乏对彼此权利和义务的明确规定。

混乱，这正是革命的状态，整个世界身陷其

当代的灾难

A　绿色城市：阳光，广阔的空间，草木的青绿

B　城市荒漠

C　花园城中的流离与幻灭

3种主要居住类型的比较研究：

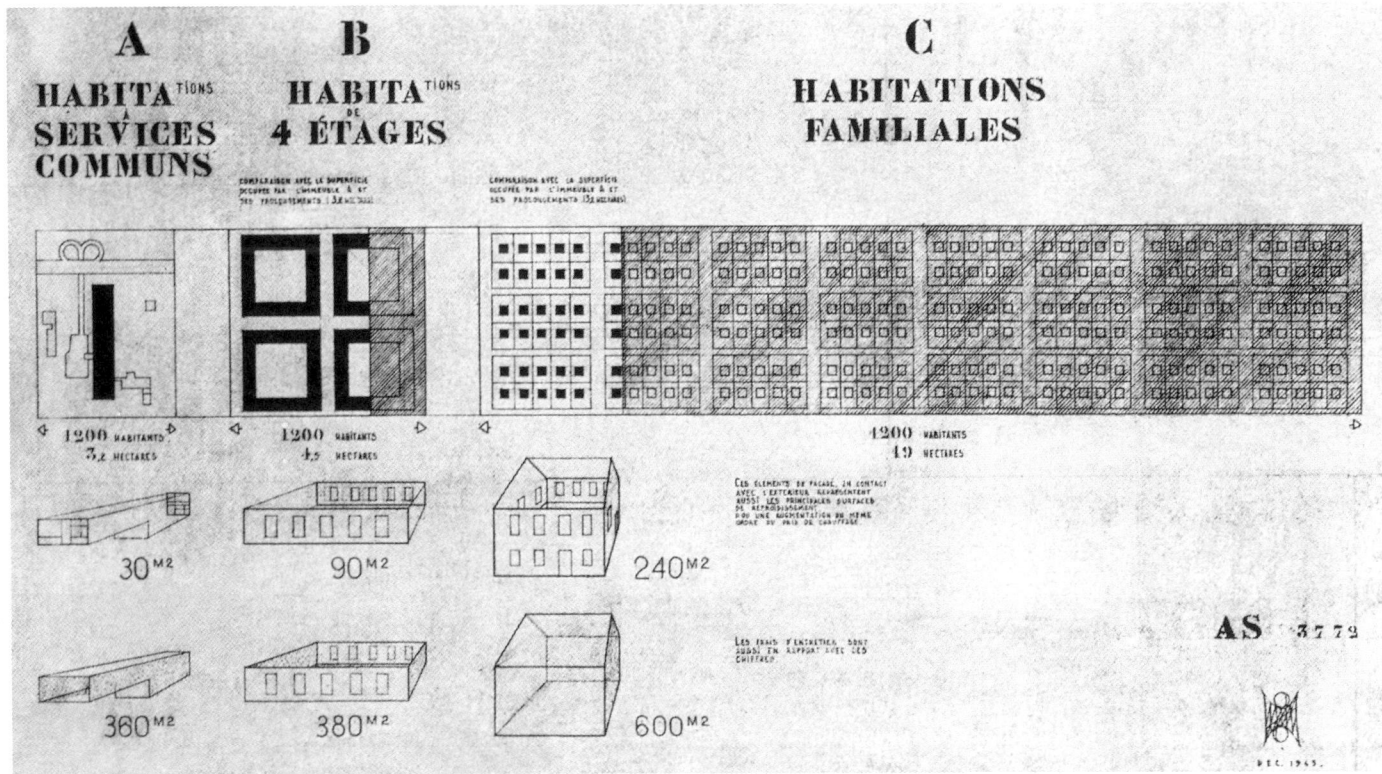

容纳 1200 位居民所需的面积

每一户的立面面积

每一户的墙、屋面及楼板面积

中。自从机器的速度取代了人步行的速度，取代了驴的速度，取代了马的速度；机器的速度就搅乱了世界的事务，搅乱了世界的认识。机器的速度搅乱了一切。本以为它将通过公共交通的建立带来问题的解答；可实际上，它为机器文明带来的是郊区，是远郊区，是卫星城。一句话，机器的速度带来城市聚落可憎而可怕的扩张（美国城市的直径已突破100km）。

这种扩张使24小时的太阳日变得羸弱不堪，它甚至危及社会的稳定。另一方面，它让社会负担起供养这巨大浪费所需的开支。我们中的每一个人，在世界的每一处，通过每天三四个小时的工作无条件地支付着这笔开支。是徒劳！是扯淡！

人们不知道该如何居住了。对郊区和乡下的青草绿树，他们趋之若鹜，追逐空幻的自由。然而，在那里，他们又挤作一团。这便是现实社会最骇人的骗局：水平花园城。

图A　第4种路：空路
　　　4种路：公路，水路，铁路，空路

图B　乡村：
线形工业城：

1　合作中心
2　直升飞机基地
3　航空港
4　水上航空基地
5　城市航空港
6　航空站

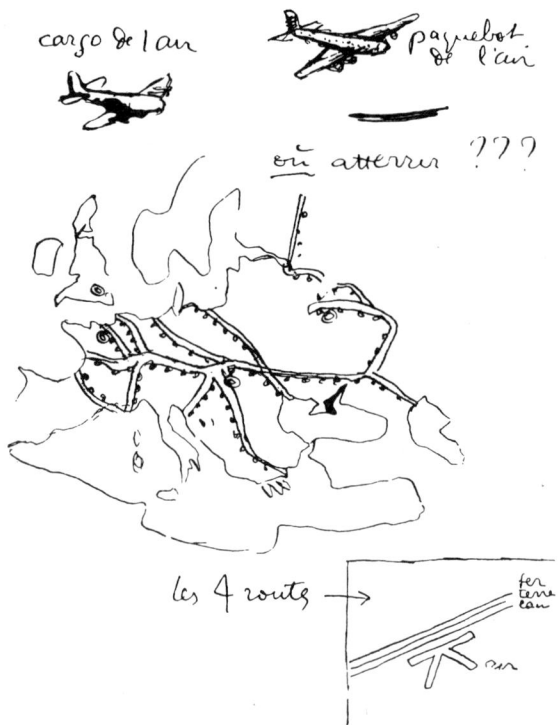

PL. 43

图A
　　我们目睹第4种路的兴起——空路。它进一步肯定了此前3种道路所确定的走向。至此，我们已迫近一种综合：线形城市熠熠生辉，带来生活的高效率；通过设立新的机构，广袤的储备土地将焕发出新的活力，它将打破繁重的劳动和陈规陋习所导致的无聊与麻木。
　　光辉的高效率，深广的生命储备，摆脱狂躁不安，人类复归于宁静。至此，城市规划将功德圆满，这功德的基础是合理运用通过先前社会的努力而集聚起来的力量。
　　分类：原材料，健全的人，以及为健全的人提供的思想与现代工业劳动的大熔炉。
　　工业不再是"分散"在受到威胁的农业内部，而是按照事物的本性来规定：农民服从一年四季的节奏（一年四季，365天，日复一日）；工厂中的工人服从24小时太阳日的律法

图B
　　焕发乡村活力：设有合作中心的农垦单位（1）。直升飞机基地（2），为农民服务，便于管理者与外部联系（委员会，会议，集会等），便于所有好奇的人开阔自己视野。
　　沿着线形工业城交替或者连续地分布着航空港（3）及水上航空基地（4）。
　　同心辐射型城市拥有自己的航空港（5）。
　　小城市将拥有直升飞机基地（6）。但是，大厦的屋顶禁止飞机的起落；因为，飞机，无论如何都不应当成为头脑发热者滥用的工具

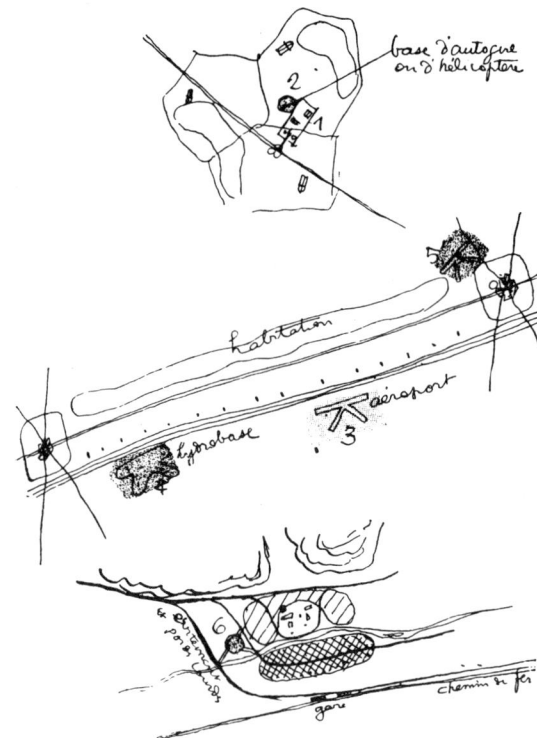

解答提出来了：居住在"垂直花园城"。这是使城市重新向自身集结的方法，是解放住宅周边土地的方法；最终，它将允许机器文明时代的人类重新起用他们的腿脚，在城市中徒步行走。

就此而论，世界诸国，美国的问题最严重；二战之后，莫斯科也被这致命的城市壅塞钳住了咽喉（1000 万居民）。

应当努力把问题看清楚，应当投身到错综复杂且息息相关的研究中来。为此，没有无足轻重的细节，亦没有可以忽略的问题。

一方面，要明确个体与集体的现代意识形态；另一方面，要研究土地的重新分配，好让人们安居乐业，尽心工作，尽情娱乐。

理清问题，一个学说便可成型；但仍需将其付诸实施——这是另一个问题。当局不知情，或者，它根本不想知情；政客把他们的命运寄托在他们咬住不放的公设上。矛盾不但没有解决，反而愈发僵化。机器文明社会终将意识到，和谐的生活——居住、工作、交通、休闲（修身养性）——是一笔需要动用历史的全部储备来清算的账目。到时候，城市规划将组织社会的运转；到时候，建筑将带来每日的幸福。当局将着手解决托付给它们的真正的问题；一场革命将掀起，不是关于党派，而是关于生活本身的要旨。可以肯定的是，当社会重新踏上中正的道路，在前进的过程中，它将找到属于自己的明朗的意识形态。不过，这已超出了我们建筑师的职权。

图 C　垂直花园城或城市公寓　　1　一个"尺度相当的居住单位"
　　　　　　　　　　　　　　　　2　当前的城市

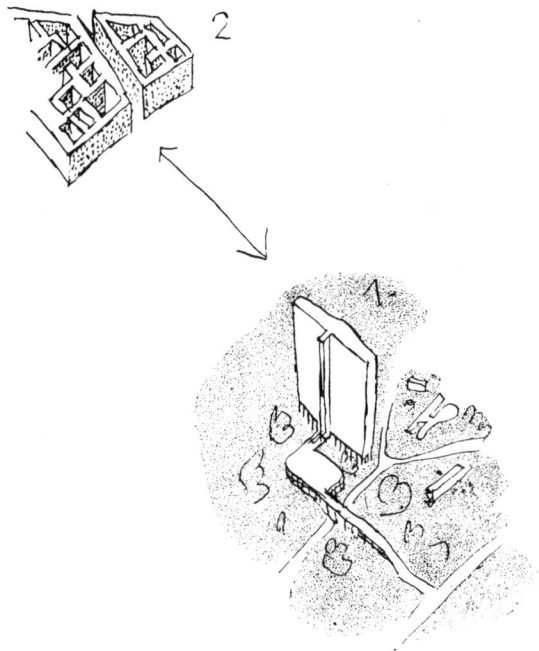

图 D　垂直花园城或水平花园城
　　　1, 2, 3, 4　独户住宅
　　　5/6　　　　叠置的独户住宅

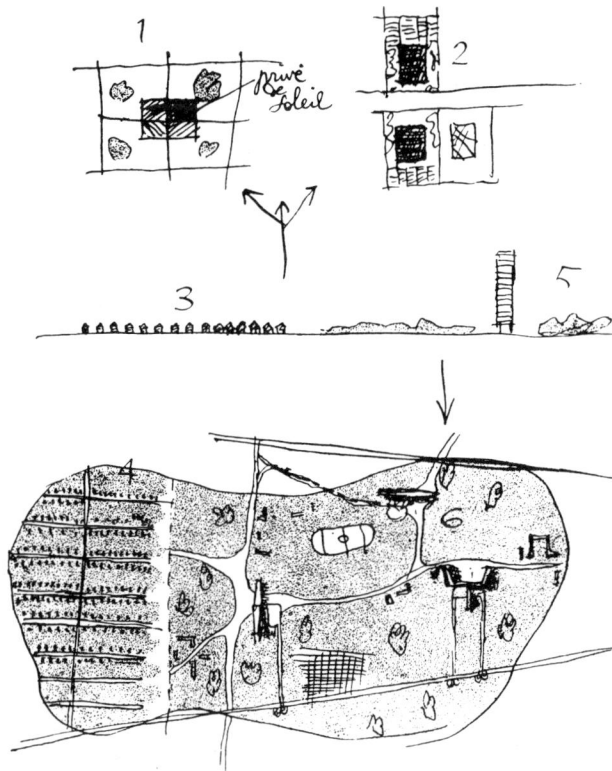

图 C
　　1. 确保流畅、有效、愉快的一天所必须的器官和功能：
　　　a）行人将与汽车分离；
　　　b）公寓大厦矗立在一个包含运动场地、托儿所、幼儿园、小学和俱乐部的大花园中；
　　　c）相应的配置要求公寓大厦达到一个"尺度相当的居住单位"的容量，从而适于安排各种确保居住者和谐生活的有益且不可或缺的器官。
　　2. 这是现实城市中的"住宅群"：绝大部分由于开窗朝着街道和内院，被残忍地剥夺了对身心健康来说必不可少的阳光，街道被混作一团的行人和机动车填满；"无名的街道"难以形容的悲哀。"走廊式街道"那令人失望的生物学，通过一种以防御性高墙构成的限制为基础的城市传统，代代相承

图 D
　　3/4　水平花园城（独户住宅分散在基地上）。
　　5/6　垂直花园城（叠置的独户住宅）。如果按照每户 200～300m² 的规格分配，将其分散布置则呈现出 3/4 的效果，将其重叠布置则呈现出 5/6 的效果。
　　分散布置的 4 也有几种特征化的组织方式，比如：
　　1. 四方，又称"田字"，4 栋住宅按十字轴分界，其中的一栋见不到阳光。
　　2. 花园是虚幻的，需要料理；车行道越修越多；邻里之间的争端在所难免

《造型》

坚持！新时代的艺术已是箭在弦，弓满张；其改革、重铸、新的组构业已完成。艺术的气息如此有力地释放，艺术之爱再一次感染了那曾放纵堕落的建筑。我们已经就位，统一已经形成。在预言式的作品中，它已经显露端倪。激发行动的杠杆已经撬动：世界躁动不安，混乱不堪，丧失了约束……然而，战争将一切都打破，将一切都剖开，在我们面前铺展开一个崭新的未来。

联合每个个体的才能，现代建筑将跨越这个决定性的阶段。建造的问题，现代规划的组织问题，审美的问题，都获得——或至少是发现了——它们的解答。太阳和地形是主宰，各个文明渊远的生命线不懈地延续：这些便是发挥深刻作用的内在因素。正如我们所见，法兰西的哥特式在西班牙、德意志和意大利形成了特殊的形式；同样，对作品意图及作品自身环境的虔诚将使现代建筑扎根于它的土壤和文化。多样性将产生；因为材料不同，因为光线各异，因为基址是平原、是丘陵、是高山；精神在引人入胜的多样性中被塑造成型。但，这多样性不是刺耳的不和谐，而是处在统一的怀抱中！

主导艺术已准备就绪。陈旧的词汇将被抹去。以"建造者"为名，将集结所有用工具、用机器、用双手装备我们文明的人：一个光辉的

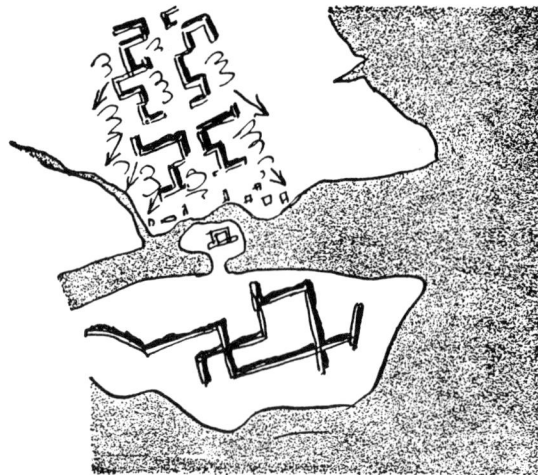

新的建筑体量。现代技术的馈赠，它改造了城市，它改造了人类的生存环境。
于此，我们意识到改革是决定性的，某些新的事物诞生了。从今往后，住宅自身就可企及建筑的辉煌

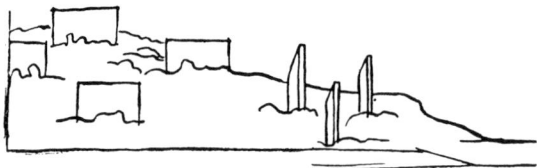

斯德哥尔摩
斯德哥尔摩，一个半岛和一个岛，都布满了破旧的房屋，这里需要新的规划。两座相对的山丘缓缓坡入大海，其间矗立着一座皇宫。
基于这特殊的地貌进行城市化，首先要确定为建筑体量加冕的水平天际线。花园中每一条道路都伸向海边

斯德哥尔摩（规划中）
飞机为我们提供鸟瞰的视点。规划不再仅仅是一种纯精神的游戏；从此，它真实可见。精神要求秩序和相当的尺度

车轮将展开它的辐条，从最接近纯粹的算术到最接近纯粹的想像。迄今为止，"建造者"一词，仅指称那些营造业的同行、细木工和技术工人。今天，为了生产、切削、剪裁、装配、铆固、焊接、塑形、铸造、浇铸、冲压；为了输送并提升到我们想要的高度；为了建筑能够拔地而起；一切都成为可支配的资源，可利用的素材。全体建造者，应当为国家提供的是这样一种力量，一种建造并装备新的庇护之所的力量，为人、为群

居住建筑的体量：

A 进退式
B Y型
C 盾型
D 排肋型
E 台阶式

商务建筑的体量：

B Y型
F 梭型

体、为思想、为观念——这是工业的巨大力量，不久，这力量将征服建筑业：建筑师必涉猎广泛，其所有射出的分支皆发自同一铰点。

一名建筑师不可能达到自我的意识，除非他是建造者，是画家，是雕塑家。即使他实际上不是，通过深刻的认识，他在精神上一定要是。建筑师不可能不是一个极其敏感的存在，因为他工作的目的就是给人们带来幸福。他的努力将导向作品的丰满，素材的富足，以及比例所造

几个世纪以来，"建筑体量"都注定是平行六面体，外面朝向街道，里面被内院蚀穿，这正是诸多祸患的根源。

这样的建筑体量只不过是纵横交错的巷陌残余。

得益于现代技术，建筑和城市规划掌握了不可思议的工具：改造人类生存环境的新的"建筑体量"。

当美国要求精神的霸权，宣称"美利坚的世纪"来临之际（1941年）；我们以宽广的视野和有力的决定证明："古老的文明"并未衰落

就的神奇光辉。人们以为可以公开斥责：朴实即贫乏。可那不过是些无能之辈，他们不能于朴实之中辨识辉煌，正如他们不能以朴实来创造辉煌。新时代的建筑师面临质的工作。青年人要么由你们的导师武装你们，要么就自己武装自己，用你们的首创精神打造光辉的质。

巴黎。今日之中心取代陈旧腐朽的中心。空间如此广阔，与新的功能相得益彰，其中珍贵的古建筑将得到明确的保护

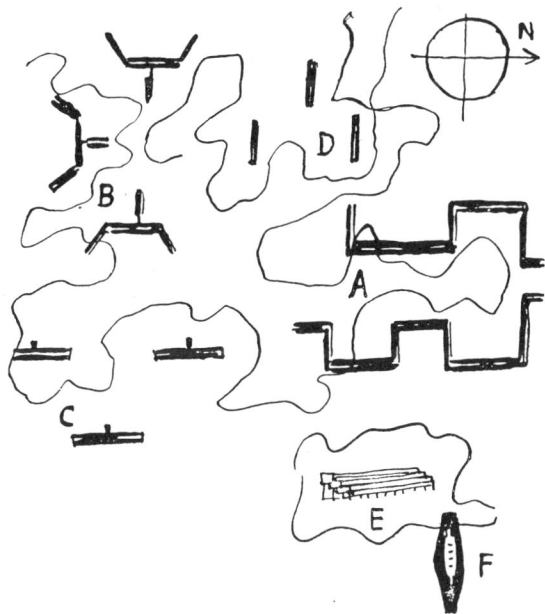

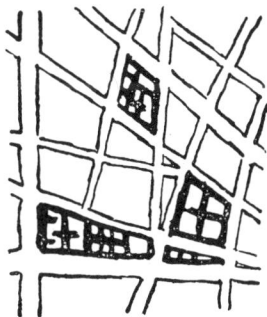

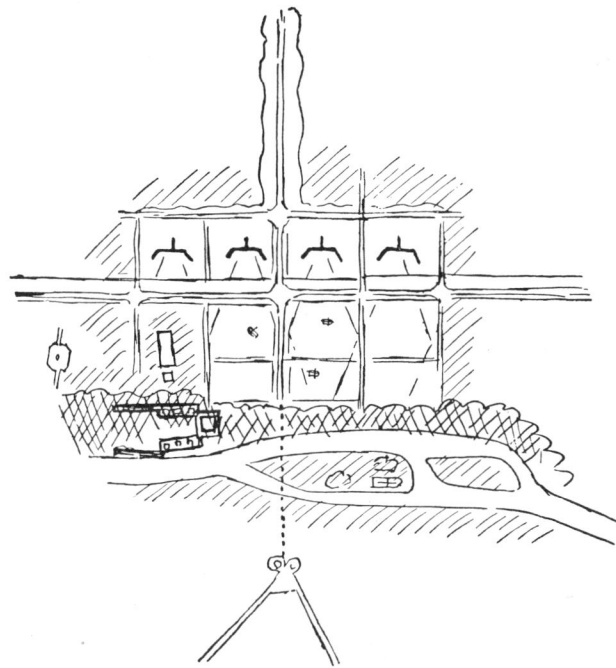

主导艺术的综合:

建筑，绘画，雕塑

19世纪的钢，20世纪的钢筋混凝土，改革了建造的艺术。一种新的建筑审美诞生了。将近1910年，随着立体派的出现，绘画遭受了最猛烈的革命性的冲击。一种高度建设性的艺术诞生了，它具有造型和认识的价值。

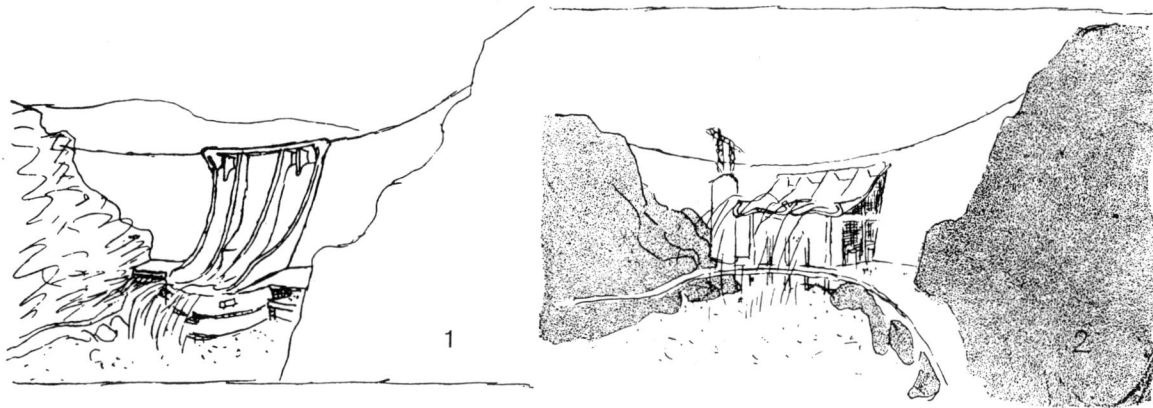

"1939年，我首次尝试（1）建筑与流体的结合（M. Coyne 大坝）

1945年，进一步（2）（Chastang大坝）"

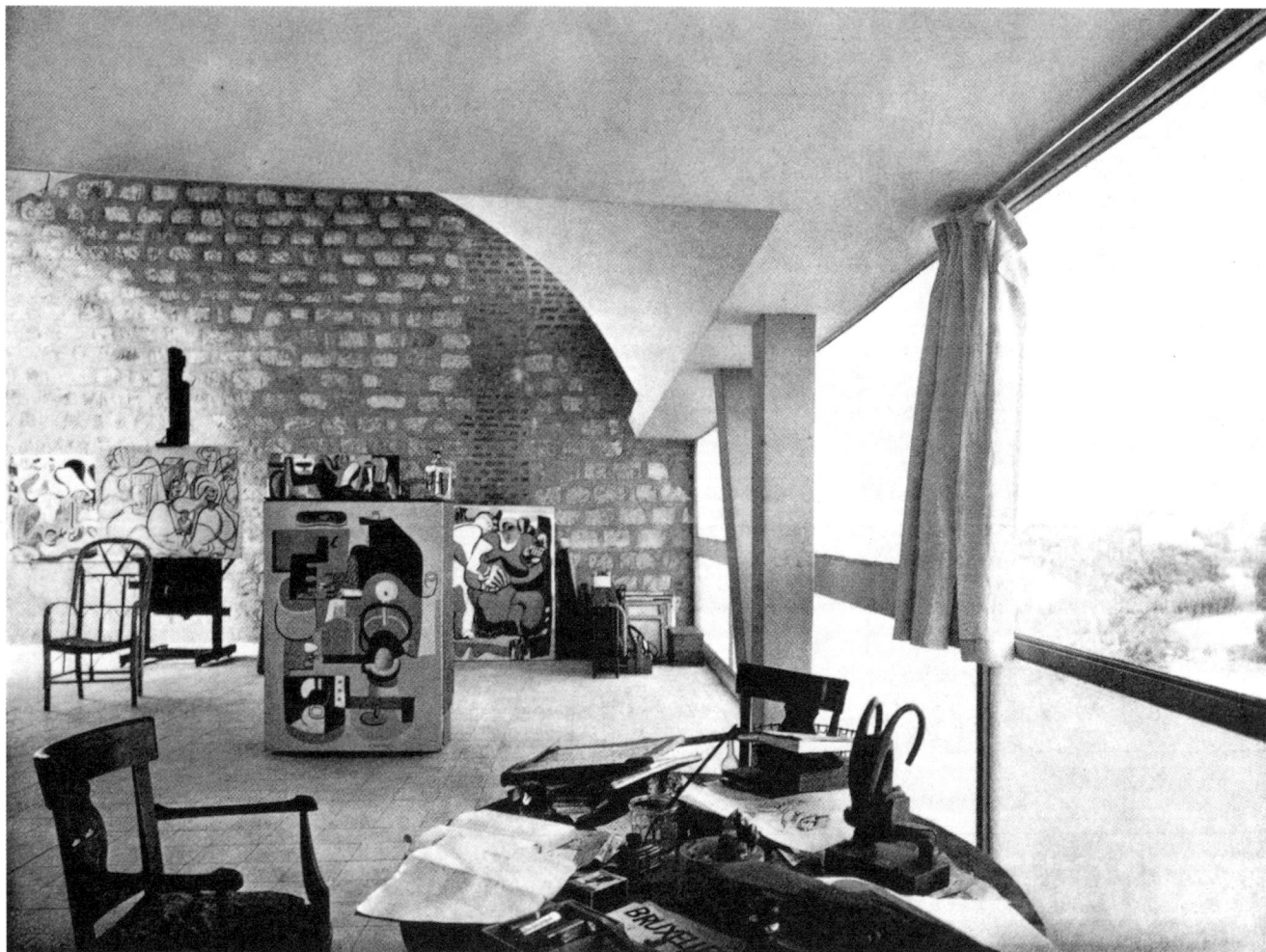

迈向统一

无可争议，这一根本不同于印象派的艺术，正逐步走向一种建筑的综合。同样，它导致了雕塑的演进。

但，人们没有想到它竟波及实用艺术！实际上，这是一部造型史诗的开篇。在这个论坛上，它将成为多项研究的对象，它将成为一个将人们集结在现实任务周围的契机。

能否称其为继承权之战？继承立体派的遗产！

下面几行文字指明了迫近行动的可能。它们摘自一份由 3 个合作组织（法国的 CIAM，ASCORAL 和 UAM）联合向当局提交的纲要；其中涉及纳入一个完整计划中的道路、桥梁、构筑及建筑工程：

诗人保罗·克洛岱尔[1] 宣称："惟有城市规划的革命能够为居住艺术的革命创造条件。"

这张草图展现了人类思想的标准产品在 3 种场景下的表演。古代神庙，哥特教堂，文艺复兴教堂，以及钢筋混凝土建筑。每一次，它们被置于相同的场景中，平原，丘陵，或狂放的群山。4 种精神的质完美地植入相同的风景中。但，从另一个角度看，同样受启发：这 4 种凝结思想的质，它们适合于平原，适合于丘陵，亦适合于狂放的群山

---

[1] 保罗·克洛岱尔（Paul Claudel,1868 ~ 1955 年），法国文学家及外交家，1886 年皈依天主教，他的诗歌是对《圣经》诗篇的延续。——译注

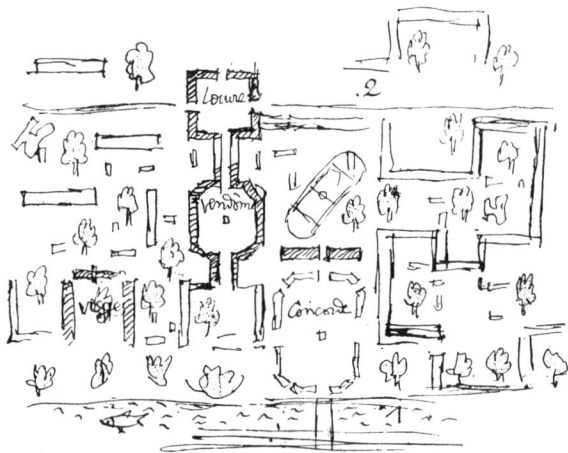

1 历史留下了令我们仰慕的对象，其尺度、其风姿，已成为我们不竭的快乐之源：
   温多姆广场
   卢佛尔宫花园
   协和广场
2 现代的城市规划提案赋予了建筑及其场地一种新的尺度和规模。幸而，在它崇高的表达之中体现了人体的尺度。轮到我们，以精神的尺度、以统一的尺度来创造美

迈向综合

在阿尔及尔，我们找到了演绎宏大交响乐的方法：
选址，
分类，
确定距离，
建筑的壮美

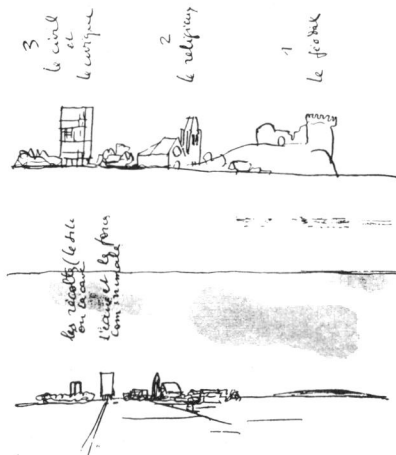

在此，在法国的乡村、在麦茬、草垛、农田和牧场之间，出现了一种新的建筑标志，一种公民权力的标志：市民和公民中心。

它，新来者，市民和公民的中心。远远地，可以看到它标出道路的终点。它的建造将成为唤醒大地的一次卓越的行动

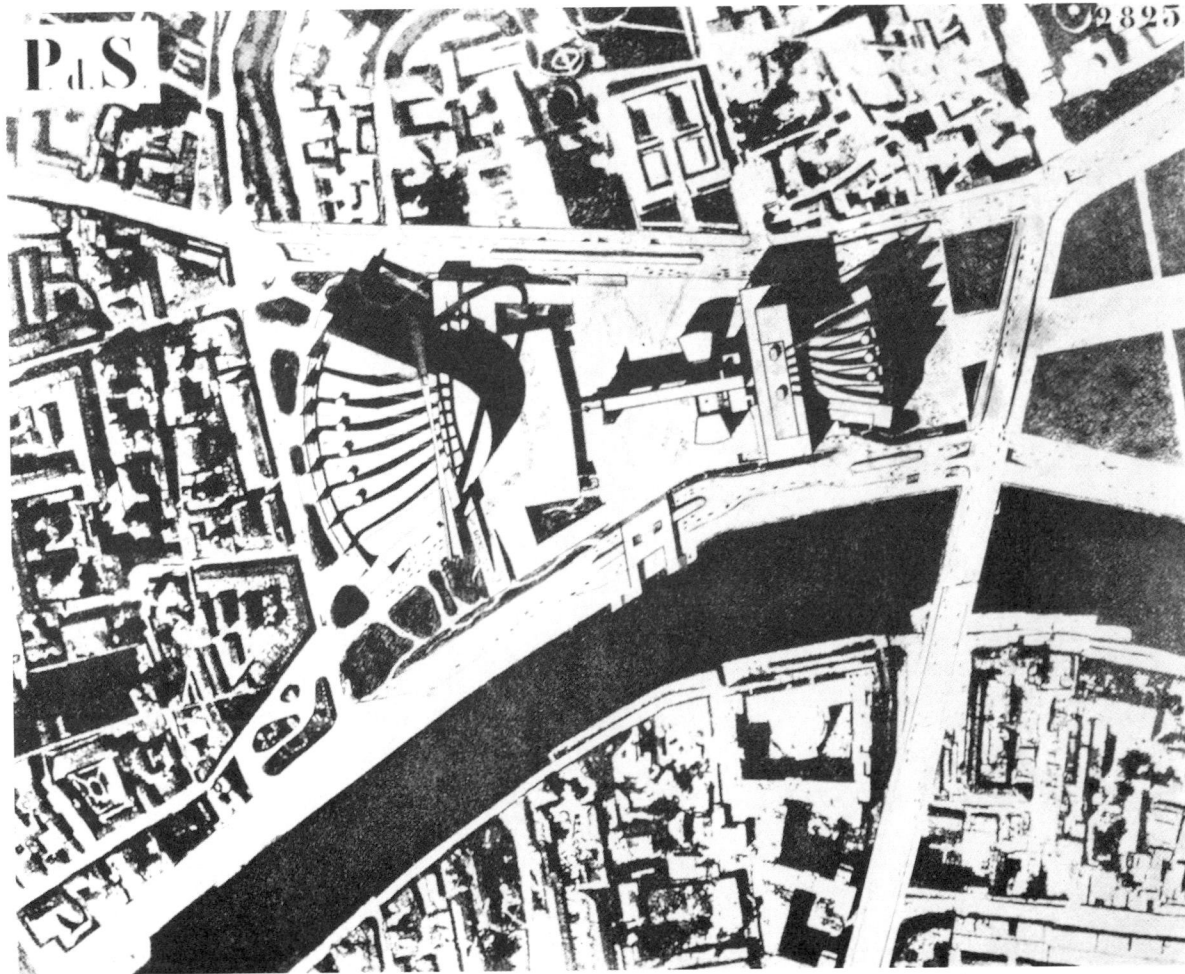

"这3个组织结成同盟的目的，就是要以坚定的步伐迈向3种主导艺术——建筑、绘画、雕塑——的综合，这种综合关系集体的建筑正如关系个体的住宅。事实上，直接或间接地，当代最伟大的艺术家都联系着我们的同盟。

今天，3种主导艺术——建筑、绘画、雕塑——迎来了它们惊人的解放，它们的综合当视为对国家应尽的义务。这必将引起国际的共鸣，必将再次迎来法国艺术无上的繁荣。"

勒·柯布西耶

画家柯布西耶

1939 年：奥宗（Ozon），比利牛斯山脉。

1941 ~ 1945 年：巴黎，被占领期间。

找不到画布。柯布就在尺寸与信纸相仿的小块胶合板上作画。

诞生了一种新的艺术形式——多色雕塑：着色小圣标，或青铜，或石头，或水泥，或彩陶。

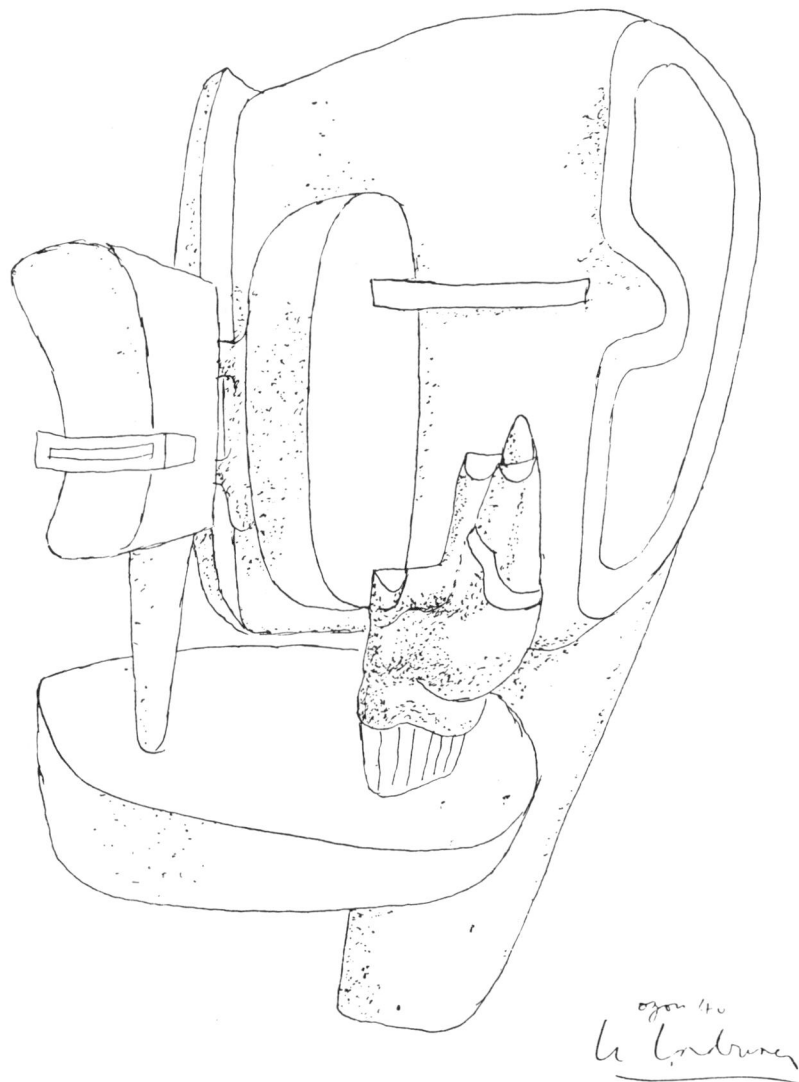

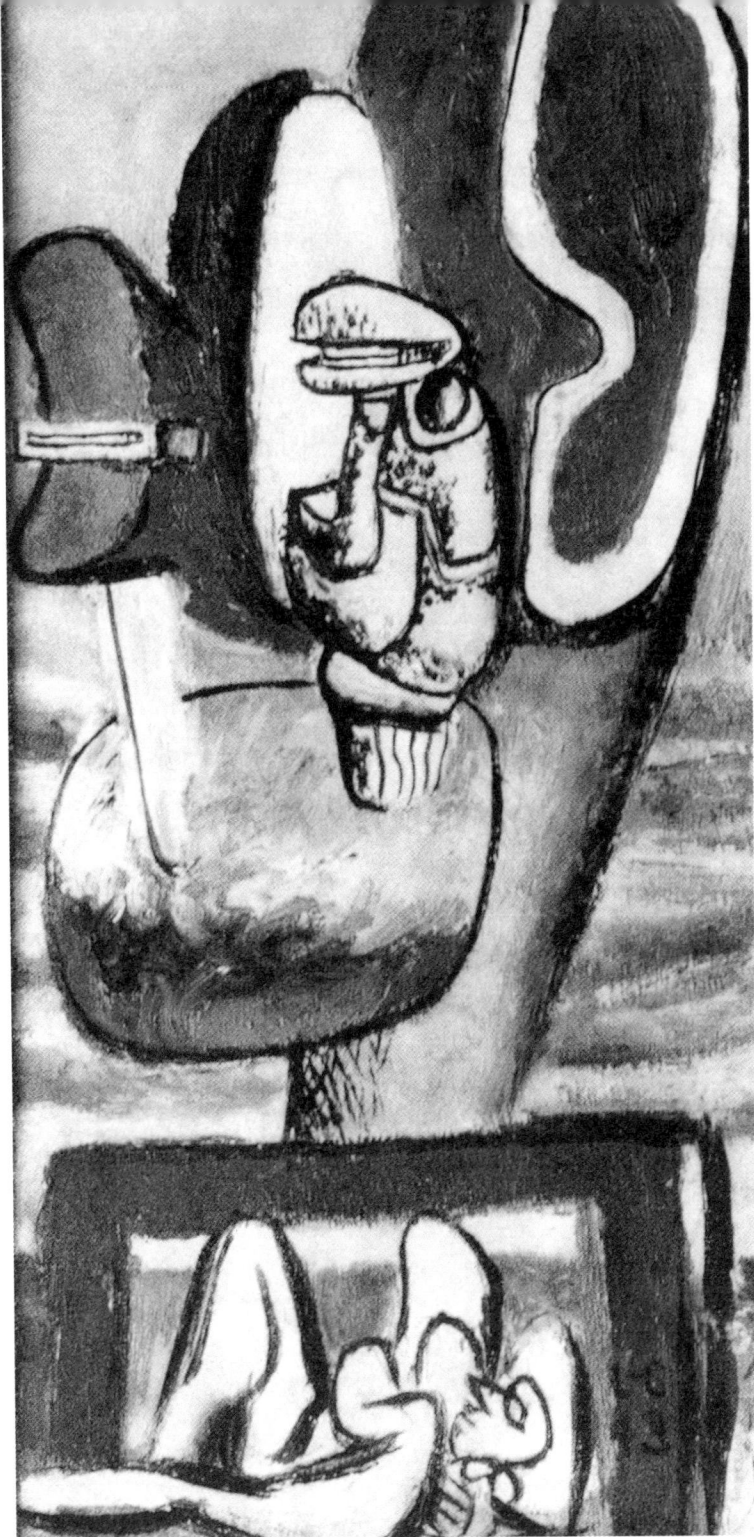

绘画（1944～1945年）

柯布西耶的壁画

1939 年，燕尾海角（阿尔卑斯滨海）的壁画，于蓝色海岸。

它们并非绘制在别墅中美丽的墙面上，而是出现在那些黯淡无光的墙上，那些墙"沉闷无声"。

于是，画作在不起眼的墙上如有所语，而那些美丽的墙面依然洁白。

燕尾海角的壁画

1938 年
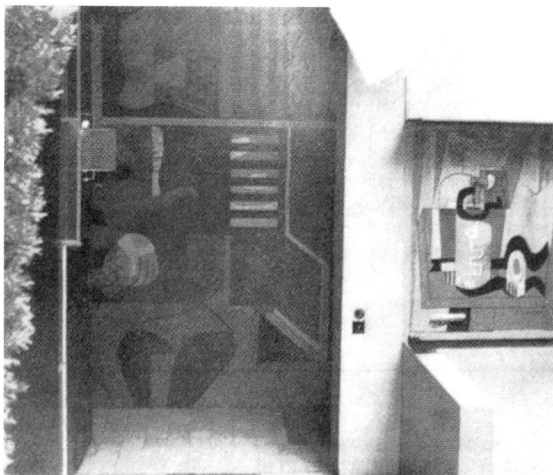

1939 年

燕尾海角的壁画（1939 年于蓝色
海岸）

1939 年

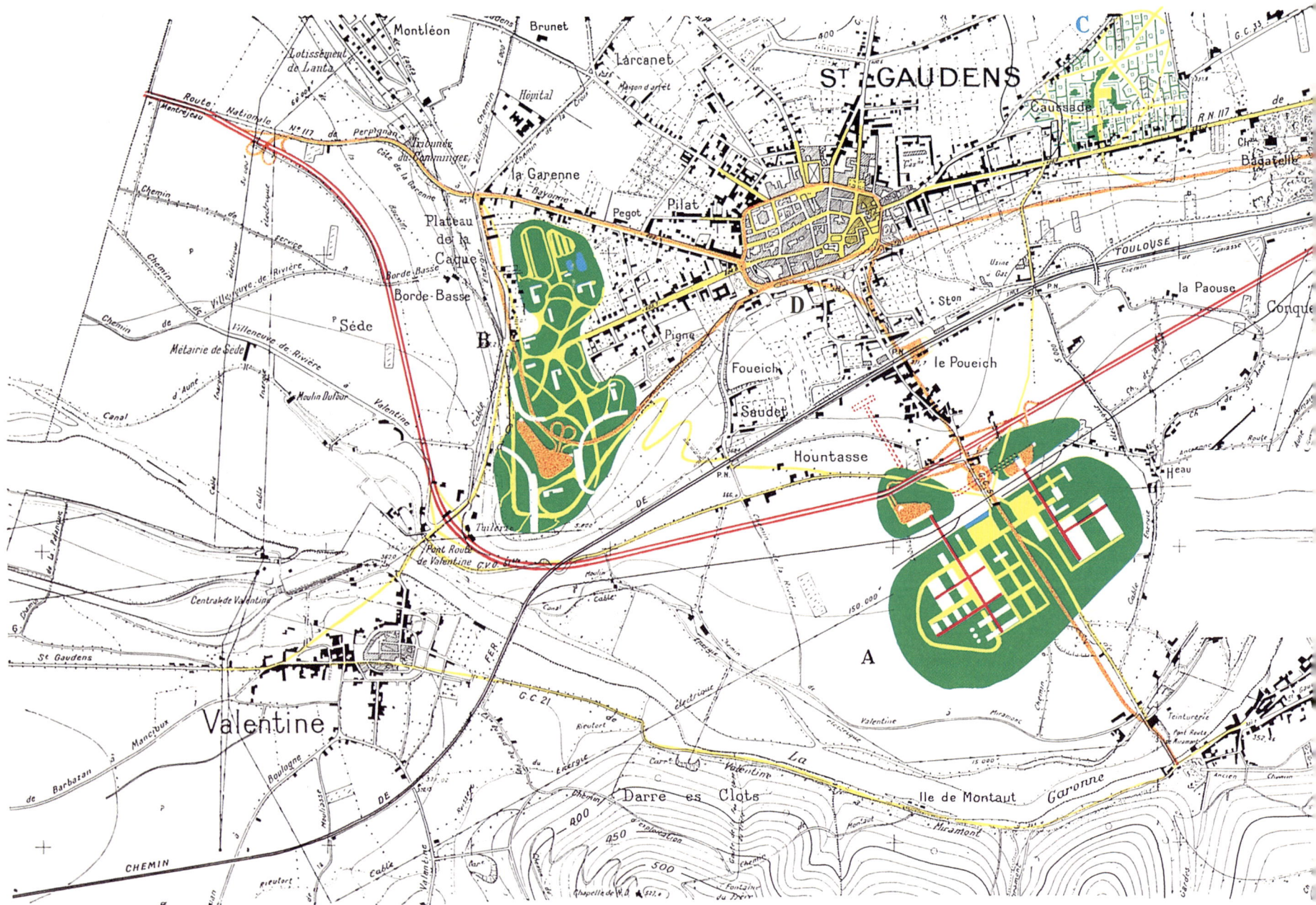

圣果当的城市化平面图：
B 新的居住城
3 个设有公共服务的居住单位
居住的延伸（地面层）

D 旧城
罗马式教堂
新的市民和公民中心所在地

A 两个新的工业机构

C 水平花园城

COMMUNE D'ESTANCARBON

vastous

Perpignan

Bayonne

BAYONNE

vers Toulouse

Ancien Moulin de Crouzet

Marouge

Chiquet

Miramont

Jammot

Chemin de

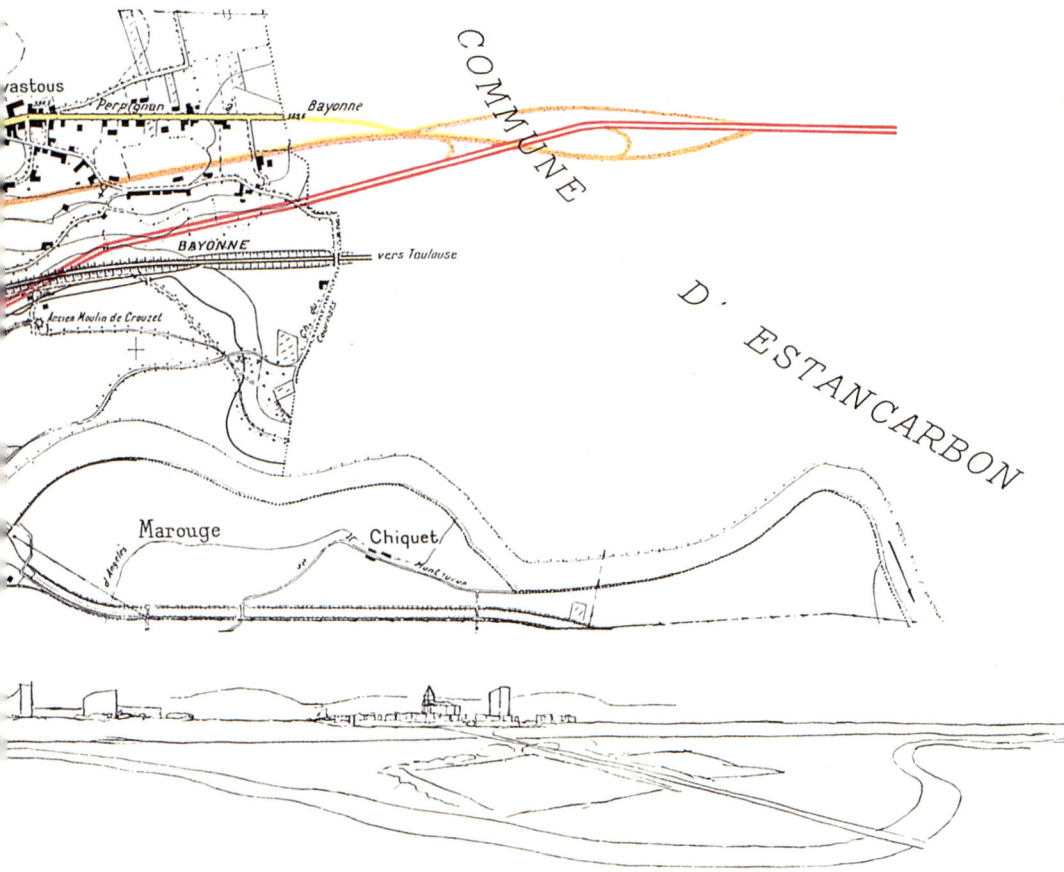

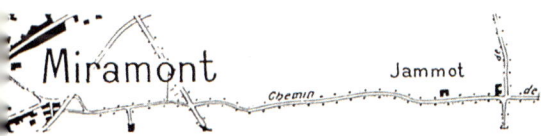

步行15分钟的距离

500　　1km

Echelle：1mm=10m- $\frac{1}{10.000}$

Montjaines

圣果当

1　从侧面看，体现公民权力的新建筑与罗马式大教堂形成整体的构图。

2　5000名新居民；3个设有公共服务的居住单位，面向壮阔的地平，装备了"挡风"的密闭式玻璃墙面和"遮阳"。

3　经妥善组织的工业机构将位于铁路附近

圣果当的城市化，1945～1946年

建筑师：勒·柯布西耶，M. Lods

原油从比利牛斯山喷涌而出（目前，至少是天然气）。管道将其输送到图卢兹、波尔多和塞特。

特许公司的总部设在圣果当，这个古老的比利牛斯小城瞬间焕发了生机。比利牛斯山的山谷即将被工业化。但，要避免破坏这壮丽的风景。

一个三维的城市规划将创造出与自然融为一体的建筑景观。

这是一个统观全局的发展计划，针对从图卢兹至塔布一线的所有山谷，清晰地界定了留归耕作和划给工业的用地。

严格的测量确保了工业区的精确定位，确保为工人创造最有利的居住及工作环境。

圣果当，这第一个样本特征鲜明。

工业区将限定在两个共容纳1500名员工的工业机构中，它坐落在高原脚下的一条河流的转弯处，古老的圣果当城就位于这高原上。由于新居民的大量涌入（约5000人），需要再建一座居住城，新的居住城将清晰地与老城分离开，而不至于干扰老城的习惯。

居住组团的形式将取决于地形的条件（位于悬崖顶部的突出位置）。建筑的形式回应着地平、视野和太阳。风，这里的风很强，我们将通过放置在"遮阳"后的密闭式玻璃墙面来遏制它。在这项研究中，这项研究特别关注的是将能够引发杰出造型，创造性地植入建筑的场地。

循着这样的思路，接下来，古老的小城将目睹其公民及市民中心的崛起。它们集中在同一栋建筑中，其体量之宏伟堪与大教堂媲美。今天，对于行政管理，对于一个现代聚居点的社会需要，这是必不可少的场所。

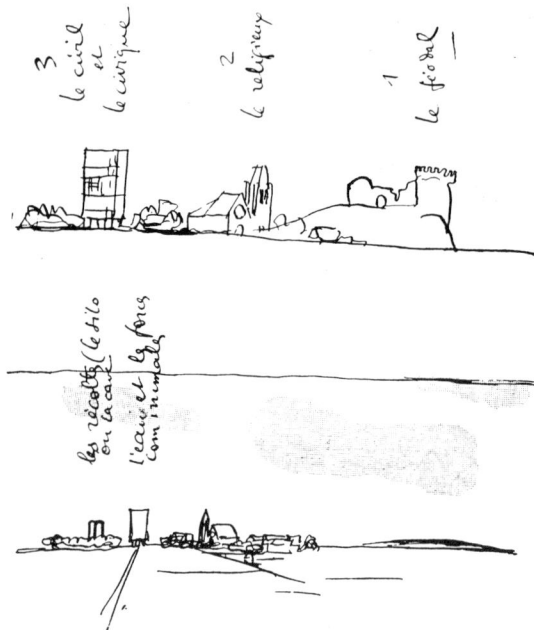

在此，在法国的乡村，在麦茬、草垛、农田和牧场之间，出现了一种新的建筑标志，一种公民权力的标志：市民和公民中心。

20世纪，它来了，在普洛旺斯，在博斯，在布列塔尼……它在法国的风景中留下有力的一笔！

山岗上的古堡——封建时代的残迹——风采不减。

大教堂，依然屹立。

它，新来者，市民和公民的中心。远远地，可以看到它标出道路的终点。

它的建造将成为唤醒大地的一次卓越的行动

圣果当：　　　　　新的居住城　　　　　市民和公民中心　　　两个新的工业机构

拉罗歇尔－帕利斯的城市化，1945~1946年

解放后的数月，德国仍占领着拉罗歇尔城。他们在城里埋设了地雷，打算炸掉它。柯布承担了这座城市的重建以及作为补充的帕利斯工业城建设任务。

拉罗歇尔是一座壮丽的古城，拥有哥特、文艺复兴及古典时期的建筑。帕利斯则是个杂货摊，由于1914~1918年一战后仓促的工业化而混乱不堪。

真是个奇迹，拉罗歇尔未被炸毁，它完好无恙。于是，摆在柯布面前的是另一种性质的问题：捍卫拉罗歇尔的历史价值，保护它的艺术旅游遗产，准备拆除破旧的房屋，决定当前郊区的命运，创建完整的工业城市，配备为工厂员工提供庇护的居住城。

有人提议将帕利斯建成一个巨大的港埠，这种想法不无争议。柯布的研究把提议引向一个合理的尺度。

由柯布作出的决定成功地得到灾民、市议会、省委、部委的采纳，其要点如下：

工业城应当是一座"绿色"城市（这一决定意味着要对私有地产进行一些调整）。

居住城将受益于各种现代技术。它包含3种

下页：
柯布最初的草图：拉罗歇尔古城被保护在一片绿色的区域之中，线形工业城位于中途港防波堤的延伸部分，新的居住城屹立在海边

住宅应远离道路，"与道路边线对齐"的概念不复存在。内院应当取缔

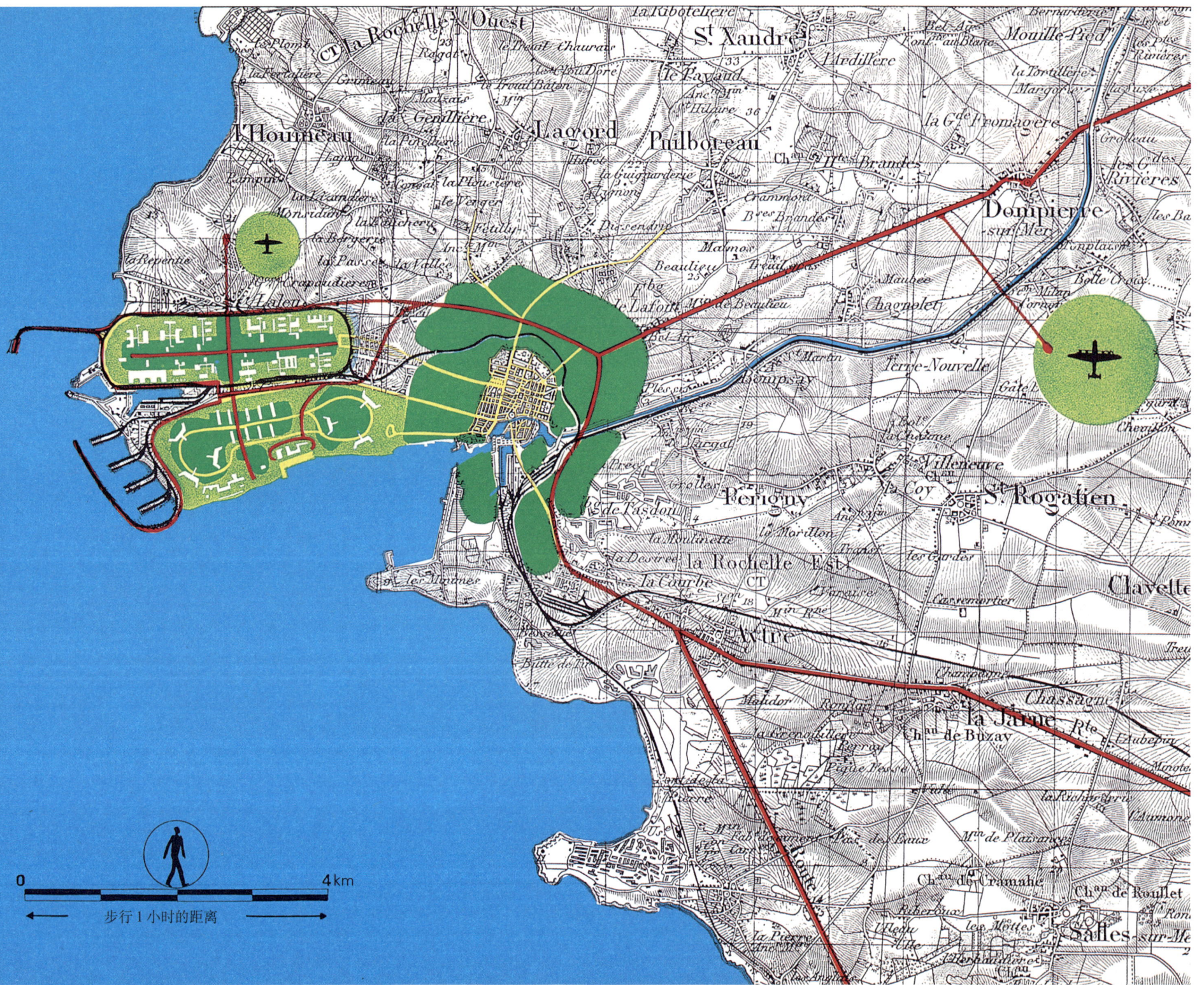

可接受的居住类型：

　　a）垂直花园城（大型居住单位，每栋可容纳1500～2000位居民，内部设有公共服务，外部配备"居住的延伸"）；

　　b）水平花园城（由独户住宅构成）；

　　d）一定比例的中型公寓，以便能够应对经济或者人口的偶然增长。

　　这样的问题的确够复杂。

　　它要求观点在原则上极度清晰，它要求铁一般的意志将事业引向最终的成功。

体育场

1　公寓大厦
2　联排式独户住宅
3　"互"字型对生式独户住宅
════　乡村小道
════　规划道路
▨▨▨▨　公共绿地

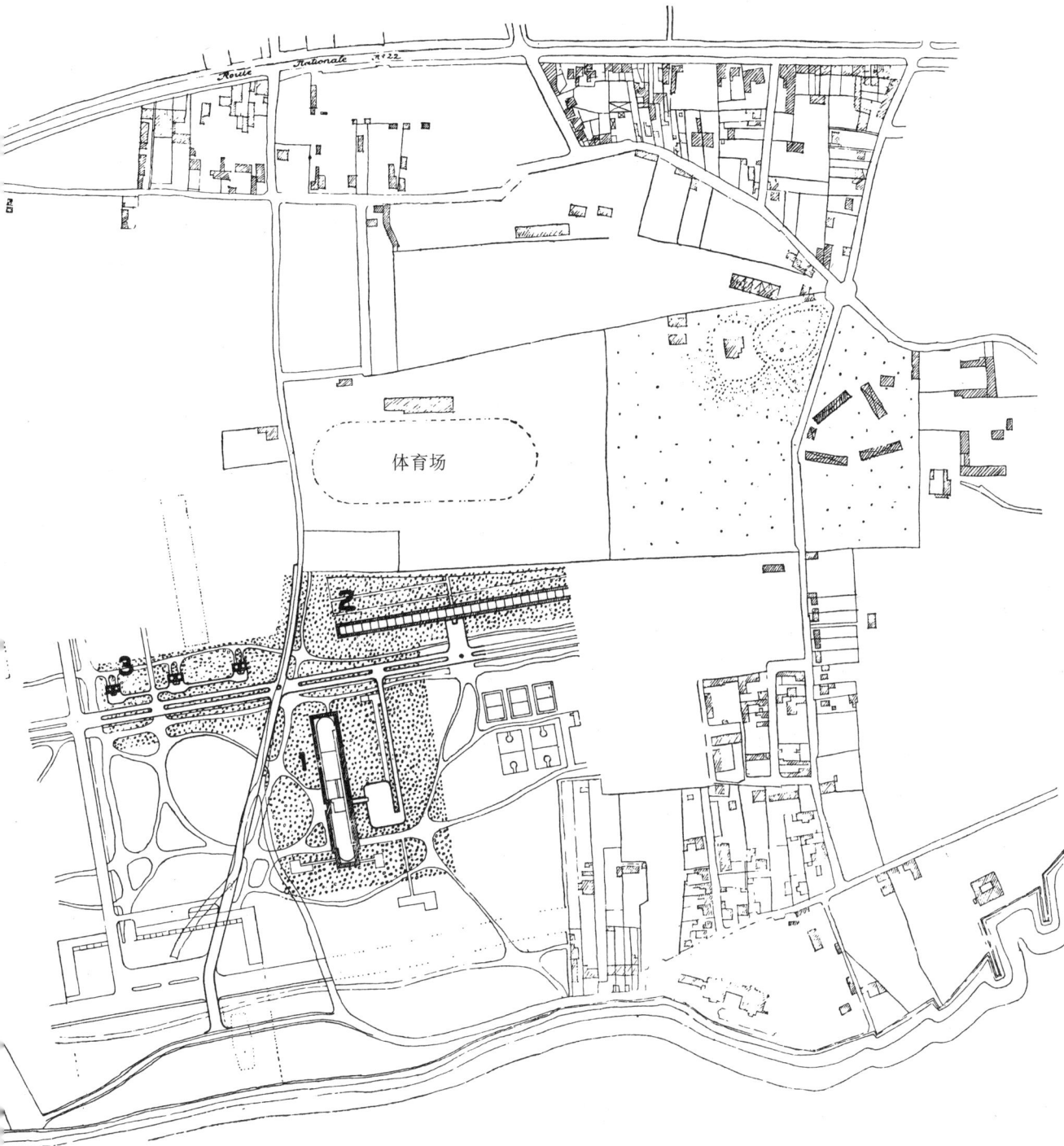

实现新居住城的第一阶段

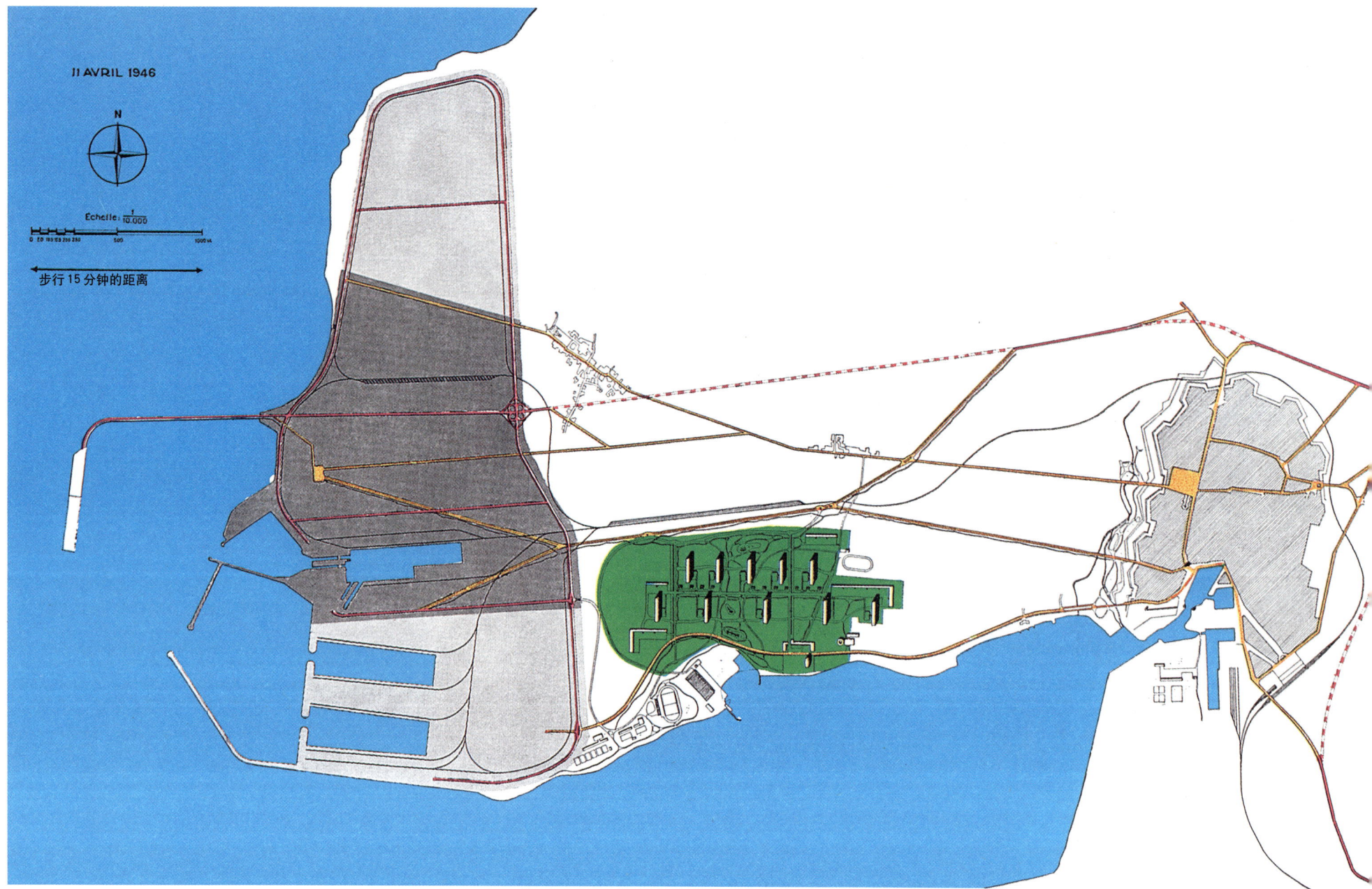

位于深水区的中途停靠港　　工业城（深灰色部分：已经被工厂占据的区　　新的居住城　　　　　　　　拉罗歇尔古城
防波堤　　　　　　　　　　域；浅灰色部分：新的居住城）

模度（Modulor）[1]

爱因斯坦教授和柯布西耶在美国的普林斯顿会面

1945年，柯布对他20年前开始着手的有关比例的研究进行了最终的校准。12年前，这项研究为他赢得了苏黎世大学哲学及数学名誉博士学位。

在今天的任务面前，在国家和世界的任务面前，这项研究的结论将发挥作用：在世界范围内，人们建造、制造、预先制造。产品将在省与省、国与国、洲与洲之间流通。必须找到一个共通的度量标准：

英制，英尺—英寸（尽管在机器时代，仍然使建筑继续以人体尺度为标准）；

米制，是人为的专断的度量标准，它取决于地球的子午线，与人体尺度毫无关系，结果，在采用它的国家出现了某种程度的建筑的瓦解。

在大量的制造和预制的任务面前，需要找到一种标准化的方法。它应当源自人的身体，是一种具有深刻意义的数学表达，能够产生无穷无尽的有利组合，而且极为和谐。

法国战败之后，创立了一个研究预制度量标准的委员会（AFNOR）。柯布未收到加盟的邀请。

经过几年的工作，该委员会得出了一种简易算术式的标准化（一个按照2cm——2cm或者10cm——10cm递增的度量标准）。这样的决定只能导向专断和贫乏，因为，在自然中从未见过如此不可靠的法则。相反，自然在她供我们观察的一切生长现象中揭示了极为丰富的数学性。

这一年来，柯布所有的建筑图都是用他自己发现的"模度"绘制的。他的事务所里的工程师和建筑师们每天都在运用这项发现，它益用惊人。

就在最近，在纽约附近的普林斯顿，柯布就这项发明询问爱因斯坦教授的看法，教授宣称："这是一种比例的语言，它使事情做好了容易，做坏了难。"

这项发明已申请专利。

---

[1] 黄金分割式建筑模数体系，由柯布于1945年注册专利，该词为柯布自创，由module（模数）与nombre d'or（黄金分割数）组合而成。——译注

模度，人类一种新的度量标准

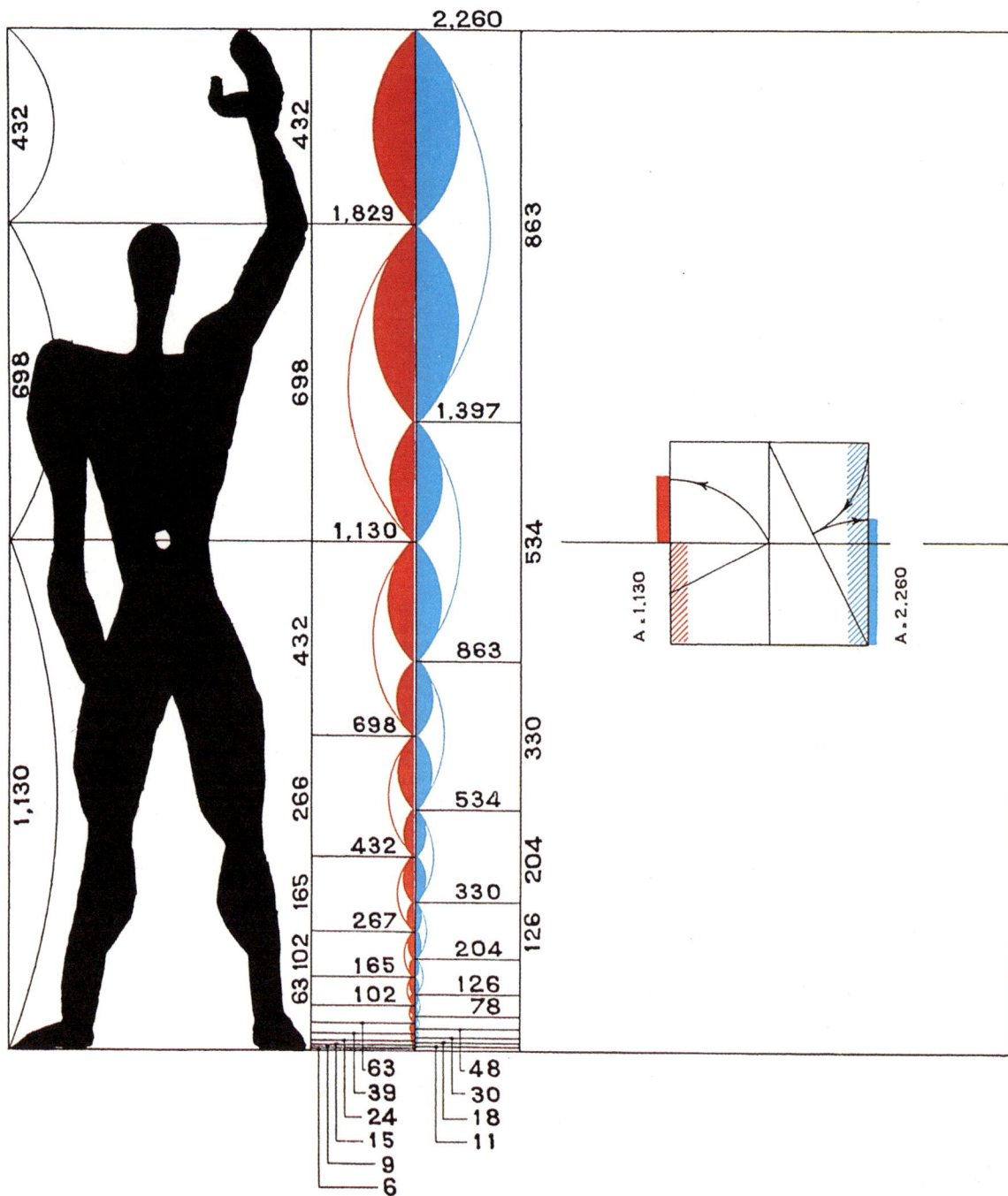

"尺度相当的居住单位"（初稿方案）

"尺度相当的居住单位"（初稿方案），1945年

可容纳约1600位居民

　　最初的研究是针对一块位于Madrague的俯临马赛港的基地，它由3栋建筑构成，提供了不同档次、不同大小、不同对象的公寓样本。基地起伏很大。

建筑 A ＝ 218 套公寓 ＝ 962 位居民
建筑 B ＝ 108 套公寓 ＝ 479 位居民
建筑 C ＝ 32 套公寓 ＝ 192 位居民
共计　　 358 套公寓 ＝ 1633 位居民
基地面积 ＝ 2684hm²

密度：615人/hm²

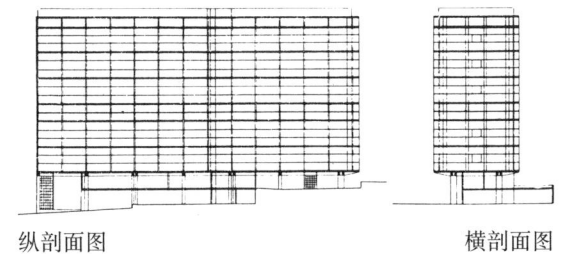

纵剖面图　　　　横剖面图

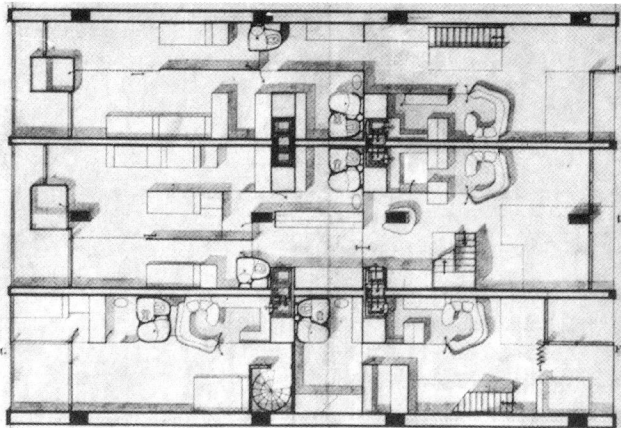
下层平面图

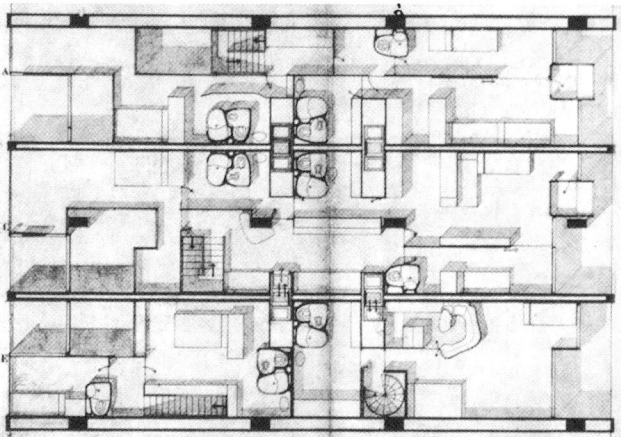
上层平面图

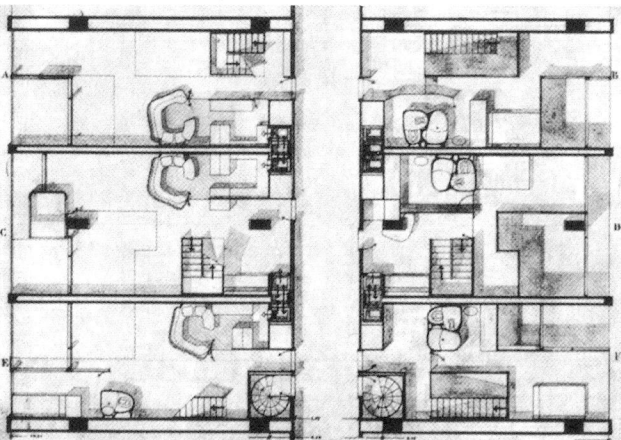
中间层平面图（设有内部街道）

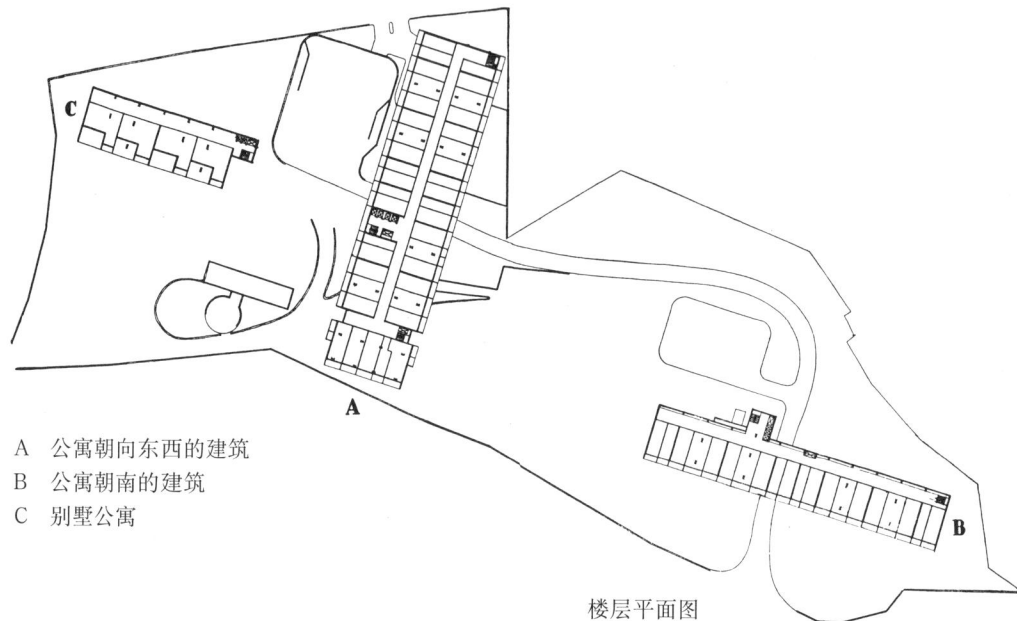

A　公寓朝向东西的建筑
B　公寓朝南的建筑
C　别墅公寓

楼层平面图

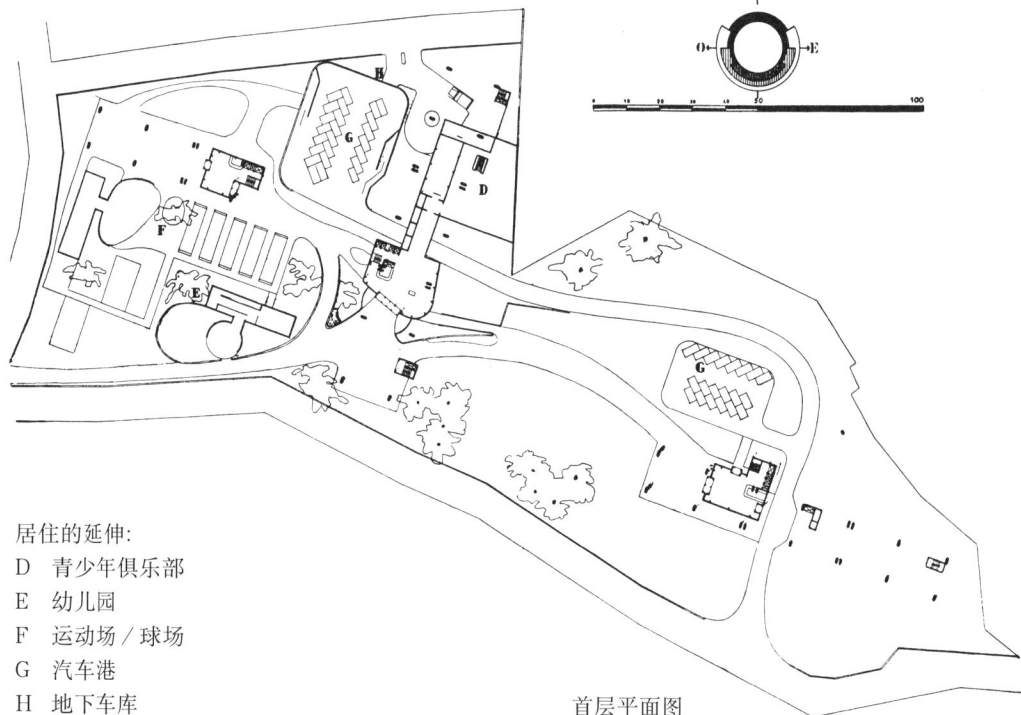

居住的延伸:
D　青少年俱乐部
E　幼儿园
F　运动场／球场
G　汽车港
H　地下车库

首层平面图

"尺度相当的居住单位"（实施方案），1946 年

可容纳 1600 位居民

1945 年夏，重建部部长以 ISAI（即，由国家承办的旨在树立典范的建筑）的名义，委托柯布进行这项建造的研究。

这是第一次，也是最彻底的一次，柯布获得了完全的自由来充分表达他为中产阶级提供的关于现代居住的概念，以此为契机，他得以涉及当前的一些关键问题，包括：

户型的确定（不同类型的公寓对应不同形式的家庭：单身，夫妇，有 2 个、4 个、6 个或更多孩子的家庭）；

住宅构件的预制；

独立骨架；

采光和照明；

"居住的延伸"；

"公共服务的设置"。

20 年从不懈怠地准备，20 年从不间断地钻研，这是一次将理论上已经校准的研究付诸实践的机会。

就技术方面而言条件几近成熟；然而，就使用者方面而言却存在一个根本的问题：居住的方式，这是一个需要特别引起注意的问题，是一个需要社会机构介入的问题，但这样的社会机构尚未创建。

最初的研究是针对一块位于 Madrague 的俯临马赛港的基地，它由 3 栋建筑构成，提供了不同档次、不同大小、不同对象的公寓样本。基地起伏很大。

第二轮研究针对一方相当平整的地块，位于米什莱大道旁，地处一个十分宜人的街区中。居住单位以其最纯粹的形式取东西朝向，北向的一整面实墙迎着密史脱拉风[1]。

最后，在合同签署的时候，基址终于选定在 Saint-Barnabé，位于高地上，处在一片葱葱郁郁的岗峦之中。

每一户都拥有一幅最好的风景画，沿着动人的水平线展开：无尽的大海，古老的军港，埃斯塔克[2]和圣博姆[3]……

经过仔细研究的"遮阳"，彻底独立的骨架，它们将带来全新的解决方案。

柯布关于居住单位的研究于此导向对比例完美的建筑体量尺寸的确定，同一时期，圣迪埃和帕利斯的城市化提案也已得到落实。

这里，是一个原型，确切地说，是针对当前机器文明的一个关于改善生活环境的明确主张。

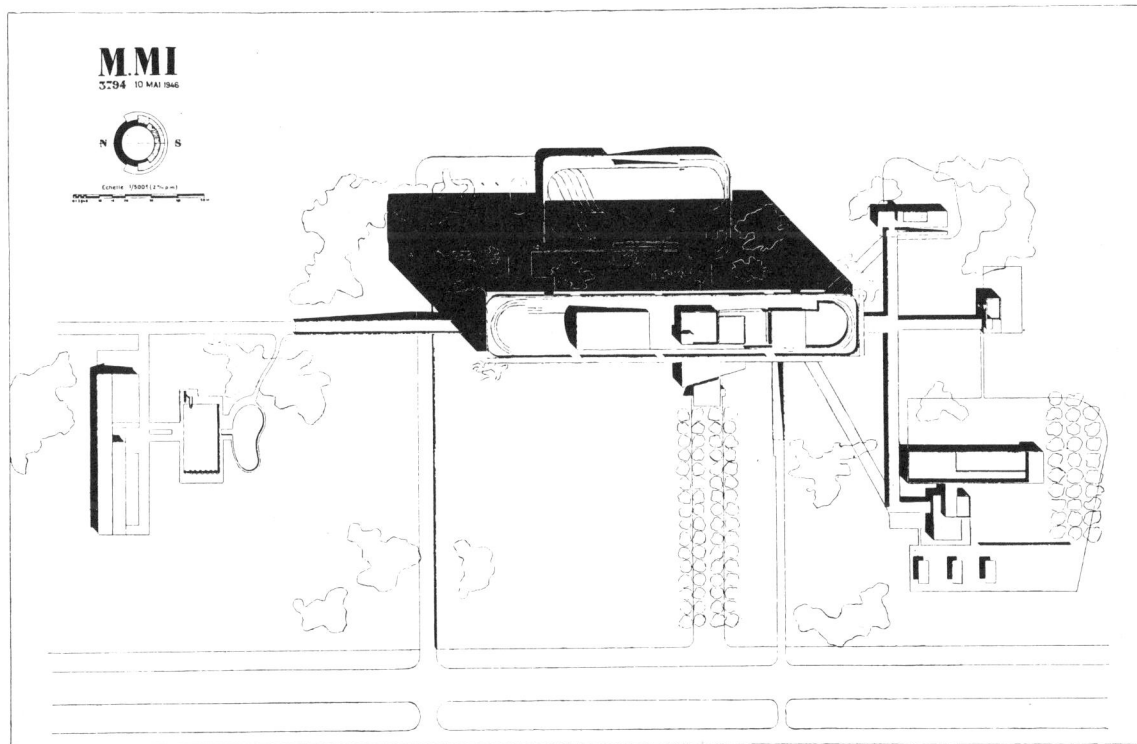

总平面图

[1] 从法国南部和地中海上吹来的干寒而猛烈的北风和西北风。——译注

[2] Estaque，马赛以西的石灰岩山脉。——译注

[3] Sainte-Baume，位于 Var 及 Rôche 河口的高地。——译注

将"尺度相当的居住单位"应用于"绿色城市"的例子，马赛在建的是第一栋。

对今日城市交通危机的解决将通过行人和汽车的分离来实现。

100%的城市土地是自由的，这将形成一个连绵不绝的大花园，全部归行人所有。小汽车运行在下沉或架起的快车道上。

讷穆尔的城市化 [见《勒·柯布西耶全集（第3卷·1934～1938年）》]

马赛—米什莱大街：建造中的居住单位

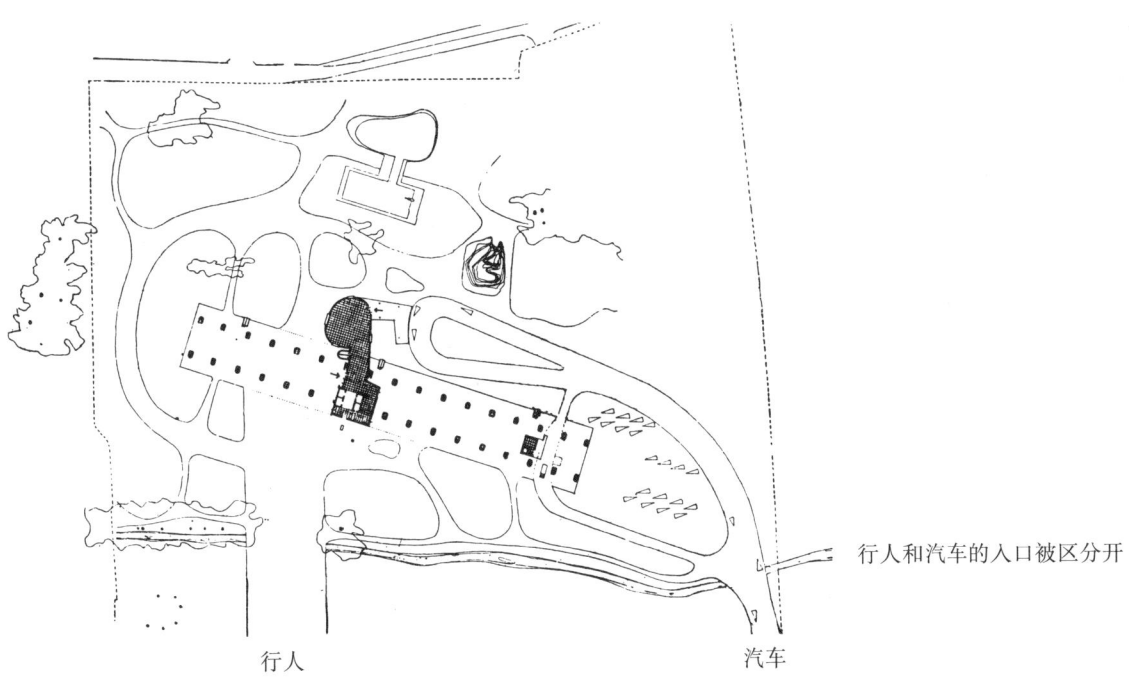

行人和汽车的入口被区分开

行人　　　　　　　　　　　汽车

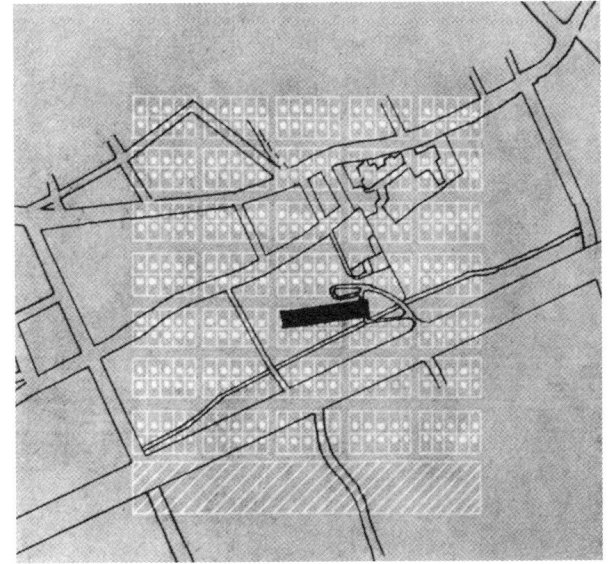

位于马赛的"居住单位"，可容纳350户，约1600位居民。以相同的比例，用白线绘制，可以看到将集中在这栋"垂直单位"中的住宅分散到水平花园城中造成的壅堵

西南向立面（建造中）。还差4个楼层及屋顶建筑（见P178，屋顶花园）

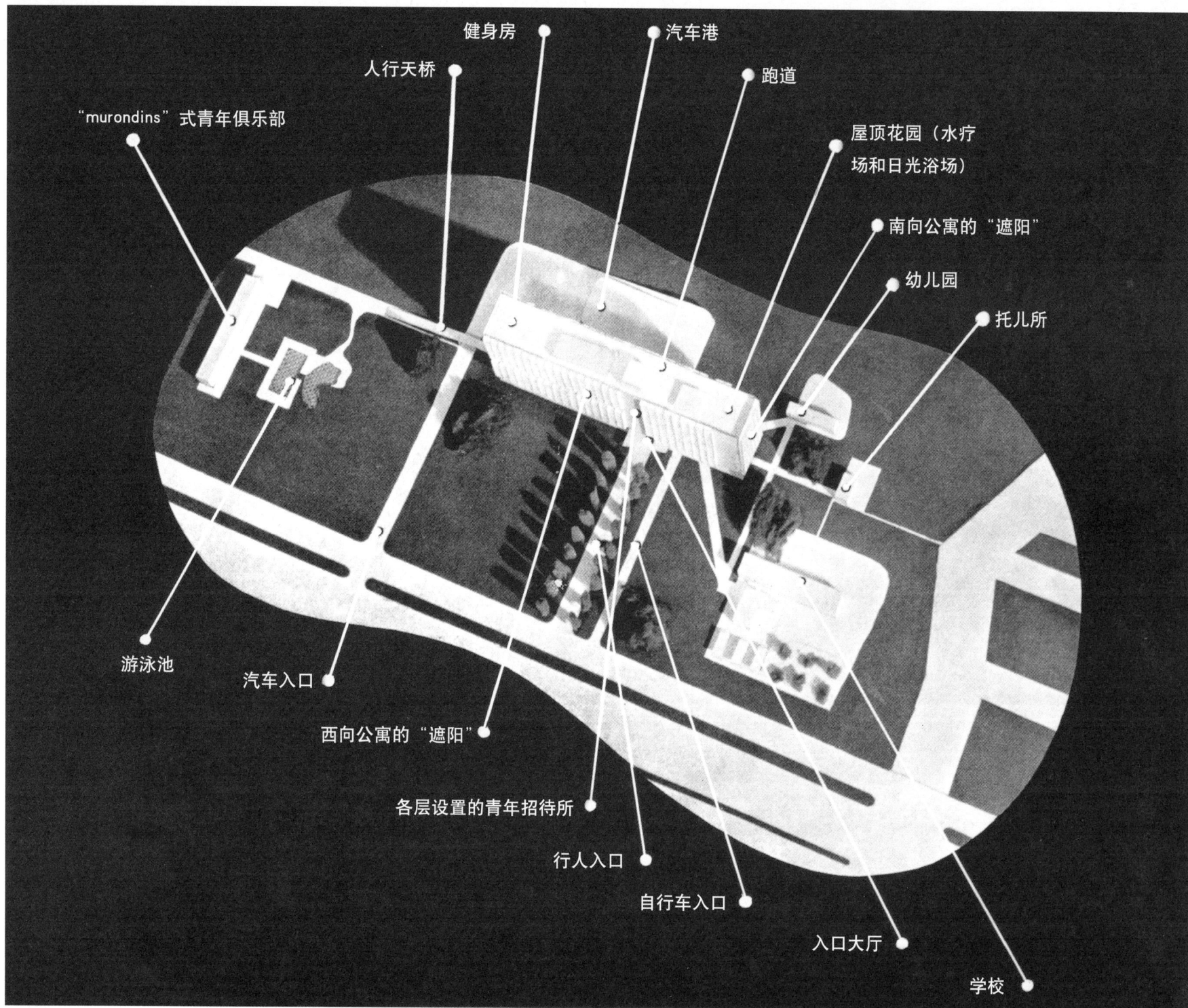

"murondins" 式青年俱乐部

人行天桥

健身房

汽车港

跑道

屋顶花园（水疗场和日光浴场）

南向公寓的"遮阳"

幼儿园

托儿所

游泳池

汽车入口

西向公寓的"遮阳"

各层设置的青年招待所

行人入口

自行车入口

入口大厅

学校

"马赛尺度相当的居住单位",1947～1949年

向机器文明社会的新一代提出居住的新主张。

1. 一户之中的家庭生活(家庭成员的个体自由,家人团聚的便利,各户间彼此独立)。

2. 住宅建造构件的规格化和标准化,引入今日大工业可以实现的系列产品的目录,使建造艺术本身与当代生产步调一致。

南立面(局部)

南立面

3. 运用现代的组织方式和现代的技术手段来实现：

生产速度的提高，产品性能的优化，成本大幅度的降低。

机械设备（空调系统、电梯机房、备用柴油机等）布置在人造地面中。

底层架空柱，构成"绿色城市"的一个基本要素。

"居住单位"包含23种不同的户型，分别对应：

1 单身；

2 夫妇；

3 有2个孩子的夫妇；

4 有2个或4个孩子的夫妇；

5 有3个或5个孩子的夫妇；

居住单位总共可容纳337户家庭，组织在130m长、56m高的大厦中，通过5条相互重叠的内部街道相连通。

在建筑的中间层设有：

内部生活必需品供应街道（鱼店、肉店、面包店、乳品店、猪肉食品店、食品杂货店、酒吧、餐厅等），

客房，

旅店式服务。

在屋顶上设有：

——幼儿园及儿童活动场，与第十七层的托儿所相通；

——室内或露天的体育健身场所，一条300m长的跑道；

——日光浴场

电梯，3部一组，各准乘20人，由专业的电梯操作员控制；第4部用作货梯（运送儿童车等）。

入口大厅设有门房，服务于居住单位中1600位居住者的出入。

不再雇佣仆人（这在世界范围内越来越普遍），于是，要求设立公共服务机构，要为住宅提供一种新的布局及其衔接、一种新的内部循环及其设施：

精确的空气（由居住者控制）；

强力抽风（厨房的通风罩）；

充足的人工照明；

热水供应（由居住者控制）；

垃圾管道；

冰冻饮料及生活必需品送货上门；

设于各层的洗衣房和自助餐厅。

自米什莱大街望

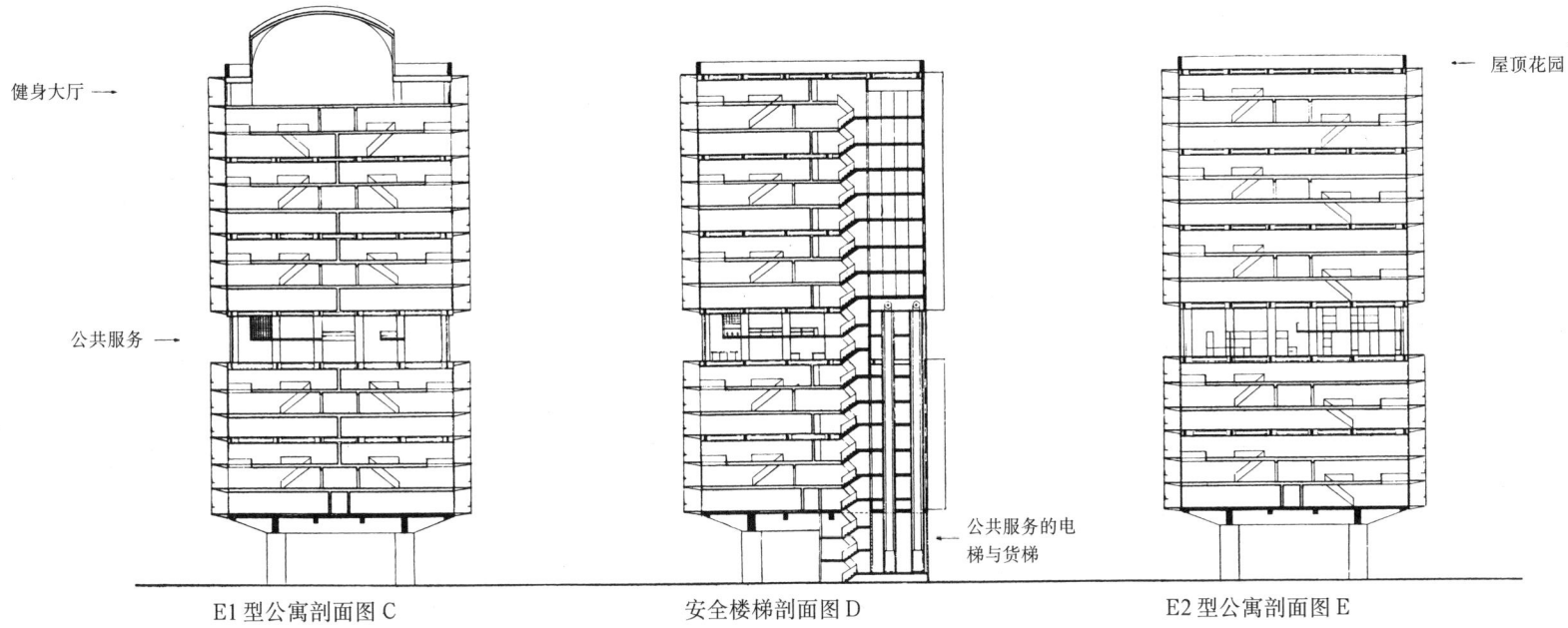

健身大厅 →

公共服务 →

公共服务的电梯与货梯

→ 屋顶花园

E1 型公寓剖面图 C   安全楼梯剖面图 D   E2 型公寓剖面图 E

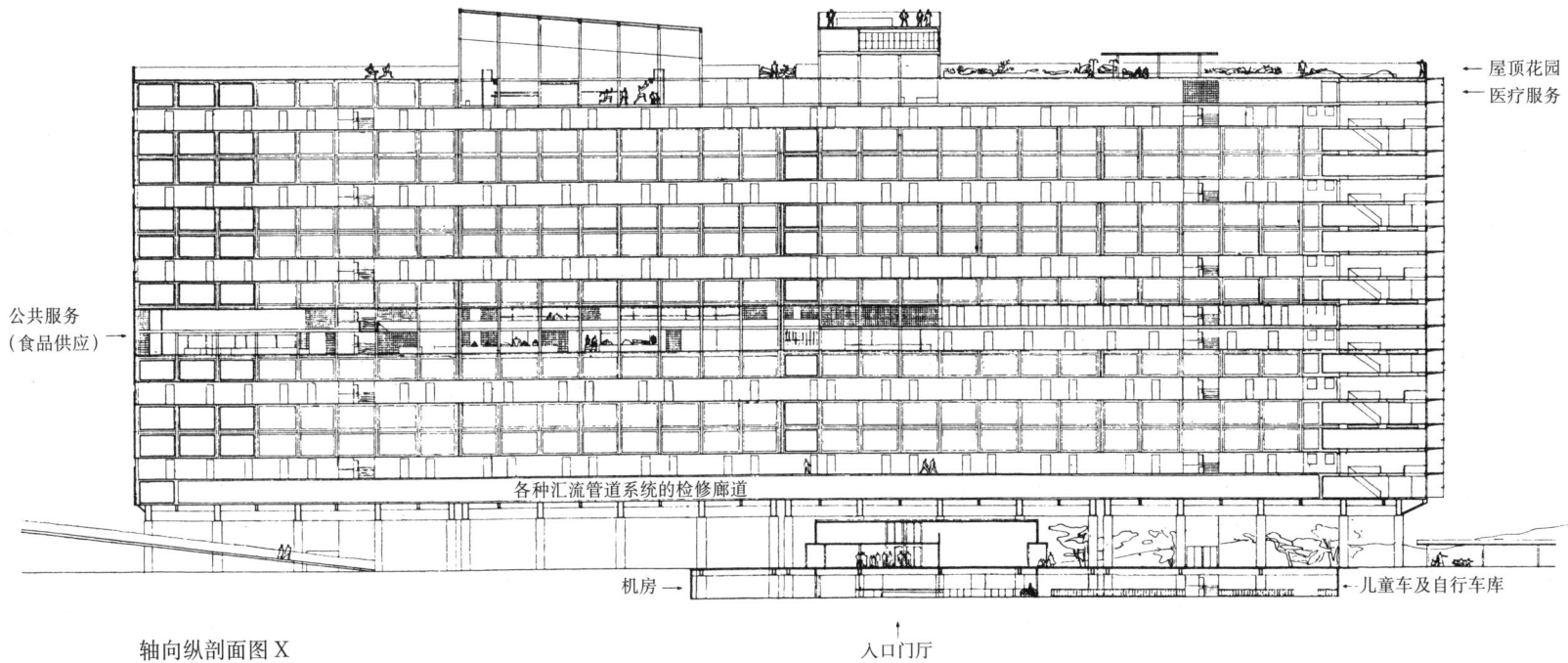

→ 屋顶花园
→ 医疗服务

公共服务
（食品供应）→

各种汇流管道系统的检修廊道

机房 →

→ 儿童车及自行车库

轴向纵剖面图 X   入口门厅

剖面 F

轴向剖面(H)

剖面 G

剖面 C

剖面 D

剖面 B

剖面 A

剖面 E

基座平面

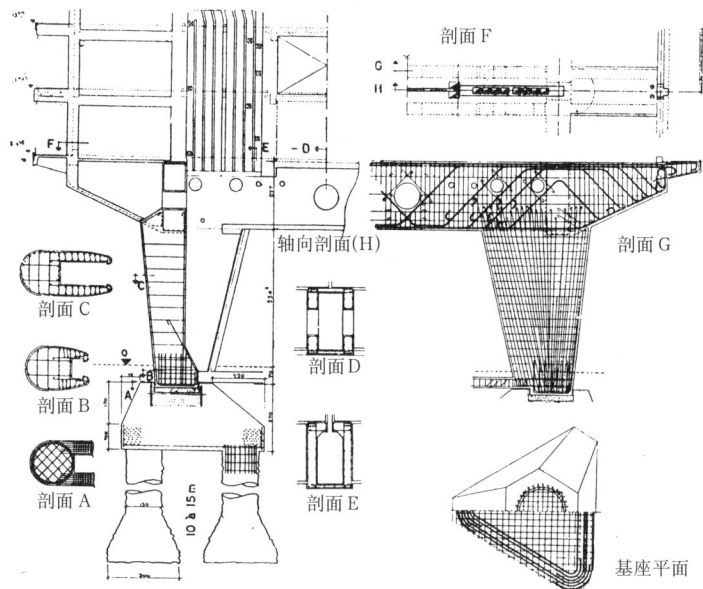

每一个底层架空柱的基座由3个直径1.50m的桩基承托，桩基底端扩大呈蘑菇状，插入地面以下约10m深处。

位于底层架空柱顶部的"人造地面"构成一个长135m、宽24m的平台，安置在17根间距8.38m的横梁上。底层架空柱用钢筋混凝土建造，其形式回应着功能：确保工程稳固；作为管道系统的通道。"人造地面"被分成32个小间以容纳机械设备

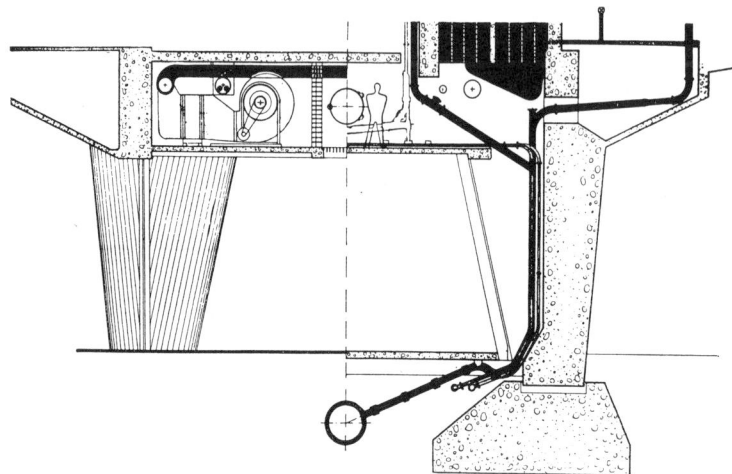

底层架空柱内设有管道系统的通道

"人造地面"通过安置在棱台形基座上的底层架空柱与自然地面联系起来

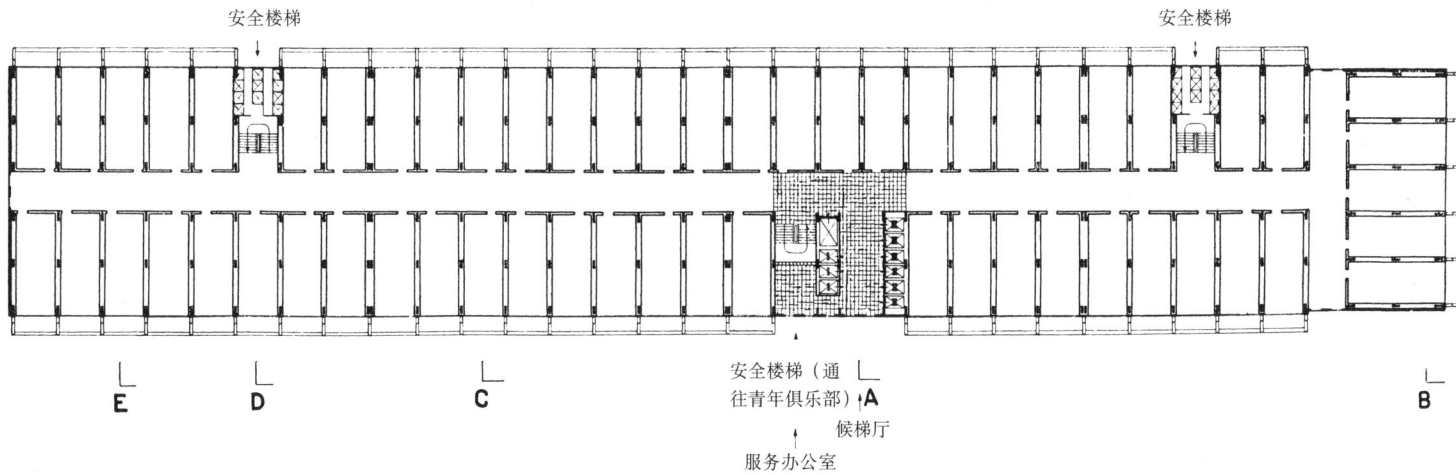

安全楼梯　　　　　　　　　　　　　　　　　　　　　　　　安全楼梯

E　　　D　　　　　　　C　　　　　　　　　　　　　　　　　　　　　　　　　B

安全楼梯（通
往青年俱乐部）A
候梯厅
服务办公室

标准公寓层

　　内部街道层平面图。标准公寓层包含 3 个楼层。内部街道位于中间
层平面。每套公寓有两层，占据内部街道层的一个开间及其上层或者下
层的 1、2 或者 3 个开间

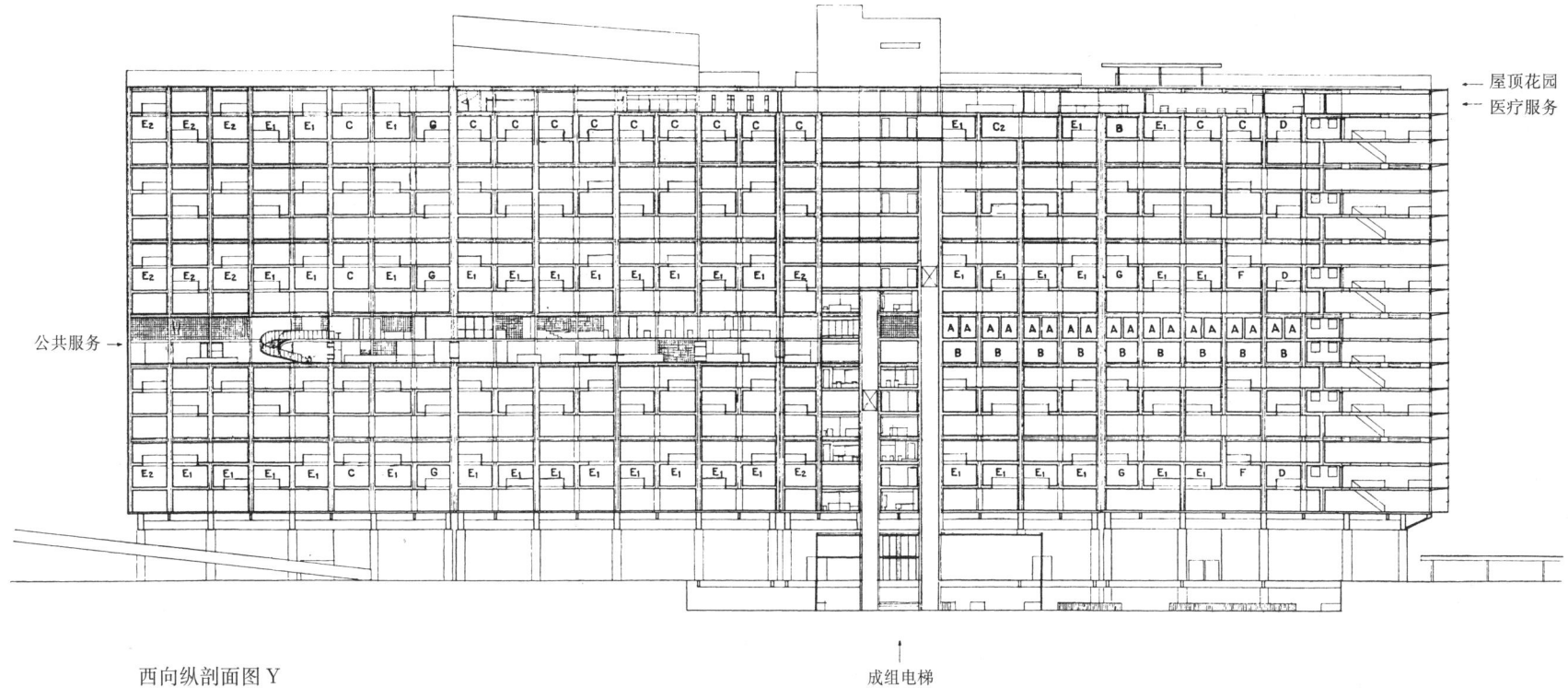

屋顶花园
医疗服务

公共服务

西向纵剖面图 Y

成组电梯

青年俱乐部布
局示例

青年俱乐部　　艺术工作室　　女青年工作室　　儿童俱乐部　　影像工作室
　　　　　　　　　　　　　　（厨艺，缝纫等）

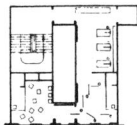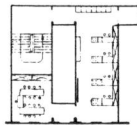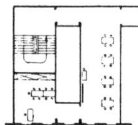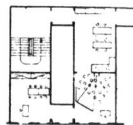

在楼梯的休息平台层以
格架的形式为每户设有
一个"地窖"

安全楼梯　　　　　　　　　　　　　　　　　　　　　　　　　　　　　安全楼梯

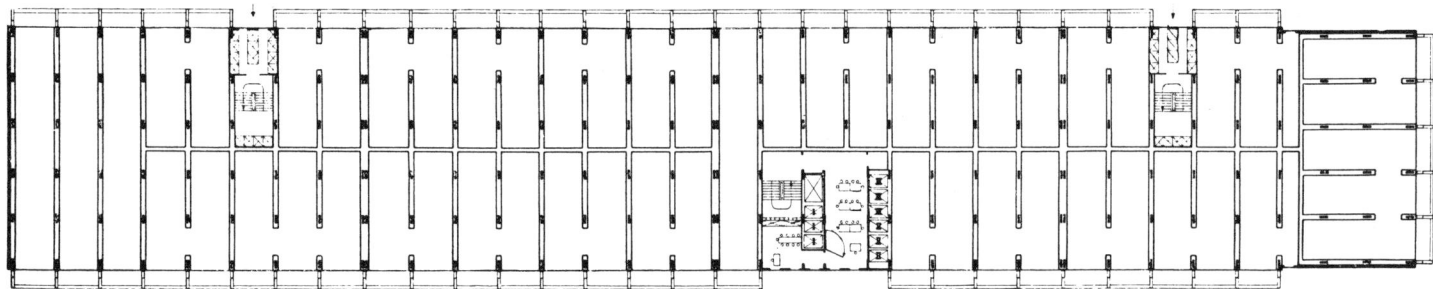

E　　D　　C　　↑A　　　　　　　　　　　　　　　B
　　　　　　　　青年俱乐部

标准公寓层
　　　　上层平面图。下层平面与此相似。候梯厅上层和下层的自由空间用作青年
俱乐部（每个标准公寓层拥有2个这样的俱乐部；大厦中共有9个俱乐部）

屋顶花园 →
医疗服务 →

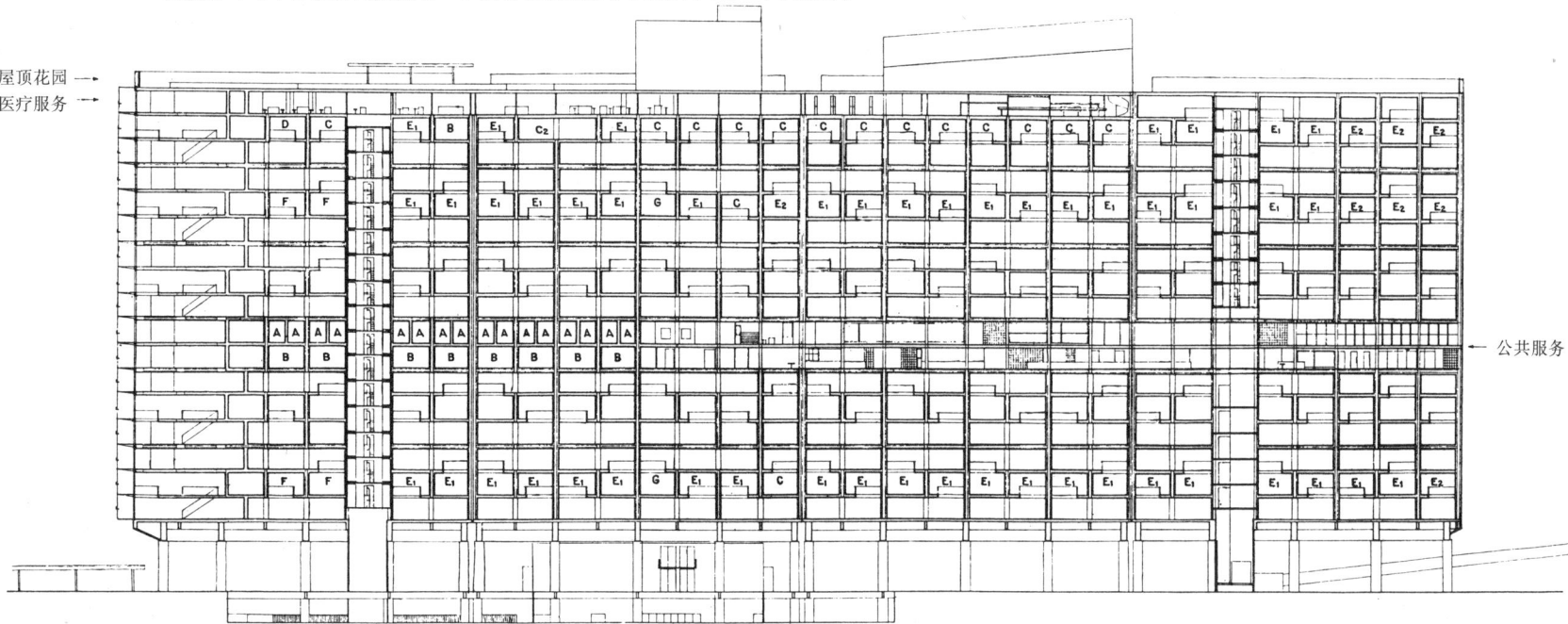

→ 公共服务

安全楼梯　　　　　与汽车港衔　　　　安全楼梯
　　　　　　　　　接的天桥　　　　　公共服务电梯

东西向纵剖面图

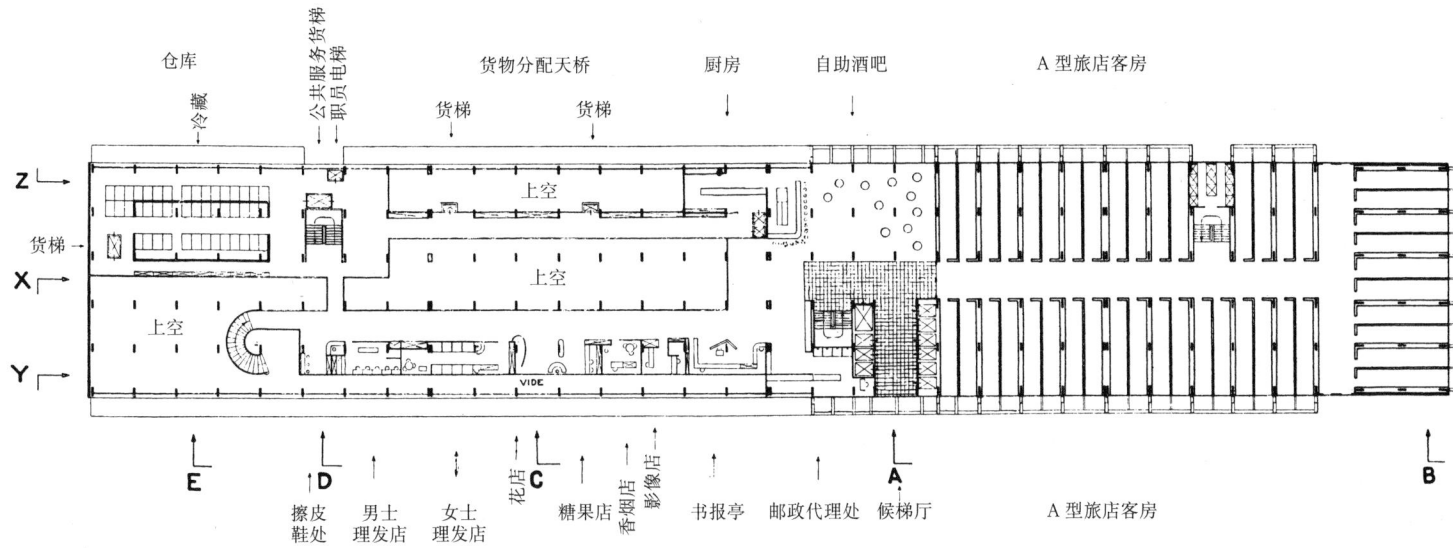

公共服务层
上层平面图。建筑的南端设有由 44 个 A 型套间构成的旅馆

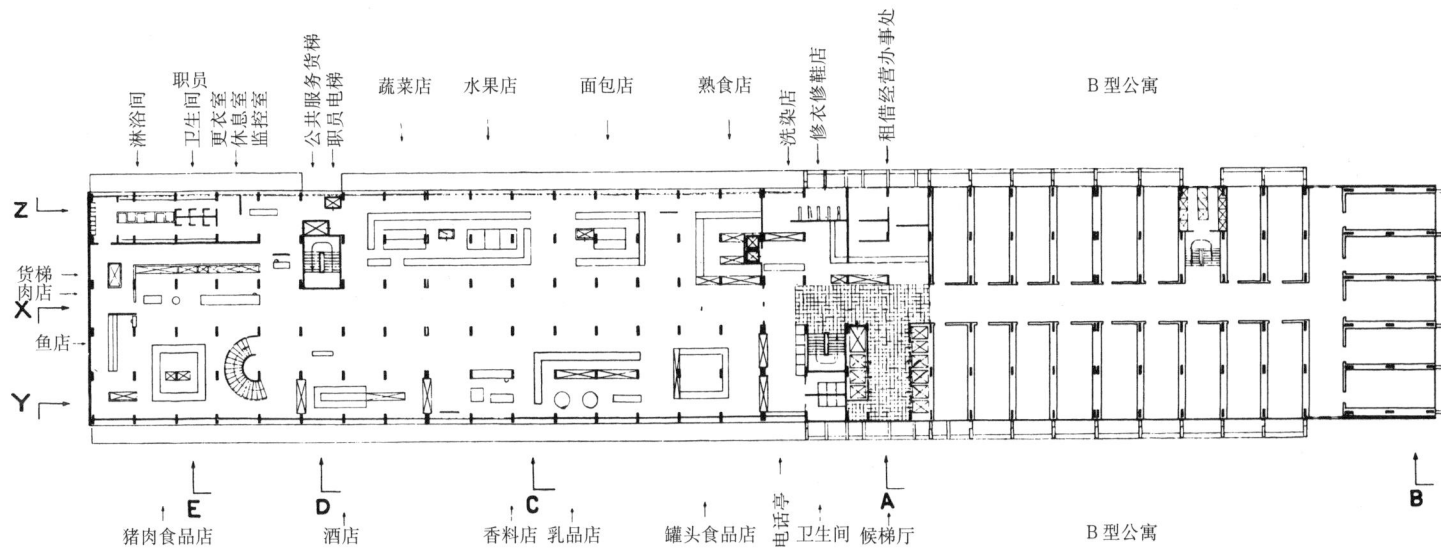

公共服务层
下层平面图。建筑的南端设有为单身汉和没有孩子的夫妇提供的 B 型公寓（单层）

屋顶设施(模型置于真实风景中的
合成照片),包括:

1 幼儿园及儿童活动场,与十七层
  的托儿所相通;
2 室内或露天的体育健身场所;
3 日光浴场和露天咖啡座;
4 用于总体分配的水箱;
5 两个通风塔;
6 300m 长的跑道

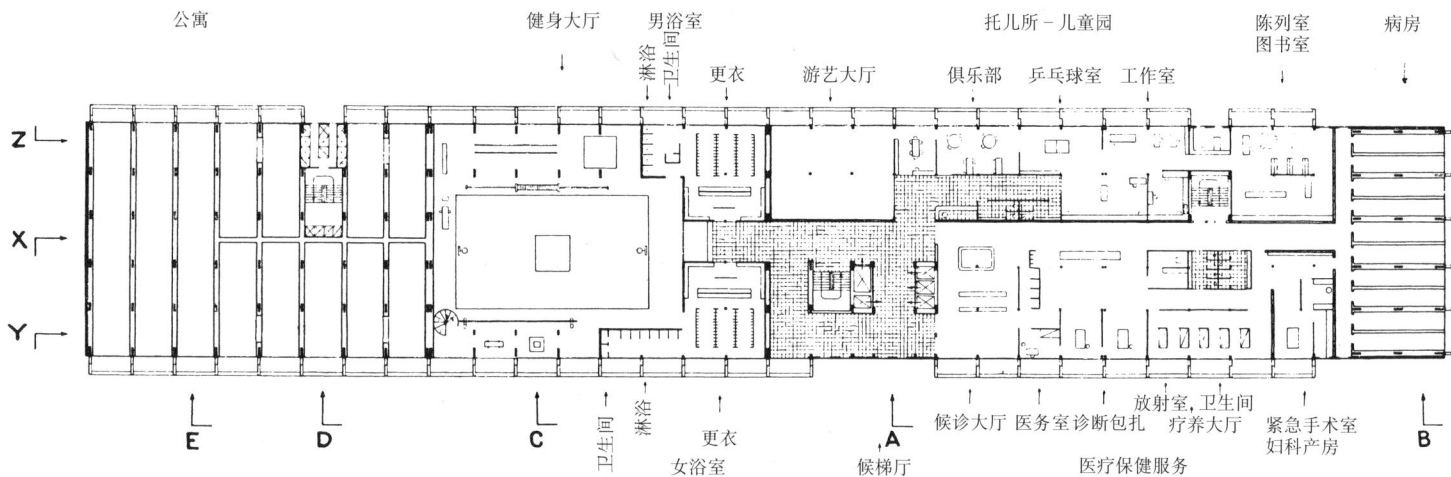

医疗保健服务层平面图

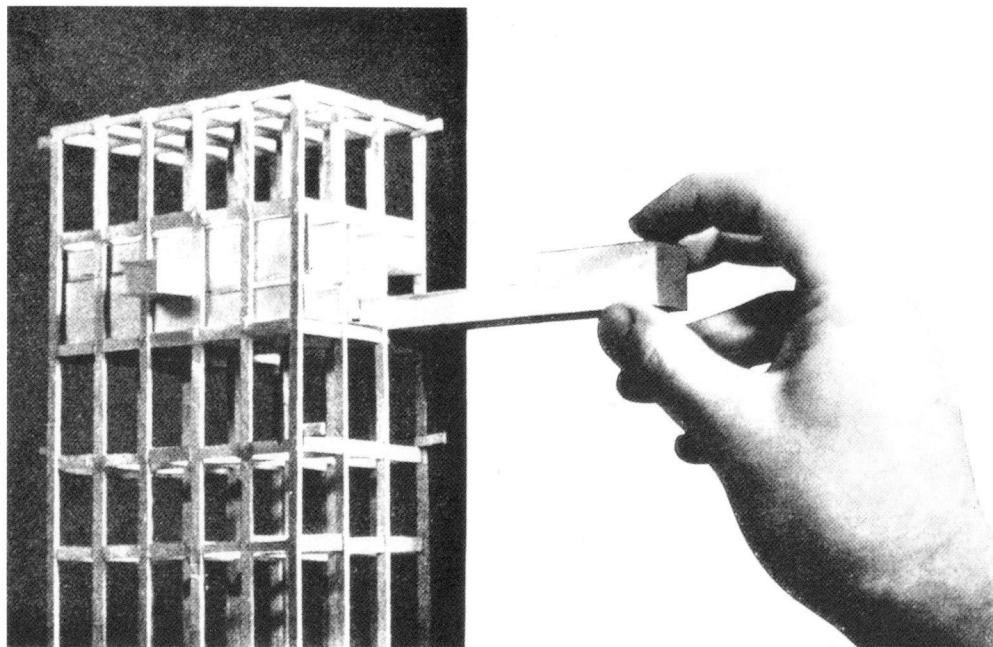

这个结构模型表现了建筑的 3 个开间。每套公寓的结构完全独立于钢筋混凝土骨架。公寓通过一些基本模块的组合来实现。这些基本模块由预制的壁板构成，在骨架间进行现场组装（这种施工方式已申请专利）。

这些基本模块通过隔声铅垫安放在骨架上。如此一来，各套公寓之间彼此完全独立，从而彻底地隔绝了噪声。

厨房、主卧、儿童房（单铺或者上下铺），运用这 3 种预制的基本模块可以组合出多种多样的户型

楼层中的钢筋混凝土骨架

断面标准的冷压或热压型钢构成的梁架安放在隔声铅垫上

"人造地面"细部

"人造地面"

"人造地面"的模板（机械设备就安放在"人造地面"中）

"人造地面"细部

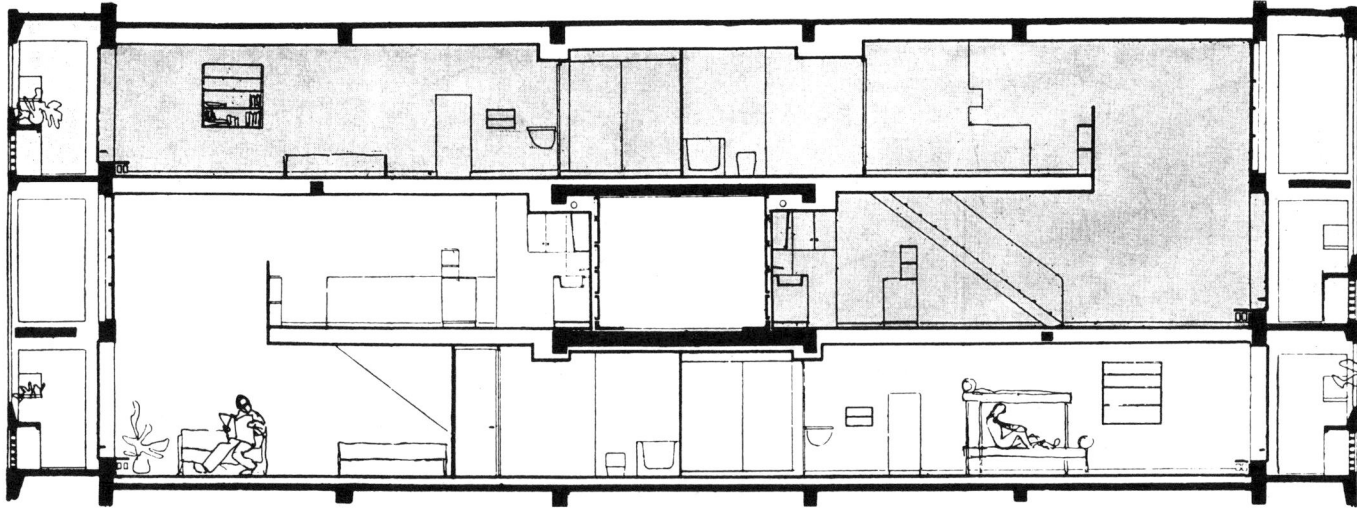

E$\frac{3}{2}$型公寓

**"互"字型对生公寓的纵剖面图；
一条内部街道连通各个公寓**

E$\frac{1}{2}$型公寓

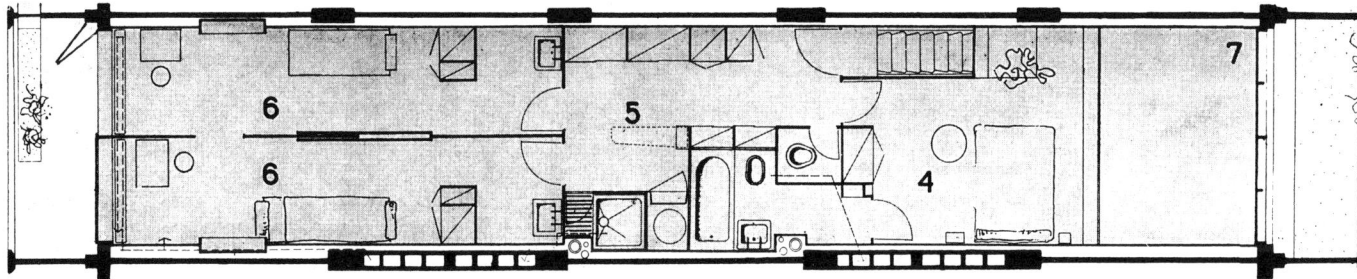

E$\frac{3}{2}$型公寓平面图

1　内部街道
2　门厅
3　起居室／厨房
4　主卧室／浴室
5　格架，壁橱，烘干室，熨衣板，
　　儿童淋浴
6　儿童房
7　起居室上空

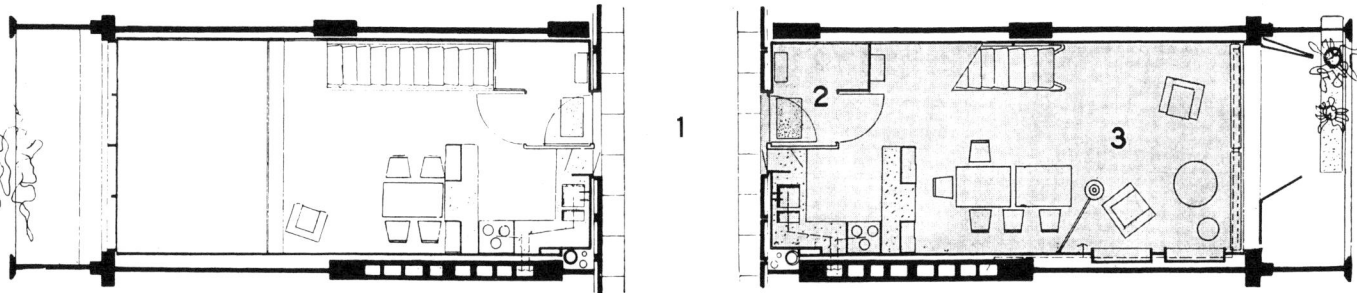

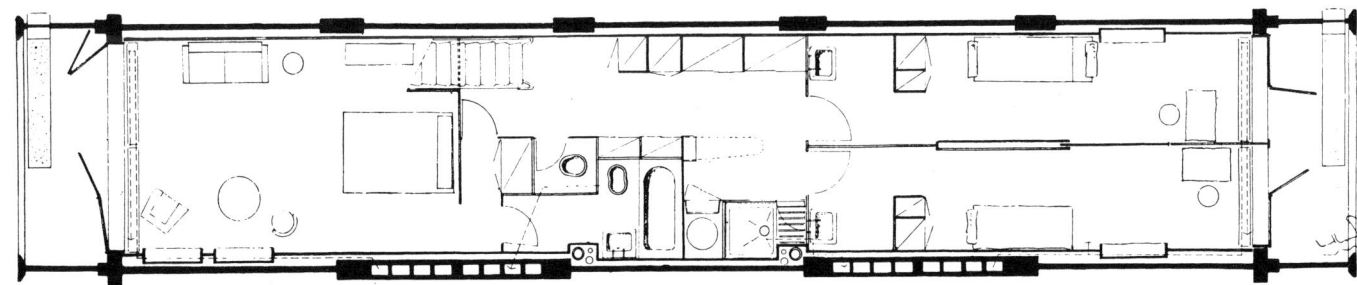

E$\frac{1}{2}$型公寓平面图

两套相邻公寓分户墙的典型剖面

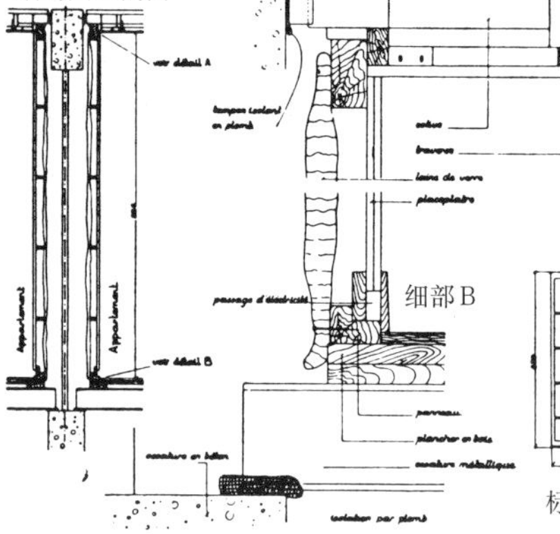

细部 A

细部 B

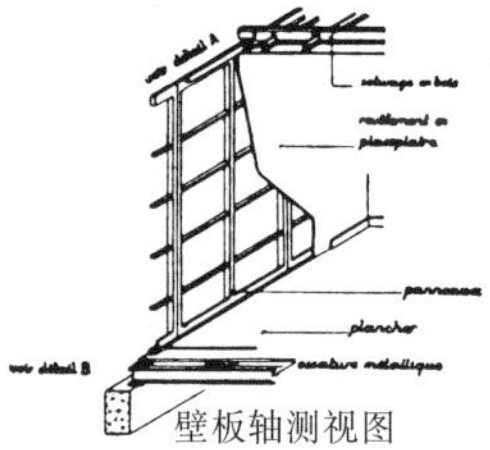

壁板轴测视图

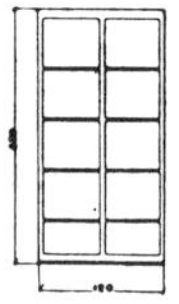

标准壁板

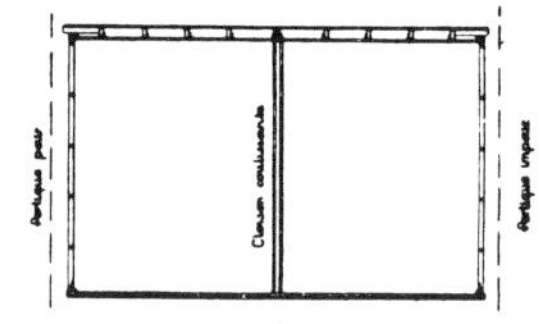

儿童房的剖面

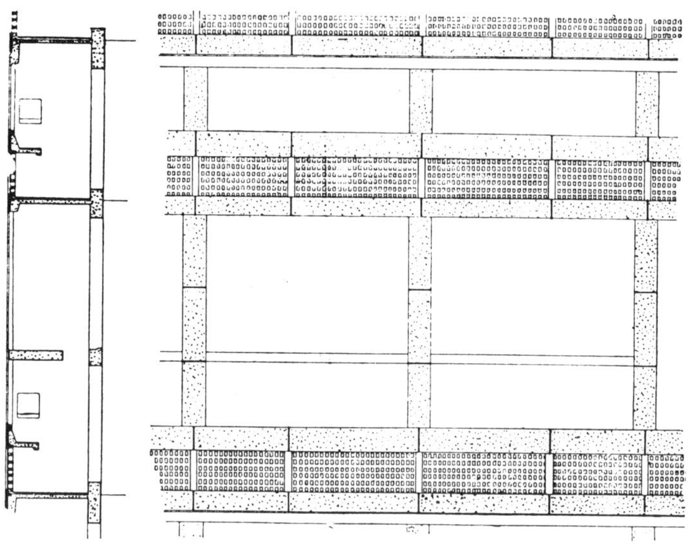

凹阳台"遮阳"的立面与剖面图

隔声

为了隔绝每个单元所采取的防范措施，完全可以从声学的角度确保居住者的宁静。

每套公寓不与建筑的骨架直接接触，而是以铅垫为中介。

楼板

楼板用经过防火处理的木板建造，固定在金属梁架上；上面铺橡木地板。

墙

由各层楼板承托公寓的分户墙与隔墙。隔墙以经过防火处理的木材为骨架，覆以石棉水泥板或者石膏板。

顶棚

顶棚的构造与隔墙相似。

凹阳台"遮阳"

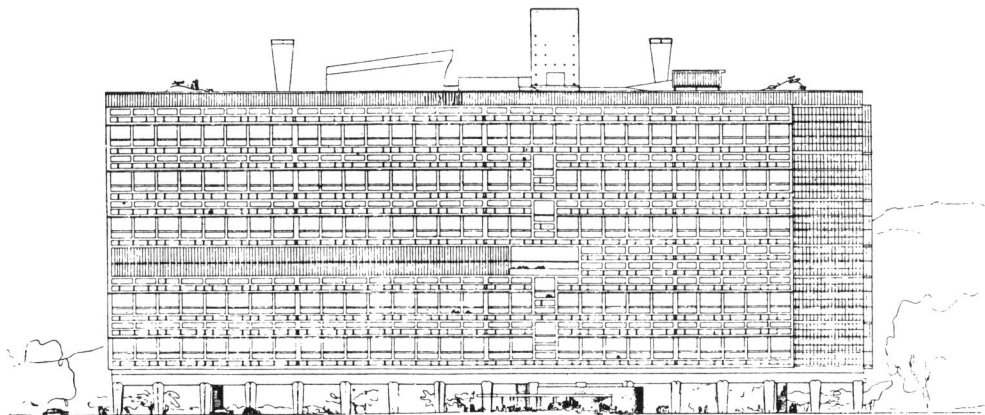

西立面（定稿）

E型公寓的主卧室

尺度，比例，和谐

家具、设施、围合、整体，其长、高、深、体量、容积、形式，皆赋以尺度。要使之和谐，即需要引入一种比例的协调。这种协调源自人的身体与他所处环境的关联。

数学，统摄宇宙，统摄一切；尤其，它以黄金分割的比例铭刻于人体。黄金分割，能够提供无限尺寸系列的天赋的比例，愉悦我们的眼睛，愉悦我们的精神

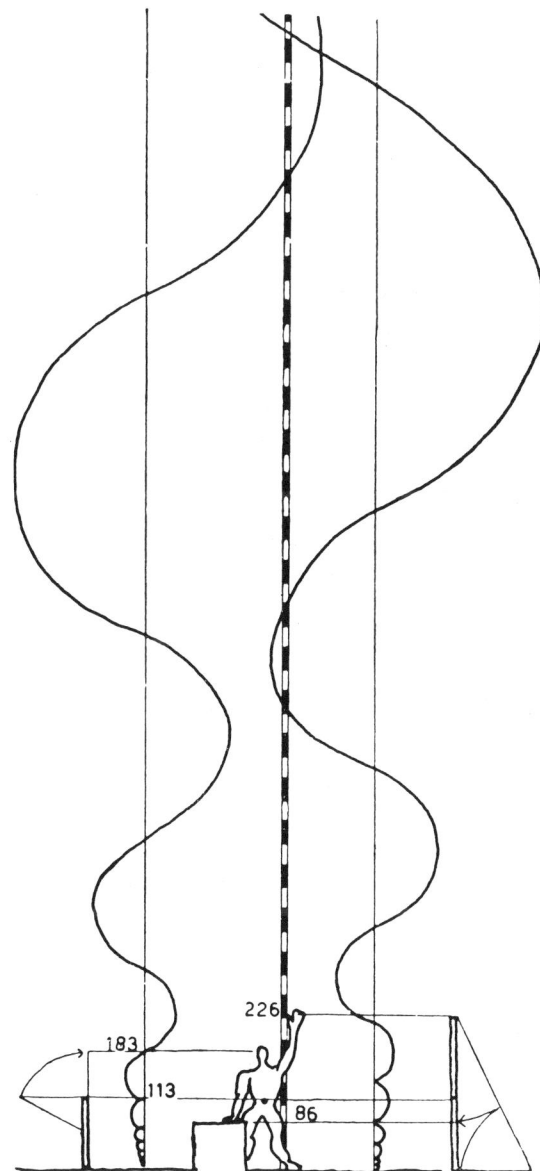

采暖和通风

夏季，建筑的温度通过输送加湿和冷却的空气来调
节。空气由立面进入，从住宅单元的中部（厨房，浴室，
卫生间）排出，从而确保了室内空气的充分流通

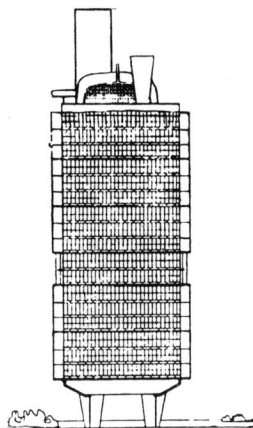

北立面图

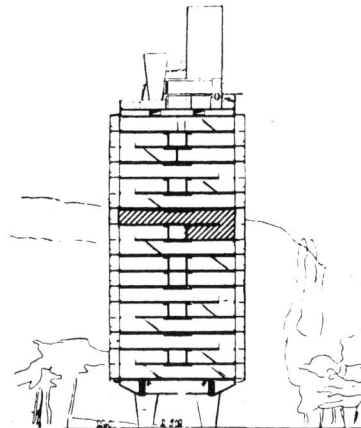

剖面图

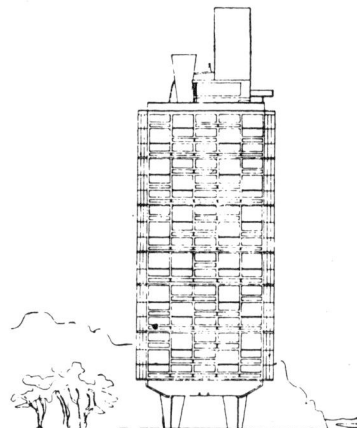

南立面图

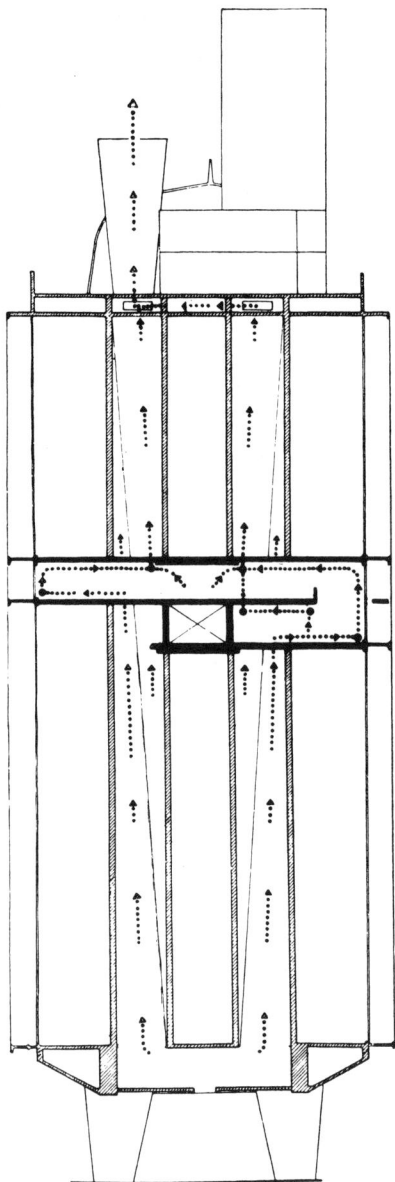

E$\frac{5}{8}$型公寓起居室；尽端设有递菜小窗的厨房

从不同的角度看儿童房。衣柜和书架嵌在墙里

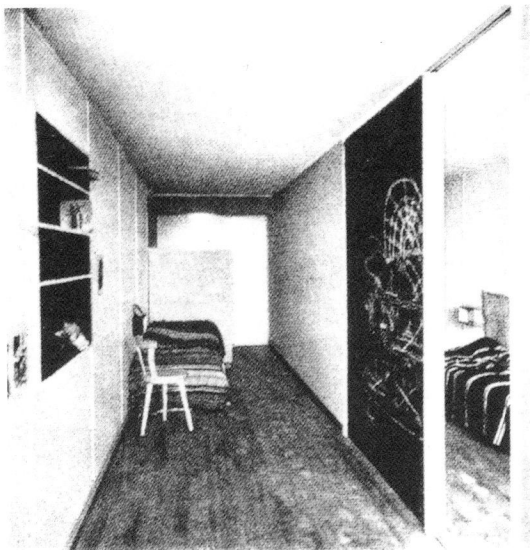

儿童房,移动隔墙半开

玻璃墙面敞开

E型公寓

儿童房,可以通过一个可移动的隔墙来分开每个孩子。
朝"遮阳"内阳台望

振捣混凝土和现浇混凝土的审美

一种阳台护板，其自身就构成"遮阳"

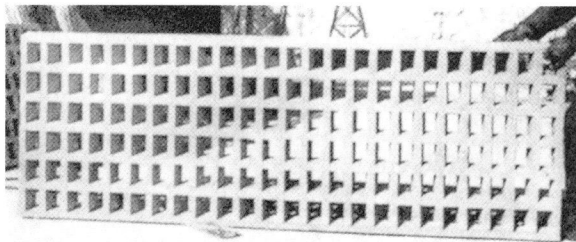

振捣混凝土构件
"遮阳"和立面的覆盖层（由直接脱模的振捣混凝土预制
构件装配而成）

入口门厅的混凝土外墙上"烙"有"模度"的形象

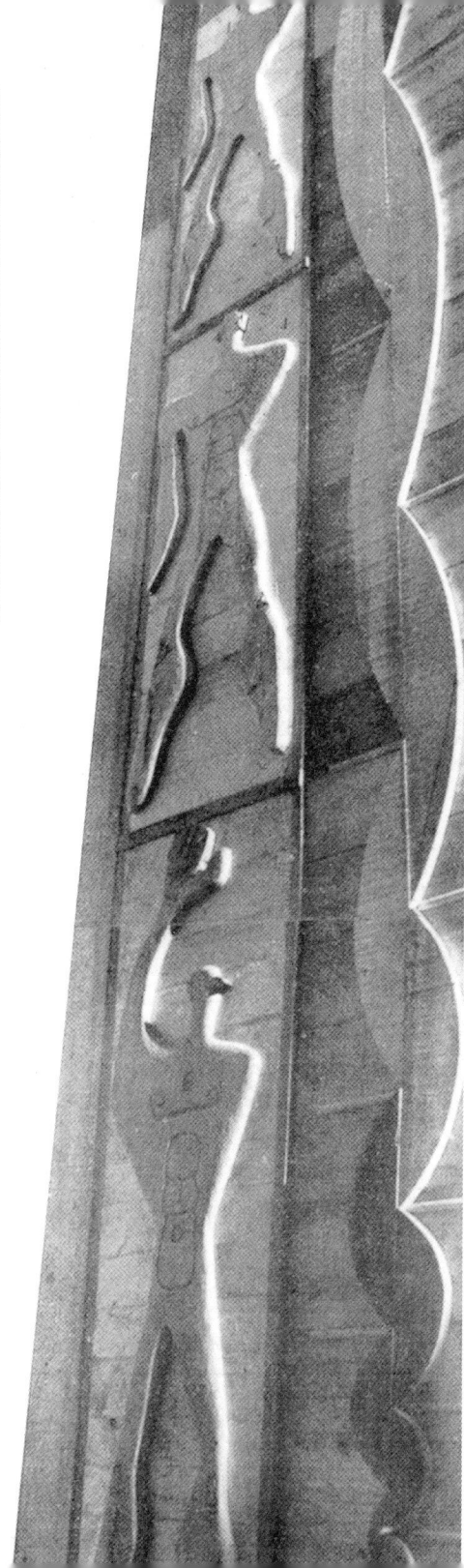

模板拆除后裸露的现浇混凝土

木模板

La Cité-jardin horizontale

une unité d'habitation de 1600 habitants réclame 320 petites maisons et couvre 200 Hectares pour 10 000 habitants

à multiplier par 320

200 Ha

La Cité-jardin verticale

une unité d'habitation de 1600 personnes réclame un seul bâtiment et couvre 25 Hectares pour 10 000 habitants.

25 H

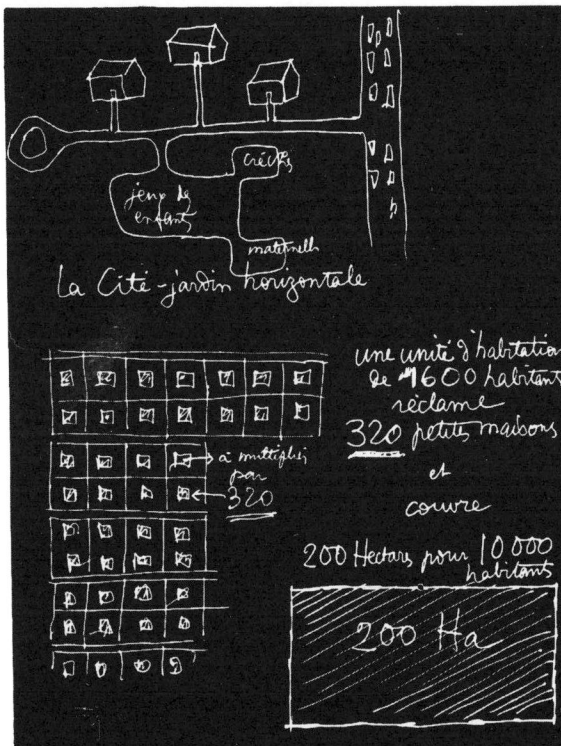

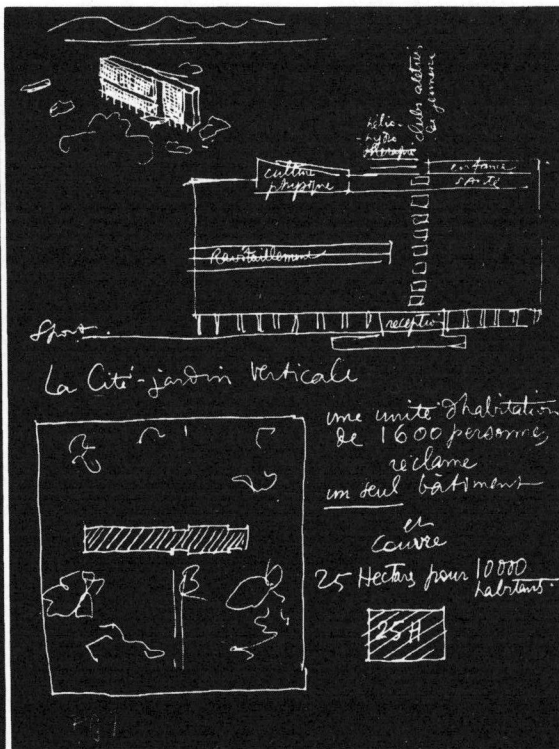

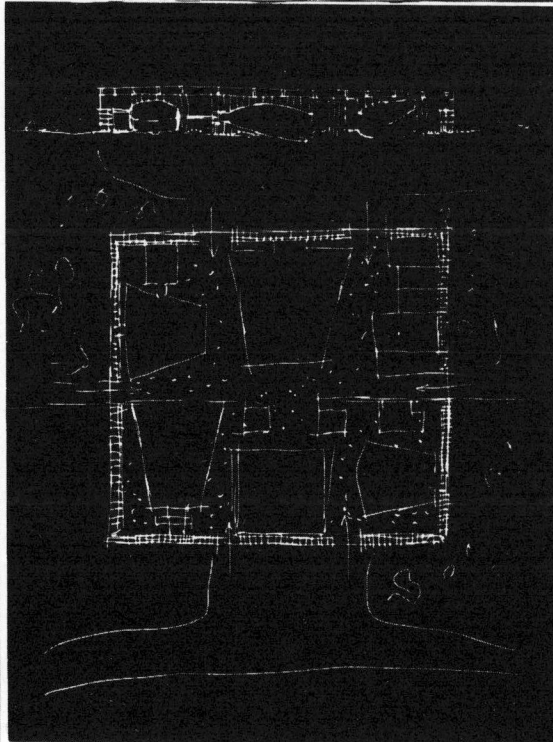

纽约联合国总部大厦，1946 年

（1946 年夏，柯布作为法国代表，参与联合国总部的建造。右图是他在纽约完成的论证）

作为委员会的一员，柯布意识到他所面临的是一个引人入胜却又相当棘手的问题：如何促成一座城市的诞生，以使它成为一个首领，一个总部，一股强大的行动的力量；如何回应《雅典宪章》的标语——居住，工作，交通，休闲（修身养性）——使现代生活得以在此尽情绽放。

问题是完整的：首先要选定一片基地，为此，需要认真设想，有朝一日，怎样的建筑将在这片基地上竖起。

实际上，要决定的是一个现代城市规划有机体的诞生。就其诞生所应具备的条件，柯布以一份由 60 页文本和 20 张简图构成的报告给出了极为清晰的论证。

1946 年 12 月

联合国作出决定，将总部设在纽约东河岸，第 42 和第 48 大道之间（一块 450m × 150m 的基地），并决定立即着手兴建秘书处、集会厅和议会大厦。

La Cité-jardins horizontale

DENSITÉ :
50 habitants à l'Hectare

en plan

le profil

pour loger 10.000 habitants il faut 200. Ha = un terrain de 2000m × 500m

2000 metres — 200 Ha

"La Cité-jardins horizontale"

1000 habitants

DENSITÉ :
400 habitants à l'Hectare

en plan

le profil

pour loger 10.000 habitants il faut 25 Ha = un terrain de 500m × 500m

500m de côté — 25 Ha

La "Cité-jardin verticale"

---

efficience reconnue = 33 étages

= 115 m au-dessus des pilotis
+ 10m d'archives
+ 10 de pilotis
+ 5 de toitures jardin
——————
140 m de hauteur

le profil — +140 m

pour loger 5000 employés il faut un terrain de 4 Ha = 200m × 200m

200m de côté — 4 Ha

Secrétariat : les Bureaux

Ass. Générale — Commissions

6400 m² — 3000 persons — 80 m

Conseil 25m 1000 m² — Conseil 100m — 20m 10 Salles

les Salles

2+10+3+170+3+10+2 = 200m

un bureau de délégué

pour abriter les auditoriums
les pas-perdus
les bureaux
la circulation
il faut un terrain de 400×400m = 16 Ha

400m — 16 Ha

Bâtiment des Auditoriums

Addition — Ha

200		
25	habitation pour 20.000	1
4	secrétariat	2
16	Auditorium	3
20	Délégations	4
4	Hôtellerie 1000 appart²	5
50	Mundaneum	6

200
25
4
16
20
4
50
——
319

MAIS ce serait folie d'adopter 10.000 logés en cité-jardin horizontale

Adoptons : 5000 = 100 Ha
5000 en verticale 12½ Ha

- 100
219
12½
Ha 231½

nos besoins : 230 Ha

2000 m

---

en adoptant un terrain de 10 miles² nous avons une marge de 9 contre 1.

模型《23-A》，按照柯布于
1947年1月28日～3月10日
间所拟定的方案制作。这个模
型成为规划署工作的轴心

纽约联合国常驻总部规划，1947年

规划署
规划总监：
Wallace K. Harrison
顾问建筑师：

澳大利亚	Soilleux
比利时	Brunfaut
巴西	尼迈耶
加拿大	Cormier
中国	梁思成
法国	勒·柯布西耶
瑞典	Markelius
苏联	Bassov
英国	Robertson
乌拉圭	Vilamajo

1947年3月15日，顾问建筑师们被召集到
纽约。

"光辉城市"首次出现在
曼哈顿的城市肌理中

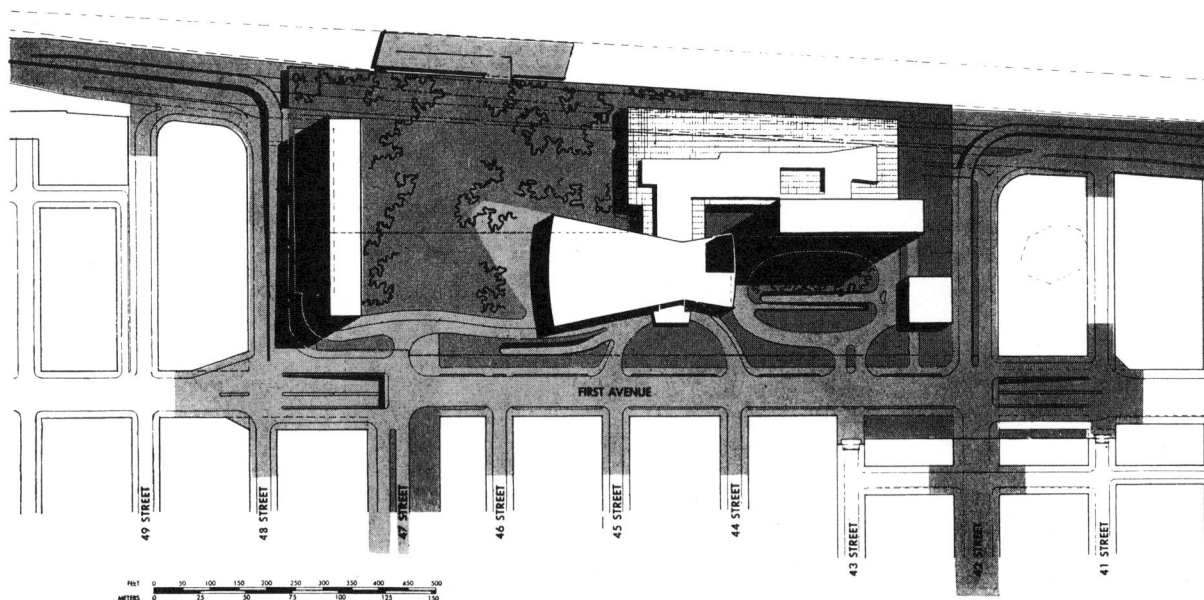

FIRST AVENUE

49 STREET · 48 STREET · 47 STREET · 46 STREET · 45 STREET · 44 STREET · 43 STREET · 42 STREET · 41 STREET

FEET 0 50 100 150 200 250 300 350 400 450 500
METERS 0 25 50 75 100 125 150

"光辉城市"型建筑及城市化的解决
方案出现在纽约街道构成的方格网之中

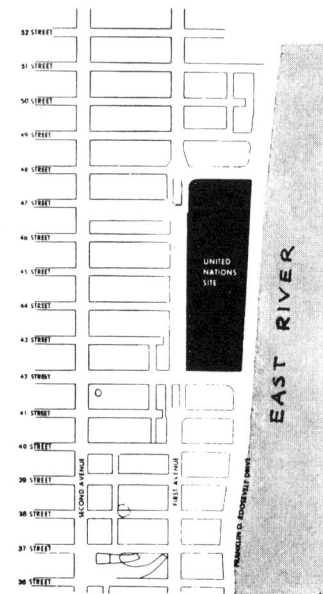

地形图

UNITED NATIONS SITE

EAST RIVER

SECOND AVENUE · FIRST AVENUE · FRANKLIN D. ROOSEVELT DRIVE

纽约的方格路网

映在纽约天空上的笛卡儿摩天楼

当前实施的方案

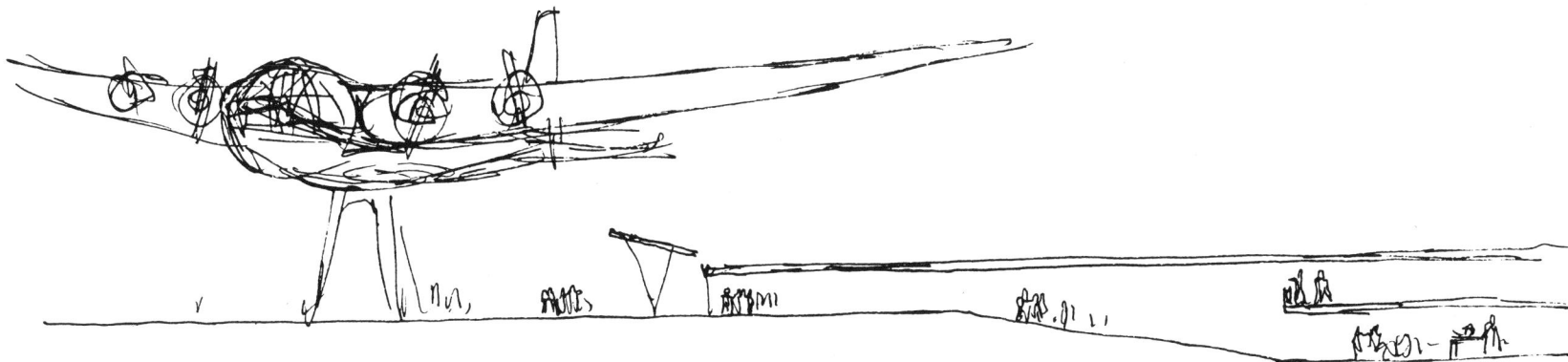

飞机场航站楼剖面图

一个现代飞机场：a处机场航站楼的建筑高度仅为3m

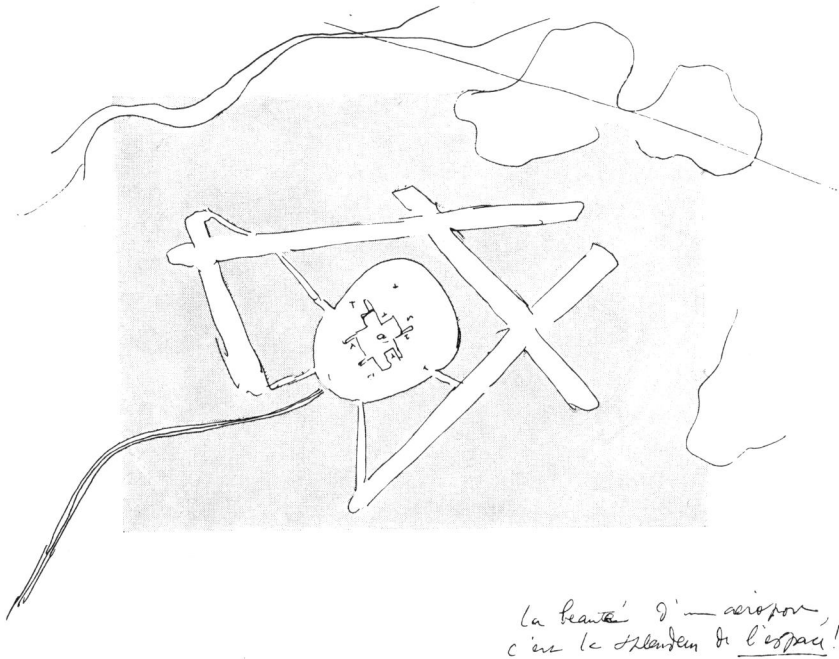

La beauté d'un aéroport, c'est la splendeur de l'espace!

建筑和现代机场，1946年

1945年，柯布主持了战后首届法国航空工业年会地面设施分会。

以此为契机，他发表了关于机场建筑基本概念的声明：二维建筑。

一旦着陆，似乎惟有一种建筑能够被容忍，能够被完全地接受：那便是载你而来或将携你而去的飞机，了不起的飞机，它将占领你面前全部可见的空间。它的生物学，如此的生物学；它的形式，是一种如此和谐的表达；在它面前，任何建筑都相形见绌，任何构筑物都变得难以容忍。

也许，一座机场应当彻底裸露，环顾四周，惟见天空、草场和混凝土的跑道。

"一座机场的美，那是空间的壮阔！"

一面墙，由精美的石材砌筑，高2.50m，其后将随意展开海关及各种服务用房，以及必不可少的地下空间。它将成为这片基地上竖起的惟一的建筑元素。

起飞，亦如降落，机场将在由跑道构成的精确图案中浮现。如果你愿意，乘客将着陆在由鲜花构成的最典雅最高贵的花坛上，着陆在鲜花与勃艮第的精良石材构成的图案中!

离开座舱——那里的一切都极度遵循人体的尺度——便进入同样符合人体尺度的场所。学院式的火车站大厅总能勾起可怕的乡愁，那种形式的机场大厅，则更加令人沮丧（无论城市多么美丽，华盛顿抑或纽约）。

我们有荷兰的郁金香园，我们有凡尔赛的锦绣花坛!

书　目

1922 年　《走向新建筑》
1923 年　《现代绘画》
1924 年　《今日之装饰艺术》
1924 年　《城市规划》
1926 年　《现代建筑年鉴》
1928 年　《住宅——宫殿》
1930 年　《精确性》
1932 年　《十字军东征》
1935 年　《飞机》
1935 年　《光辉城市》
1937 年　《当大教堂是白色的时候》

1938 年　《枪炮，弹药？不，谢谢！请给我们住宅》
"机器文明的装备"丛书

杂　志

1919～1925 年　《新精神》
1930～1933 年　《规　划》
1933～1935 年　《前　奏》

巴黎"艺术与技术"国际博览会"新时代馆"专题
（1937 年）

作家柯布西耶

文　章

《住宅的科学》
《决断：1. 垂直花园城；2. 水平花园城》
《家庭设施》
《住宅设施》，（《风格法兰西》）
《不可言喻的空间》，（《今日建筑》）
《国土结构研究引言》，（《今日建筑》）
《指导性规划的定义》，（《人与建筑》）

1. 机器文明的希望：住宅
　　你想要战争吗？
　　毁灭……还是武装……
　　温森纳　1932 年
　　凯勒芒 1934 年

2. 提纲：1937 年 新时代馆
　　装配，装备
　　多色＝愉悦
　　自 100 年前
　　CIAM：雅典宪章
　　CIAM 第四次年会：1933 年 雅典
　　城市规划发展史
　　巴黎的苦难
　　愿　望
　　"巴黎 1937 规划"
　　不洁的住宅群No.6
　　"光辉农场"

3. ……现在，你还想要战争吗？
　　日　志
　　开幕式及轶事

LE CORBUSIER

LE LYRISME DES
TEMPS NOUVEAUX
ET L'URBANISME

LES EDITIONS DU POINT
6 RUE RAPP, COLMAR

COLLECTION PRÉLUDES · THÈMES PRÉPARATOIRES À L'ACTION

LE CORBUSIER

DESTIN
DE PARIS

LE CORBUSIER

SUR LES
4
ROUTES

nrf

GALLIMARD
Troisième édition

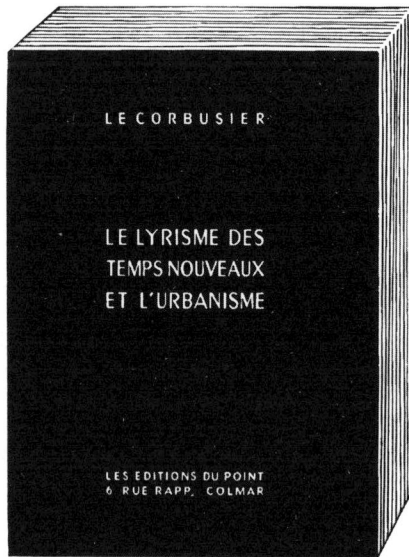

1939 年　《新时代的抒情诗与城市规划》
Point 出版社，科尔马

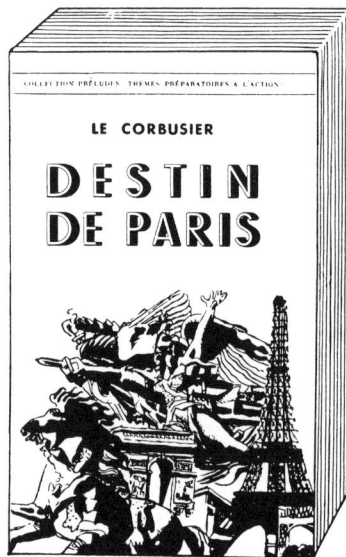

1941 年　《巴黎的命运》
Sorlot 出版社，巴黎

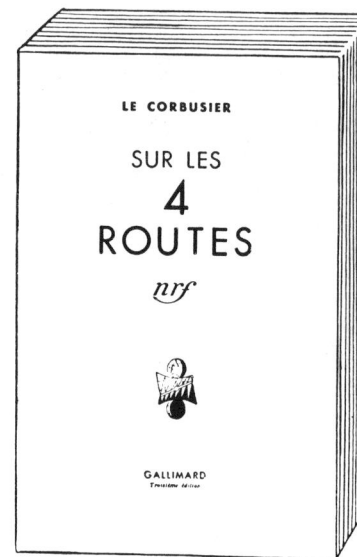

1941 年　《4 条路上》
Librairie Gallimard

"人类的事业之传承，不是因其有用，而是因其感人"

光辉城市
"建筑，即建造庇护"
布宜诺斯艾利斯
里约热内卢
讷穆尔，阿尔及尔　1931/1934/1939 年
Badjarah 先生的地产，阿尔及尔
光辉农场
巴黎复兴
新时代馆 1937 年
巴黎历史

"行动的预备主题"——《前奏》合集
巴黎的现实
住宅：细胞
传统住宅
新型住宅："光辉城市"
城市：分区及交通
巴黎未被占用的土地
形势分析
不洁的住宅群No.6
发挥个人积极性
横贯巴黎的东西主干道
传统脉络
必然结果
结　论

第一部分　引　论
　　　　　当我们重获和平
　　　　　建筑师的使命

第二部分　4 种路
　　　　　公　路
　　　　　铁　路
　　　　　水　路
　　　　　空　路

第三部分　道路的引导
　　　　　建造艺术
　　　　　管　理
　　　　　预　测

第四部分　结　论
　　　　　百年战争的终结

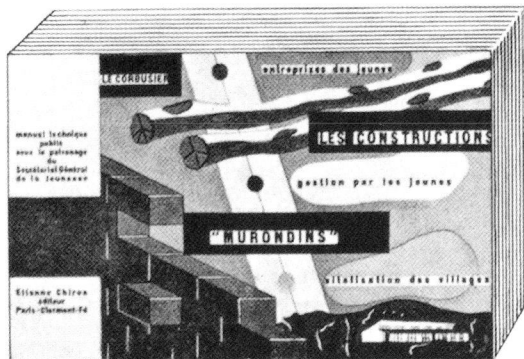

1941 年　《"MURONDINS" 自助建造》
Chiron 出版社，巴黎

1942 年　《人类的家》
Plon 出版社

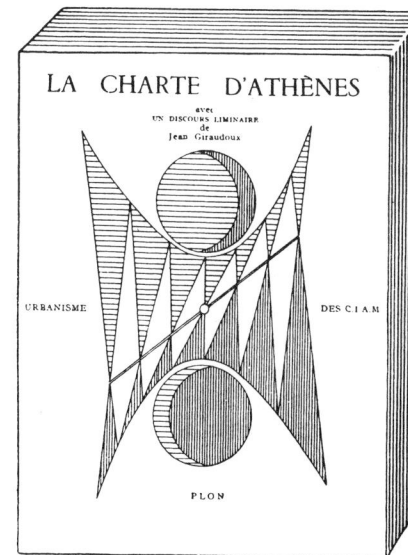

1943 年　《雅典宪章》
Plon 出版社，巴黎

这本书是柯布送给他的朋友——法兰西年轻人——的一件小礼物。

【概要】严峻的考验来临：1940 年 5～6 月间的溃逃！我们意识到，这种时候，不可能再在工厂及时有效地生产遮风避雨的房屋并将其运到指定的地点；面对这毫无希望的局势，突然，如同哥伦布竖鸡蛋，解答出现了——房屋由使用者自己在现场建造，采用现场找到的未经加工的材料：泥土、沙子、原木、树枝、柴薪、草皮块……
　　我们的房子取名"murondins"，即，"墙（mur）"加"原木（rondin）"！

与弗朗索瓦·德·皮埃尔弗合著
人们住得不舒服
新的社会创建它的家
思想混乱，正在铸成无可挽回的错误
人们费尽心思发明了迷惑人的怪物：
花园城
卫星城
人们忽视了地貌的特征、人的特征以及工作环境的方方面面；否则，人们将实现 3 种"尺度相当（符合人体尺度）"的创造：
绿色城市
线型工业城
新生的村镇
这便是法兰西土地的合理分配
获得"基本的快乐"
与自然的协约得到巩固
自然被纳入租约
工程主持
百年来科学技术的征服宣告了建筑革命的完成。一切准备就绪，只待一声令下
建筑的统一源自一个起平衡作用的"建造领域的学说"：
数的法则和太阳的法则
结合地貌
组织者
塑造城市
确定"建筑体量"的类型
制定"土地法规"
开发风景资源
使地区、行省、国家重新焕发活力
体现艺术及历史遗产的价值

CIAM 的城市规划宣言（让·吉罗杜作序）

远离令人无法容忍的宫殿

迈向值得拥有的住宅

迈向居住的新形式

人类的家

为城市，为大地

法国 CIAM 小组的工作

宪章：
城市及郊区
城市危急的现状
居住
休闲
工作
交通
历史遗产
学说要点

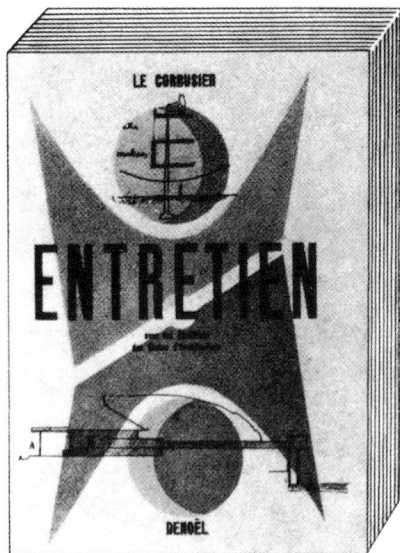

1943 年　《与建筑系学生的谈话》
Denoël 出版社

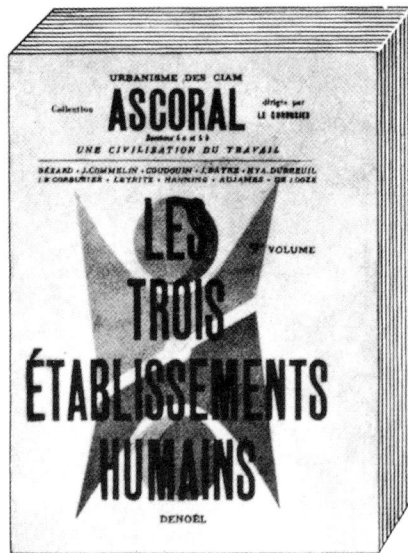

1944 年　《三种人类机构》
ASCORAL 丛书，CIAM 城市规划
Denoël 出版社，巴黎

1946 年　《城市规划的意图（人类的前景）》
Bourrelier 出版社，巴黎

Ⅰ．混乱（建筑的现状）
Ⅱ．盖房子
Ⅲ．建筑
    1　天乃大
    2　场地是建筑构成的基础
    3　关注尺度
    4　建筑被"通过"，被"游历"
    5　交通循环
    6　苏维埃宫
    7　创举
    8　太阳的法则
    9　比例
    10　值得拥有的住宅
    11　民俗学
    12　我的旅行
    13　规模
    14　立体主义
    15　我的住宅将成为一座宫殿
    16　色彩
Ⅳ．一个研究工作室

第一部分　梗概
供给，生产，交换

第二部分　工作的伦理
Ⅰ．精神条件（劳动，知识，自由）
Ⅱ．物质条件（居住，工作，修身养性）

第三部分　3 种人类机构
A．农垦单位
    1．农垦单位的提出
    2．给农民的建议：合作中心
    3．教辅工具：乡村学校
B．线形工业城
    1．三项功能，两种节奏
    2．绿色工厂
    3．横向 4km
    4．纵向 100km（定性）
C．同心辐射型城市
    服务于商业、贸易、政治、思想和艺术

第四部分　现实
Ⅰ．自大西洋至乌拉尔山脉
Ⅱ．生活自己开辟道路
Ⅲ．对巴黎的影响

第一部分
概要

    工业文明诞生了。在机器文明的第二个纪元之始，问题被提出来：建筑与城市规划

第二部分
对历史即兴的回顾

    谈到城市规划，将涉及千百个息息相关的主题；因为城市规划正是一个时代物质与精神状况的表达，是"杰出的社会组织者"

    城市：斯特拉斯堡、罗马卡比托利、卡尔斯鲁厄、威尼斯等

第三部分
以回答一份问卷调查为契机
一份"关于重建的问卷调查"的 18 个问题

勒·柯布西耶全集
8卷总目录
（按年代排序）

第 5 卷·1946～1952 年
W·博奥席耶 编著